HOME
INTERIOR
RENOVATION

Wannabe 29   홈 인테리어 리노베이션
Interior Style   워너비 인테리어 스타일 29

워너비 인테리어 스타일 29
홈 인테리어 리노베이션

초판 발행/
2012년 10월 1일
초판 인쇄/
2012년 10월 1일

저자/
조영혜

사진/
여태석

발행인/
이인구
편집인/
손정미
디자인/
비플랏.스투디오
인쇄/
영프린팅

펴낸곳/
한문화사

주소/
경기도 고양시 일산서구 강선로 141, 후곡 1606-1701
전화/
070-8269-0860
팩스/
031-913-0867
전자우편/
hanok21@naver.com
등록번호/
제410-2010-000002호

ISBN/
978-89-94997-24-7 13590
가격/
35,000원

HOME INTERIOR RENOVATION

Wannabe **29**
Interior Style

홈 인테리어 리노베이션

워너비 인테리어 스타일 29

Modern trend Luxury modern Natural modern Gentle modern Contemporary style Soft modern
Modern classic Pure modern Chic modern White modern **Classic Variation** Neoclassic Semiclassic
Romantic classic **Unique Concept** Pumpkin house Fantastic space Harmony of the family Korean style
house Tin figure museum Modern 20th century Korean style No drawing in this canvas Country house

부록/ Renovation process

한문화사

리노베이션으로
일상의 행복을 디자인하라

집은 삶을 담는 그릇이다. 그 기능과 모양새에 따라 삶이 달라진다. 사는 사람에게 꼭 맞는 편리한 구조, 감각적인 디자인은 그곳에서의 삶을 즐겁게 해준다. 사는 사람의 라이프스타일에 꼭 맞는 집, 가족의 소통이 가능한 열린 집, 그러면서도 개개인의 생활에 충실한 공간들을 지니는 집, 그리고 취향에 맞는 스타일이 깃든 집. 이런 집은 그곳에 사는 사람의 삶을 보다 행복하고 감각적으로 담아낸다. 함께 요리하고 밥을 먹고 책을 읽고 차를 마시고 씻고 잠자리에 드는 등 사소한 일상 하나하나가 행복하게 전개되는 것이다.

누구나 이런 집을 꿈꾸지만 쉽지만은 않은 일이다. 요즘에야 집주인이 직접 구조를 선택하고 마감재와 수납 가구를 고르는 아파트를 선보이고 있지만, 그전에는 다들 똑같은 구조에 비슷비슷한 마감재를 사용한 집들이 대부분이었다. 건설사에서 제시하는 구조나 디자인이 마음에 쏙 드는 건 아니더라도, 입지 조건이나 투자가치 등을 생각해 그냥 눌러 사는 경우가 많았다. 그리고 이것은 새로 집을 짓거나 선택형 아파트로 새로 들어가지 않는 이상 지금도 마찬가지다. 선택형 아파트라고 해도 자신의 취향에 꼭 맞는 집을 완성하기란 쉽지 않다. 그렇다면 그보다 더욱 현실적이며 효율적인 대안은 없을까.

바로 리노베이션이 그 대안이다. 리노베이션이라는 카드를 활용한다면 보다 여유롭고 자유롭게 내가 꿈꾸는 집을 완성할 수 있다. 지금 사는 집을 리노베이션할 수도 있고 새로 이사를 해 그곳을 리노베이션할 수도 있다. 동네 환경이나 아이 학교 문제나 여건은 만족스러운데 집이 마음에 들지 않는다면 집만 새로 고치면 되는 것이다. 어쩌면 이것이 가장 현실적인 방법인지도 모른다. 사람마다, 가족마다 라이프스타일이 다르고 취향도 다르다. 그런 삶의 방식과 스타일이 반영된 자신에게 꼭 맞는 집을 찾기란 쉽지 않다. 그런 집을 소유하고 싶다면 어차피 새로 짓거나 그것에 맞게 고치는 방법밖에 없다. 새로 짓

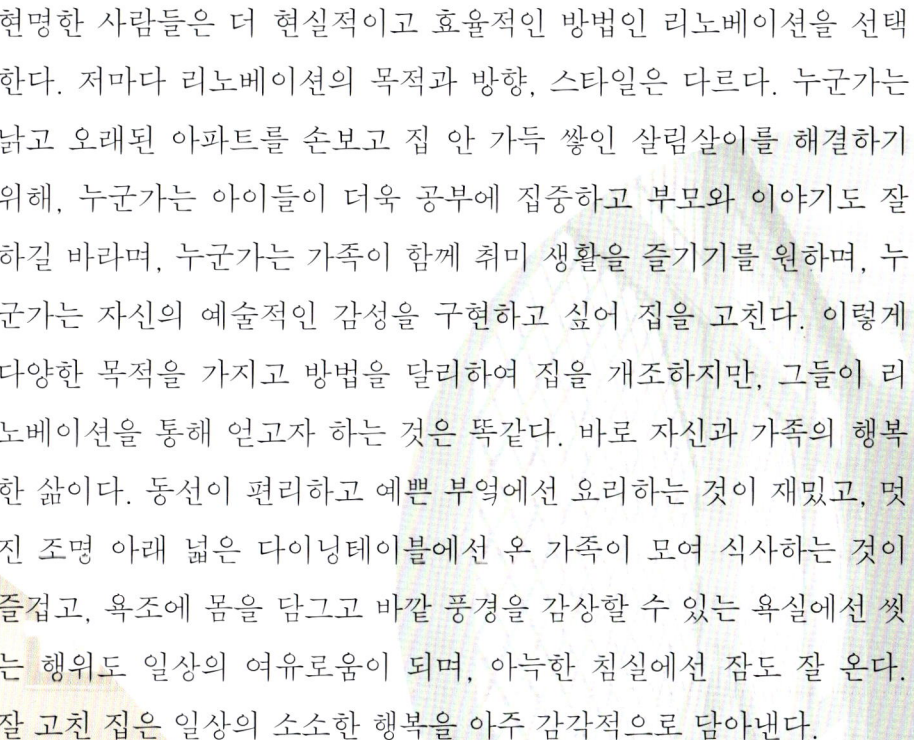

는 건 큰 비용과 오랜 시간을 투자해야 하는 일이다. 여유가 된다면 물론 가장 좋은 방법일 것이다. 하지만 바쁜 일상을 살아가는 요즘 사람들에게 그것은 결코 간단한 문제가 아니다. 여러 가지 여건상 더 많이 고민하고 결단을 내려야 하는 일이다. 그에 비하면 리노베이션은 훨씬 간단하다. 현재 사는 집이나 이사 가기로 한 집을 개조하기로 했다면 나름의 목적과 방향을 정하고 인테리어 디자이너를 찾고 함께 논의하고 만들어나가면 되는 것이다. 대개 한 달, 길어도 석 달 안에 원하는 집을 완성할 수 있다. 또 비용면에서도 훨씬 경제적이다. 집을 새로 짓는 건 집을 새로 구매하는 정도의 비용을 감수해야 한다.

현명한 사람들은 더 현실적이고 효율적인 방법인 리노베이션을 선택한다. 저마다 리노베이션의 목적과 방향, 스타일은 다르다. 누군가는 낡고 오래된 아파트를 손보고 집 안 가득 쌓인 살림살이를 해결하기 위해, 누군가는 아이들이 더욱 공부에 집중하고 부모와 이야기도 잘하길 바라며, 누군가는 가족이 함께 취미 생활을 즐기기를 원하며, 누군가는 자신의 예술적인 감성을 구현하고 싶어 집을 고친다. 이렇게 다양한 목적을 가지고 방법을 달리하여 집을 개조하지만, 그들이 리노베이션을 통해 얻고자 하는 것은 똑같다. 바로 자신과 가족의 행복한 삶이다. 동선이 편리하고 예쁜 부엌에선 요리하는 것이 재밌고, 멋진 조명 아래 넓은 다이닝테이블에선 온 가족이 모여 식사하는 것이 즐겁고, 욕조에 몸을 담그고 바깥 풍경을 감상할 수 있는 욕실에선 씻는 행위도 일상의 여유로움이 되며, 아늑한 침실에선 잠도 잘 온다. 잘 고친 집은 일상의 소소한 행복을 아주 감각적으로 담아낸다.

contents

HOME
INTERIOR
RENOVATION

chapter. 1
Modern trend

chapter. 3
Unique concept

CHAPTER
01

Tren M

단순하고 심플한 느낌을 강조하는 모던 스타일은 여전히 강세다. 리노 베이션을 거쳐 모던한 공간으로 새로 태어나는 집들이 많은 것은 그런 트랜드의 반영이다. 군더더기 없이 깔끔한 디자인, 살림살이가 드러나지 않은 완벽한 수납, 무채색이 주는 정연한 느낌. 모던 스타일은 비움과 채움의 적절한 조화로 균형 잡힌 절제미를 보여준다. 여기에 최근에는 내추럴하거나 부드럽거나 혹은 클래식한 또 하나의 감성을 입혀 다채로운 모던 스타일을 창조해내고 있다.

modern

충청남도 천안시
서북구 불당동 펜타포트

89평 294m²

디자인 우효진/
위드디자인

사진 위드디자인

주상복합아파트의 탁 트인 전망을 그대로 살린 고
급스러운 인테리어가 돋보인다. 유난히 넓은 거실
을 소파로 공간을 나눠 그 뒤편은 다이닝룸으로 활
용하도록 했다. 또 한쪽 창가에는 티테이블과 의자
를 배치해 전망을 감상하며 차를 마실 수 있는 공
간으로 꾸몄다.

Luxury modern

부부의 생활을
모티프로 한
공간 디자인

장점은 취하고 단점은 개선하는 현명한 리노베이션 오랜 세월 외국에서 살다가 국내에 첫 보금자리를 마련한 집주인은 집에 대한 애착이 남달랐다. 부부가 함께 지낼 편안한 집을 원했지만, 사업가로서 여전히 바쁜 일정을 소화해내야 했기에 고심 끝에 고른 집이 바로 천안의 아산 신도시에 있는 주상복합아파트였다. 초고층 아파트지만 야외 테라스가 딸려 있어 자연 속에 머물듯 여유로운 생활을 누릴 수 있을 듯했고 천안아산역이 바로 뒤에 있어 사업상 이동할 때도 편리할 듯했다. 하지만 막상 이사하려고 보니 이러한 이점 외에는 그다지 마음에 들지 않았다. 취향과는 거리가 먼 틀에 박힌 디자인과 어두운 색상, 주방의 불편한 동선, 답답해 보이는 가구들이 집에 대한 애정을 반감시켰다. 게다가 테라스는 오피스의 휴식 공간과 같이 딱딱한 느낌이 들어 아쉬웠다.

새로운 보금자리에서 쾌적하고 편안한 일상을 시작하기 위해서는 과감한 리노베이션을 감행할 필요가 있었다. 라이프스타일에 맞는 실용성이 돋보이면서도 고급스럽고 세련된 인테리어로 단장한 집. 디자이너는 그러한 바람을 실현하기 위해 집의 토대만을 살린 채 완전히 새로운 그림을 그려나갔다.

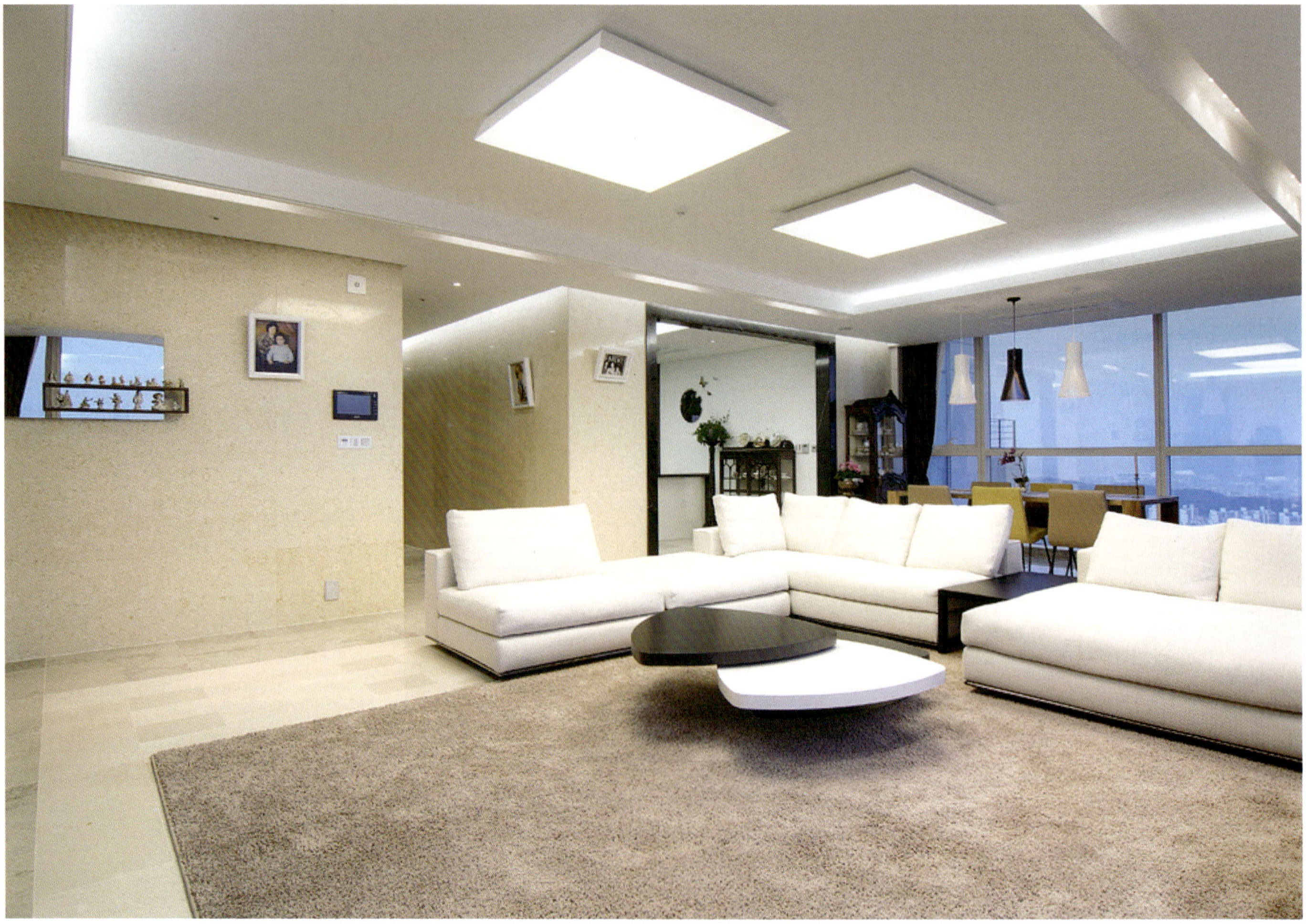

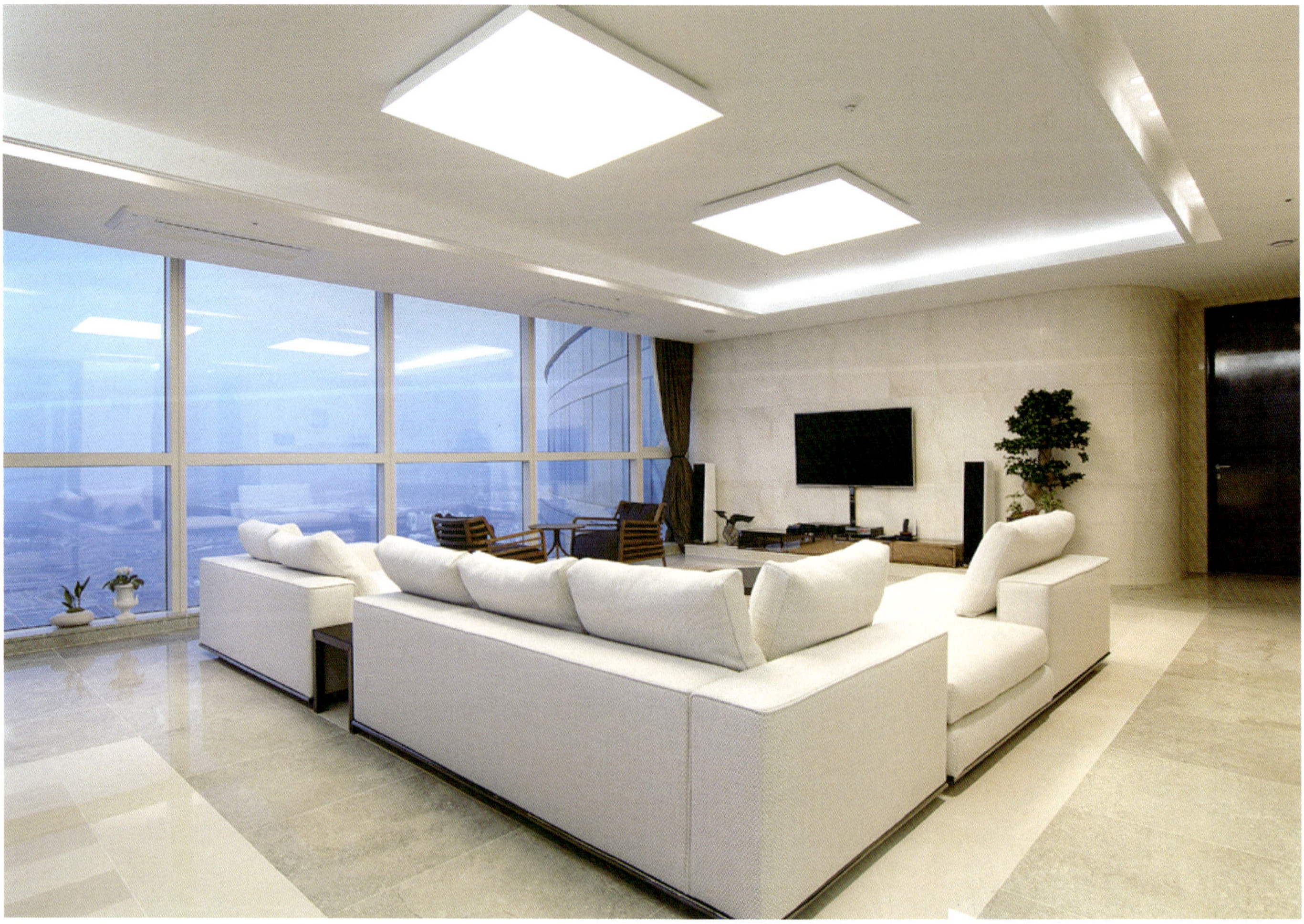

위 안락한 소파가 있어 더욱 편안해 보이는 거실. 거실과 복도 벽면은 기존의 어두운 컬러를 걷어내고 천연 대리석으로 마감해 밝고 산뜻한 이미지로 변신시켰다. 오른쪽 블랙 대리석 게이트를 지나면 주방이 나온다.

아래 유난히 넓은 거실은 소파로 공간을 분할해 활용도를 높였다. 소파를 중심으로 자연스럽게 다이닝룸과 복도가 생겼다. 라운딩 처리가 되어 있는 아트월은 기존의 칙칙한 패브릭을 벗기고 천연 대리석으로 마감해 한층 고급스럽게 연출했다.

오른쪽 페이지

위 거실 한쪽에 마련된 수전 공간. 다른 공간들이 대부분 은은하고 자연스러운 분위기이므로 이곳은 짙은 보랏빛으로 마감해 강렬한 포인트가 되도록 했다.

아래 화이트 톤으로 깔끔하게 단장한 주방. 냉장고, 오븐 등 가전제품을 빌트인해 군더더기 없이 심플한 주방을 연출했다.

다이닝룸은 주방과 가까운 곳에 있어야 한다는 고정관념을 깨니 더욱 감각적인 공간이 생겼다. 전망좋은 거실 창가 쪽에 다이닝룸을 마련해 식사 공간으로도 파티 공간으로도 활용할 수 있도록 했다. 긴 원목 테이블과 의자를 놓고 천장에는 똑같은 모양의 펜던트 조명 세 개를 나란히 달았더니 마치고급 레스토랑 같다.

공간의 재구성 우선 기존의 어두운 색상의 마감재를 밝고 환한 소재로 다시 시공했다. 벽은 밝고 고급스러운 대리석으로, 바닥은 자연스러운 질감이 살아 있는 타일로 마감했다. 특히 칙칙한 패브릭으로 덮여 있던 거실의 라운딩 아트월은 기존에 틀은 살리고 대리석으로 마감해 은은한 기품이 드러나도록 했다. 그런 다음 집주인의 라이프스타일에 맞게 공간을 구성했다. 파티 문화가 자연스러운 일상이다 보니 그에 맞는 파티 공간이 필요했다. 디자이너는 전망 좋은 거실 창가에 다이닝룸을 마련해 파티 공간으로 활용할 수 있게 했다. 긴 테이블과 의자를 놓고 감각적인 디자인의 조명을 달아 고급 레스토랑 같은 분위기로 연출했다. 기존의 주방은 긴 직사각형 공간에 아일랜드 식탁이 세로로 놓여 있어 보기에도 불편하고 동선도 비효율적이었다. 아일랜드 식탁을 가로로 놓아 시각적으로 안정감을 주고 동선도 편리하게 조정했다. 또한, 건조한 느낌이 나던 야외 테라스는 바닥에 잔디를 깔고 주변에 조경을 해서 숲 속 정원처럼 싱그러운 분위기가 나도록 했다.

장식적인 부분도 새롭게 디자인했다. 외국에서 쓰던 물건들을 가져오지 않았기 때문에 가구와 가전제품을 모두 새로 구매해 데코레이션해야 하는 상황. 전체적으로 마감을 밝고 모던하게 했으므로 내추럴한 디자인의 고급스러운 가구를 배치했다. 모던한 공간에 내추럴한 감각을 더한 내추럴 모던을 콘셉트로 차분하면서도 우아한 공간을 연출했다. 또한, 복도와 AV룸, 현관 등에 설치되어 있던 기존의 붙박이 가구를 철거하고 아트적인 디자인의 선반을 달거나 한결 밝고 세련된 디자인의 수납장으로 교체했다. 선반에는 집주인이 그동안 모아온 소품이나 액자를 전시해 갤러리의 한 공간처럼 느껴지도록 했다.

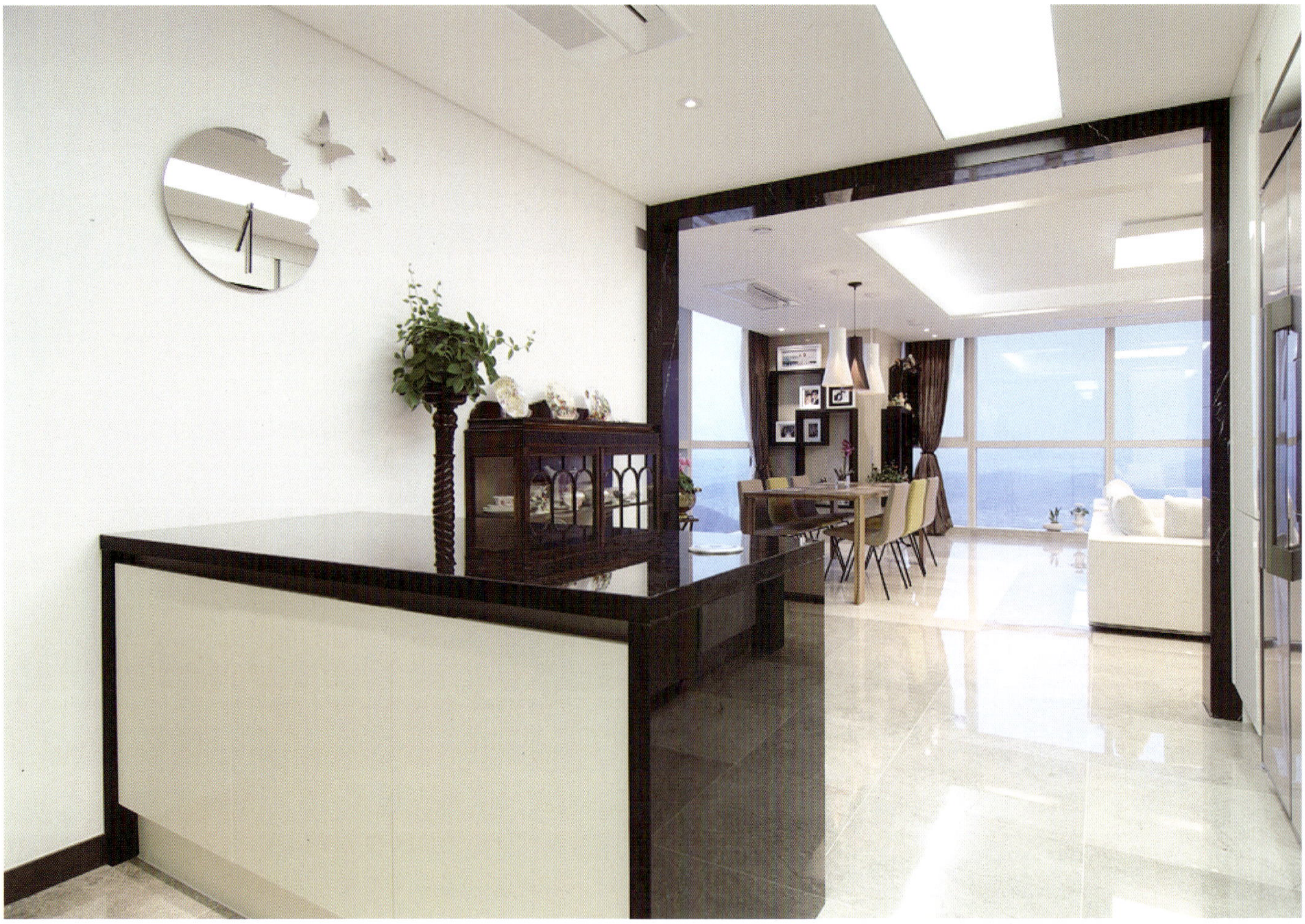

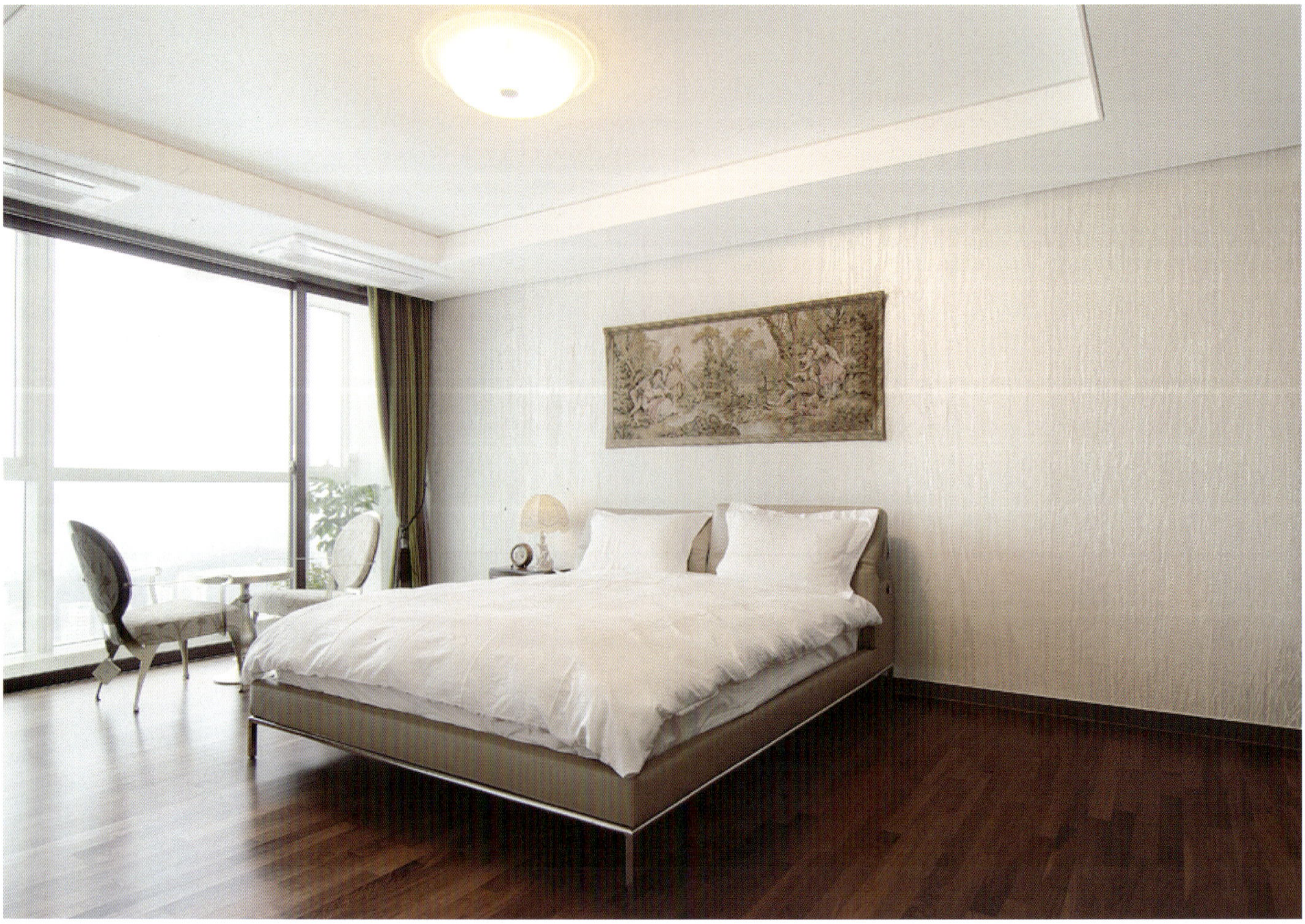

왼쪽 페이지

위 기존에는 아일랜드 식탁이 문을 기준으로 수직으로 놓여 있어 시각적으로 부자연스럽고 사용하기도 불편했다. 그래서 아일랜드 식탁을 문과 평행하게 다시 설치했다. 개조 후에는 시각적으로나 사용하기에 자연스럽고 편리하다.
아래 고상하고 우아한 분위기의 부부 침실. 기존 붙박이장을 그대로 사용하기로 했기 때문에 침대와 테이블 등 가구를 그와 어울리는 것으로 매치했다. 침대는 베이지 톤의 부드러운 디자인으로 골라 안정감 있게 배치하고, 그 옆의 테이블과 의자는 클래식한 디자인으로 선택해 화사한 느낌을 더했다.

오른쪽 페이지

위 부부 침실은 문에서 긴 통로를 지나는 구조다. 드레스룸이 없는 대신 통로에 붙박이장이 넉넉하게 설치되어 있다.
아래 대리석으로 산뜻하고 고급스럽게 마감한 복도. 다른 공간으로 이어지는 문은 블랙컬러 대리석 게이트로 디자인해 하나의 포인트 요소가 되도록 했다.

before

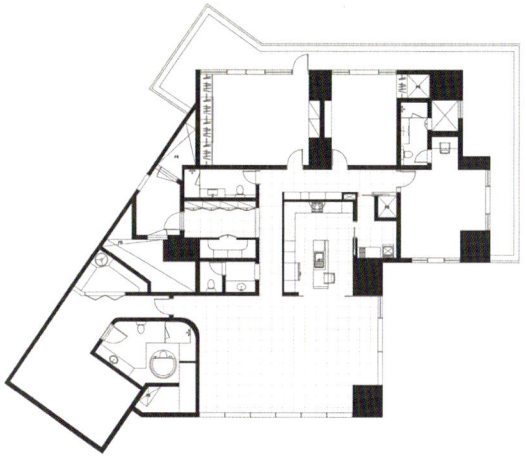

after

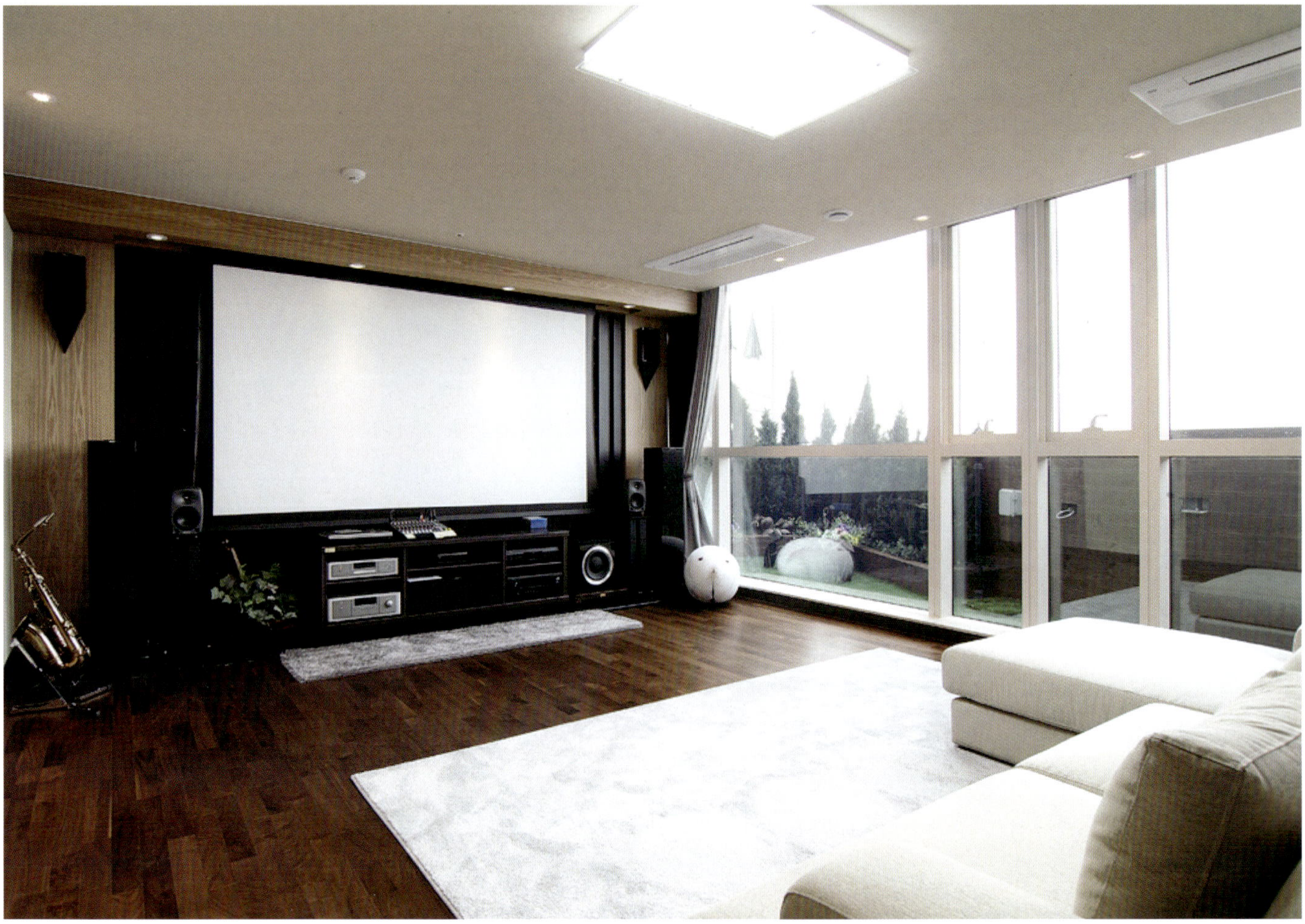

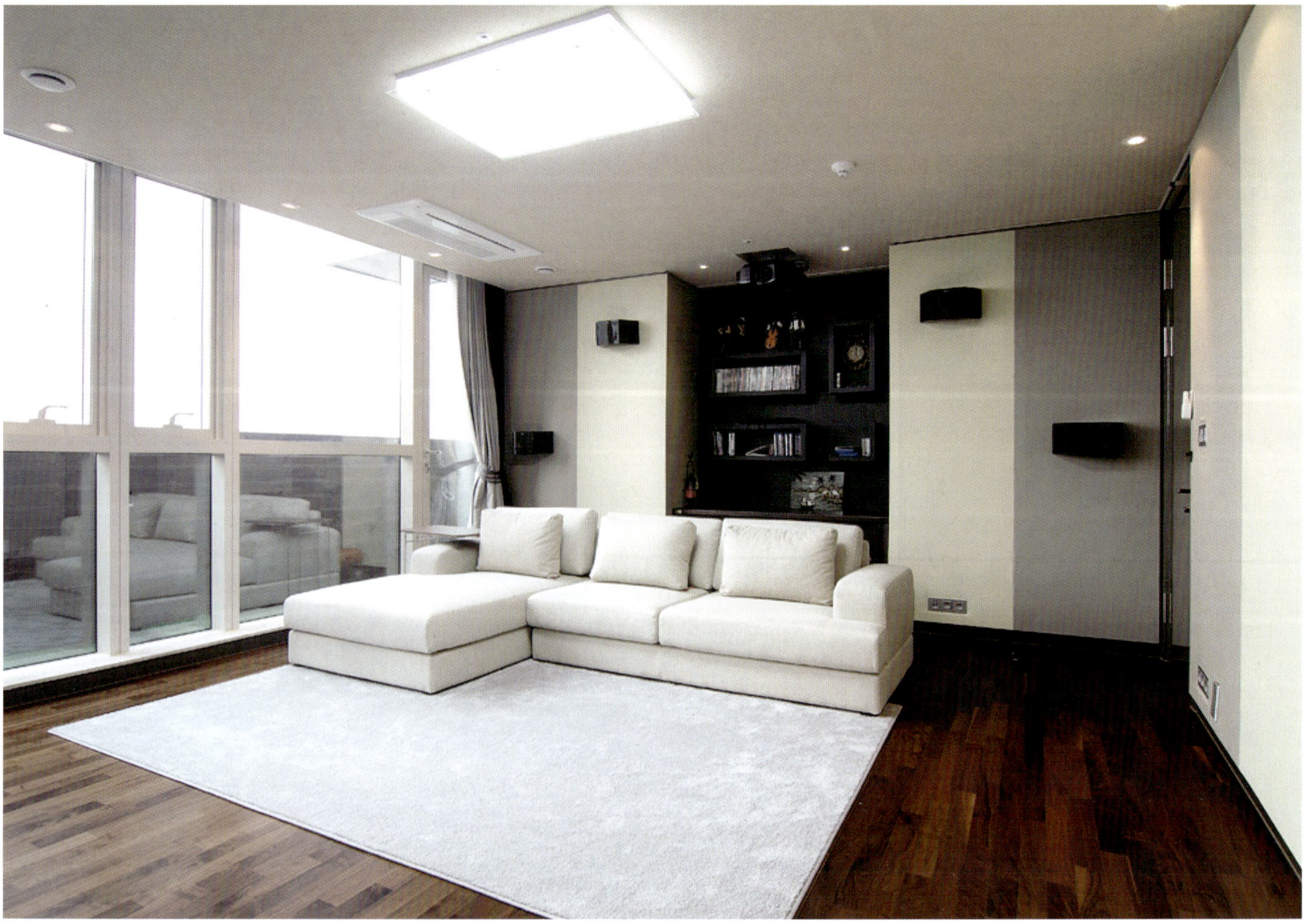

왼쪽 페이지

위 커다란 스크린이 설치된 AV룸. 방음 시설이 완벽하게 되어 있어 편안하게 영화나 음악을 감상할 수 있다. 창밖에 테라스가 있어 더욱 운치 있다.

아래 AV룸의 한쪽 벽면은 장식적으로 연출했다. 스피커를 규칙적으로 배열해 디자인 요소로 활용하고, 벽감을 만들고 선반을 달아 작은 소품이나 음반을 전시했다.

오른쪽 페이지

위 부부 침실에 딸린 욕실은 구조가 독특하다. 산만한 느낌이 들지 않도록 하면서 전체적으로 밝은 톤의 타일로 마감했다. 또한, 기존의 월풀 욕조와 샤워부스 공간을 라운딩 처리해 자연스러운 분위기를 살렸다.

아래 가족 욕실은 좁고 긴 형태의 구조여서 답답해 보이지 않도록 깨끗하고 심플하게 마감했다. 세면대와 거울 프레임을 돌의 질감이 느껴지는 소재로 만들고 샤워부스의 벽면을 벽돌 무늬 타일로 마감해 약간의 포인트를 주었다.

왼쪽 페이지

위 현관에 수납장을 없앤 대신 전실에 수납장을 제작해 설치했다.
아래 현관은 양쪽에 길게 들어서 있어 지루한 느낌마저 들던 장식장을 없애고 선반과 동경으로 장식해 갤러리 같은 분위기를 냈다. 블랙컬러의 장식 선반을 설치하고 집주인이 소장하고 있는 액자나 소품을 전시해놓았으며, 맞은편 벽은 동경으로 마감해 신비로우면서도 고급스러운 느낌을 살렸다.

오른쪽 페이지

위 AV룸 바깥에 있는 야외 테라스.
아래 기존의 테라스는 오피스의 휴식 공간처럼 딱딱한 분위기가 강했다. 잔디를 깔고 주변에 조경을 해 자연 속의 평온한 쉼터로 다시 꾸몄다.

23

경기도 고양시
일산동구 식사동 자이위시티

74평 244m²

디자인 한성아이디

긴 소파는 거실과 주방 사이를 나누는 역할을 한
다. 거실은 더 단순하게, 다이닝 공간은 보다 개성
있게 연출해 공간에 리듬감을 부여했다.

Natural modern

집, 일상의 쉼표가 되는 공간

가족이 편히 쉴 수 있는 공간을 제안하다 디자이너가 이 집에 부여한 테마는 '쉼'이다. 사업하는 부부와 학생인 아들 삼 형제가 함께 사는 집. 부부는 둘 다 일을 하고 있었기 때문에 늘 바쁜 편이었고, 아들 셋 역시 학업에 열중하느라 하루가 모자랐다. 이들 가족에게 집은 세상에서 가장 편한 쉼터여야 했다. 잠시 생각을 내려놓고 몸과 마음을 편히 누일 수 있는 곳, 에너지를 충전하고 내일을 위한 휴식을 취할 수 있는 곳이어야 했다. 디자이너는 이런 생각을 리노베이션 작업에 적용했다. 과하지 않은 디자인으로 인테리어와 소품이 아니라 사람이 주인이 되는 편안한 공간을 만들어주고 싶었다. 그런 공간을 만들기 위해 디자이너는 이 집의 독특한 구조를 활용했다. 현관에서 들어서면 복도를 기점으로 거실과 주방 등 공동 공간과 자녀 방들이 좌우로 분리되어 있다. 디자이너는 공동 공간에서는 가족들이 편안하게 어울려 쉬고 즐길 수 있도록 했으며 각자의 방에서는 프라이버시를 보장받으며 각자의 삶에 충실할 수 있도록 했다. 이를 위해 공간마다 제 역할에 맞는 디자인을 제안하는 한편, 모던하면서도 내추럴한 스타일을 가미해 편안한 분위기를 더욱 부각했다. 우선 패밀리 공간과 프라이빗한 공간에 각각의 컬러를 도입해 자연스러운 동선을 만들었다. 전체적으로 화이트컬러와 베이지컬러를 베이스로 하되, 왼쪽에는 카키컬러의 커튼과 창 등을 거쳐 블랙컬러의 주방으로 이르도록 했고, 오른쪽에는 화이트 톤의 벽체를 따라가다 보면 각각의 컬러풀한 방과 만나도록 했다. 여기에 가구 사업을 하는 안주인이 직접 고른 가구들을 더해 고급스러우면서도 편안한 분위기를 살렸다.

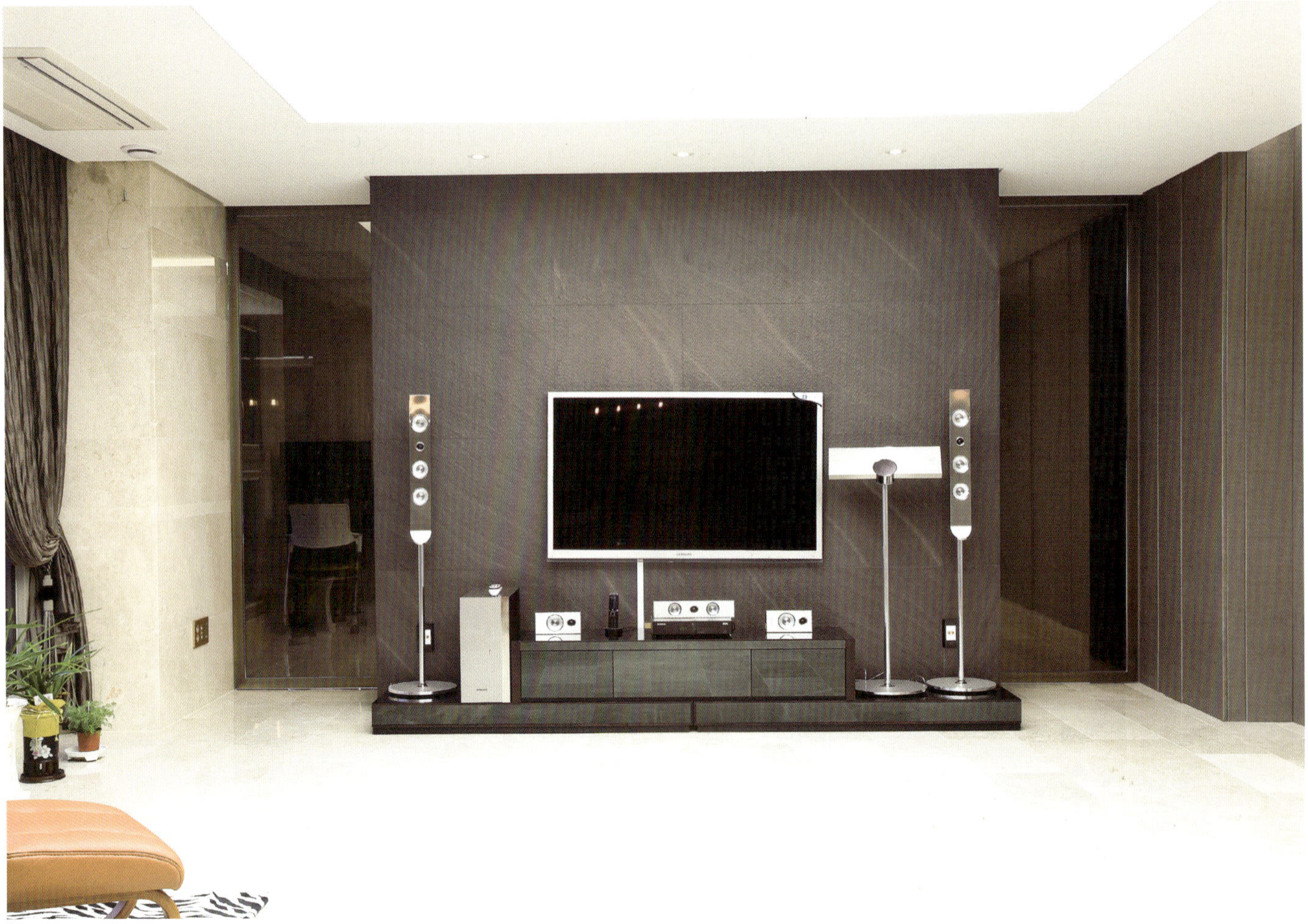

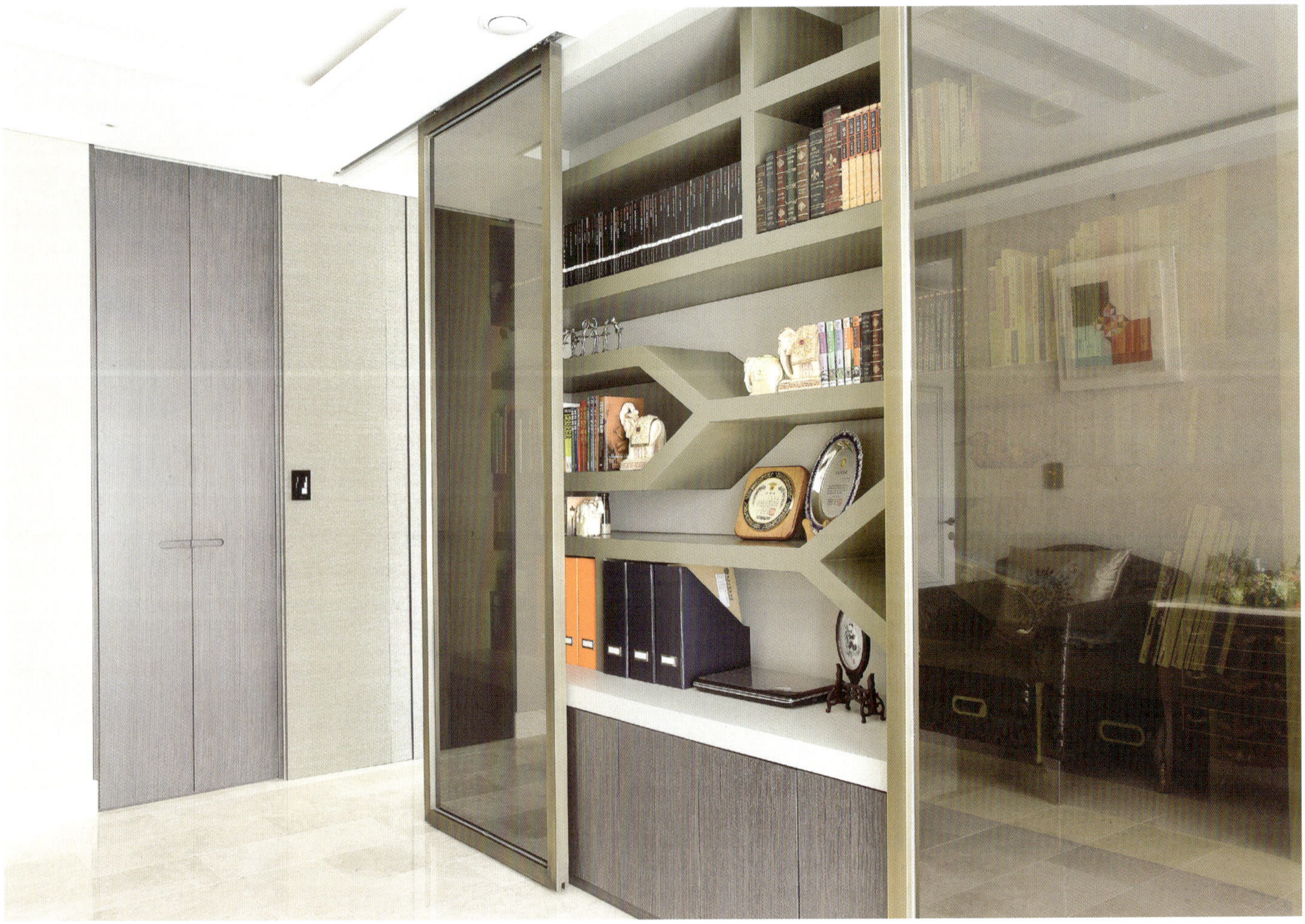

가족의 어울림을 디자인하다 패밀리 공간은 기존의 지나치게 열린 구조를 개선해 보다 아늑하게 연출했다. 기존에는 거실의 길이가 10m가 넘을 정도로 길었다. 이럴 때는 넓게 사용하려는 생각에만 갇혀 있으면 오히려 공간을 효율적으로 활용하지 못할 수도 있다. 디자이너는 발상을 전환해 공간을 나누기로 했다. 가벽을 세우고 한쪽은 거실로, 반대쪽은 서재로 사용할 수 있도록 한 것. 덕분에 각각의 공간은 제 기능을 발휘할 수 있게 되었고, TV와 오디오 등이 놓일 공간도 자연스럽게 생겼다. 주방은 거실과 하나로 이어져 있어 자칫 어수선해 보일 수 있었다. 그래서 벽은 베이지 톤 타일로 마감해 연결된 느낌을 주면서 주방가구는 블랙컬러로 깔끔하게 마감해서 한층 무게감을 강조했다. 조명은 단순한 디자인으로 선택해 더욱 모던한 분위기가 감돌게 했다. 또한, 아일랜드 테이블에 개수대를 설치해 주부가 주방일을 하면서도 가족과 대화를 나눌 수 있도록 했다.

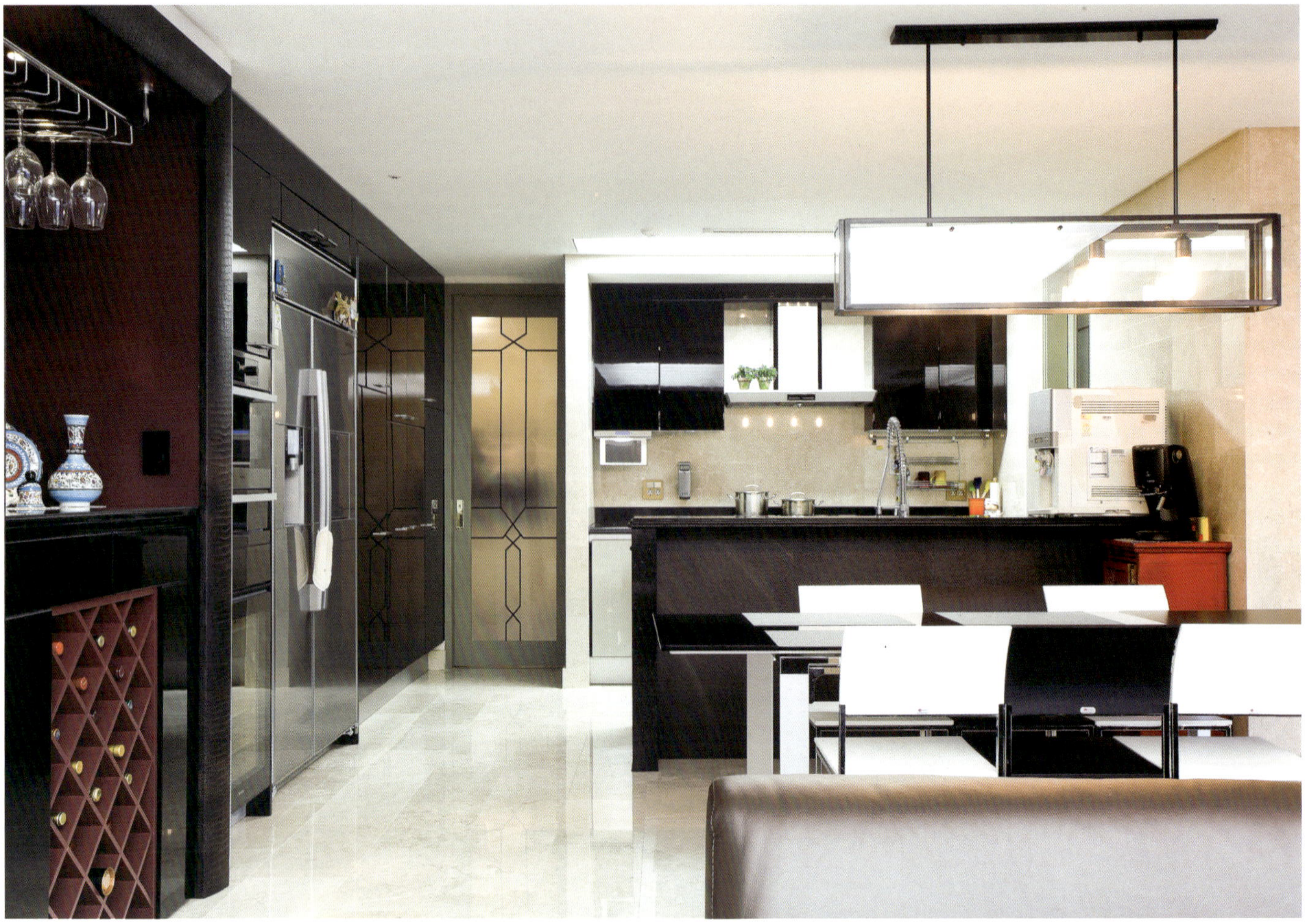

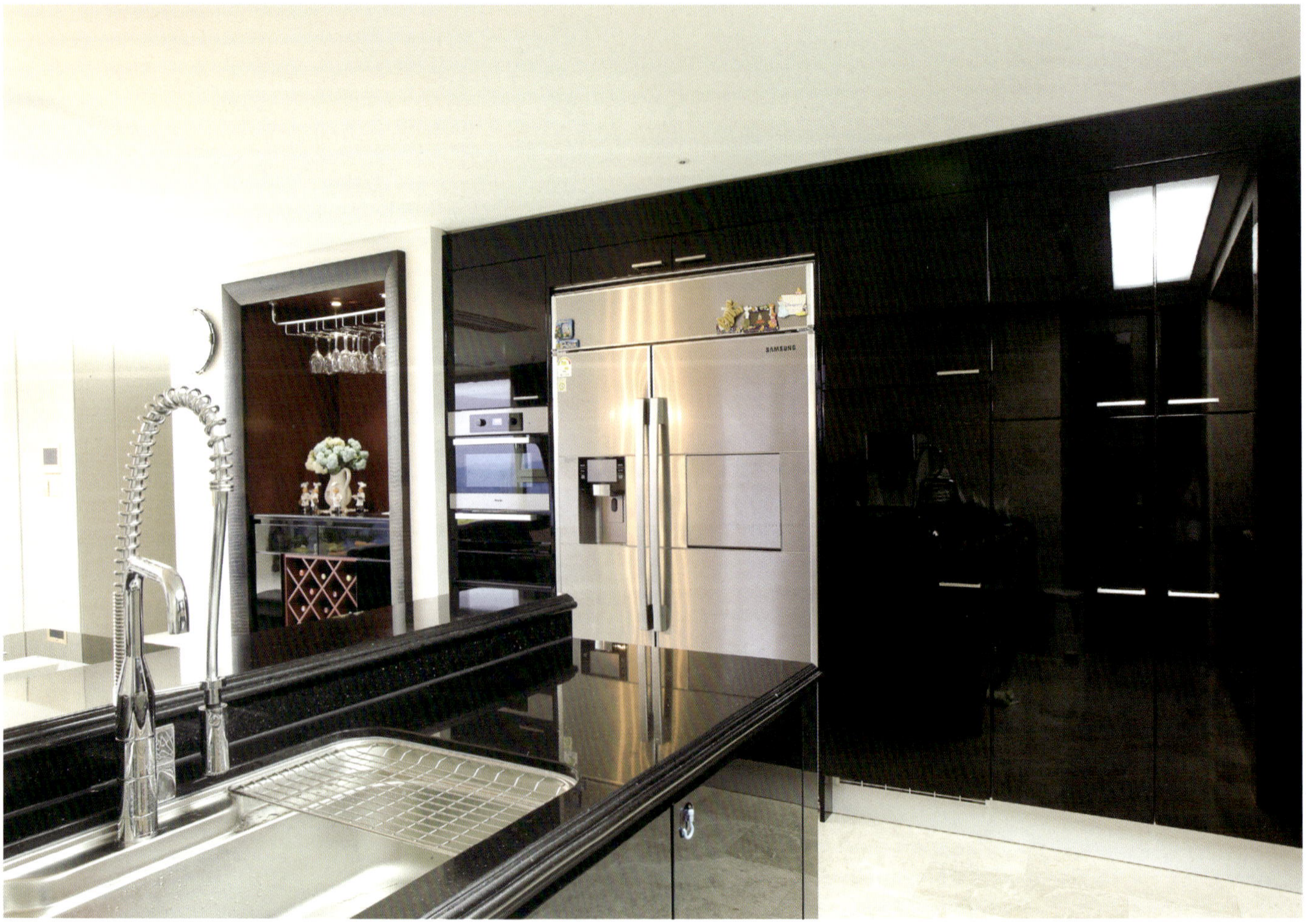
SAMSUNG

왼쪽 페이지

위 다채로운 느낌이 드는 주방. 수납장과 주방가구를 블랙컬러로 선택해 모던함을 강조하고 한쪽에는 레드컬러로 포인트를 준 와인셀러를 설치해 하나의 포인트를 주었다. 또 다이닝 공간에는 블랙컬러와 화이트컬러가 대비를 이루는 다이닝 테이블을 놓고 독특한 디자인의 조명을 설치해 개성 있게 연출했다.

아래 주방에는 아일랜드 테이블을 놓고 기수대를 설치해 주방일을 하면서도 가족들과 소통할 수 있도록 했다. 한쪽 벽에는 블랙 하이그로시로 된 수납장을 설치하고 냉장고와 오븐 등을 빌트인해 심플한 느낌을 살렸다.

오른쪽 페이지

1 주방과 거실 사이에 마련한 다이닝 공간. 테이블과 의자는 모던한 디자인으로 선택하고 디자인이 독특한 조명을 매치해 세련된 감성이 돋보이도록 했다.

2 주방 뒤편에는 별도의 수납공간을 마련했다. 숨겨져 있는 수납공간임에도 집주인이 컬렉션한 식기들을 전시할 수 있도록 세심하게 디자인했다.

3 기존의 버려진 공간을 활용해 와인셀러를 만들었다. 복도에 있던 사각기둥과 수납장 사이의 불필요한 공간을 메우고 와인셀러를 두어 와인을 수납하면서 장식적인 효과까지 얻을 수 있도록 했다.

왼쪽 페이지

1 고급스러운 호텔 침실을 연상케 하는 부부 침실. 벽과 붙박이장을 차분한 톤으로 마감하고 화이트 컬러의 포근한 패브릭 침구를 더해 단아하면서도 편안한 느낌이 들도록 연출했다.
2 햇볕이 잘 드는 창가에는 일인용 소파를 놓았다.
3 부부 침실의 드레스룸 앞에 마련된 파우더룸. 고전적인 디자인의 거울과 가구로 포인트를 주었다. 수납공간이 충분한 화장대를 놓아 갖가지 물건을 효율적으로 수납할 수 있도록 했다. 화장대 위에 놓인 아기자기한 소품들은 안주인이 직접 데코레이션했다.

오른쪽 페이지

1 부부 침실은 공간이 넓어 더욱 짜임새 있는 구조로 리노베이션할 수 있었다. 샤워부스와 수납장, 세면대와 욕조 등 각각의 공간을 여유 있게 설치했다.
2 우아한 분위기로 연출한 부부 욕실. 플라워 패턴이 그려진 유리 파티션으로 화장실 공간과 욕조 공간을 분리했다.
3 가족 욕실은 좁은 공간을 효율적으로 활용하는 데 중점을 두었다. 수납장이 달린 세면대와 거울이 달린 수납장을 설치해 수납공간을 넉넉하게 확보하고 더 넓어 보이게 디자인했다.

자녀 방, 각기 다른 개성을 창조하다 아들만 셋인 집이라 자칫 어두워질 수 있는 분위기를 보완하기 위해 각 자녀 방은 각각의 특성과 성격에 맞도록 개성 있게 꾸몄다. 고등학생인 첫째 아들 방은 공부하기 좋은 공간을 만드는 데 중점을 두었다. 책상을 ㄱ자형으로 배치하여 과외수업을 받을 때도 좀 더 편하게 사용할 수 있도록 했다. 차분한 성격의 소유자인 만큼 아이보리컬러 벽에 내추럴한 느릅나무 무늬목 가구를 더해 단정하게 표현했다. 특히 주니어 방의 느낌을 배제해 어른이 되어서도 계속해서 사용할 수 있도록 했다. 중학생인 둘째 아들의 방은 개성 강한 성격에 맞게 그린컬러를 적극 활용했다. 느릅나무 무늬목으로 가구를 만들었지만 옐로그린컬러를 포인트로 활용해 화사한 분위기가 나도록 했다. 초등학교 저학년인 막내아들의 방은 한결 더 경쾌하게 연출했다. 벽은 산뜻한 스카이블루컬러로 마감하고 가구는 워시오크에 블루컬러와 오렌지컬러로 포인트를 준 디자인으로 제작했다. 아직 어리기 때문에 장난감이나 잡동사니 등을 넣어둘 수납공간이 필요했기 때문에 붙박이장은 옷장과 수납장의 기능을 겸할 수 있도록 디자인했다.

before

after

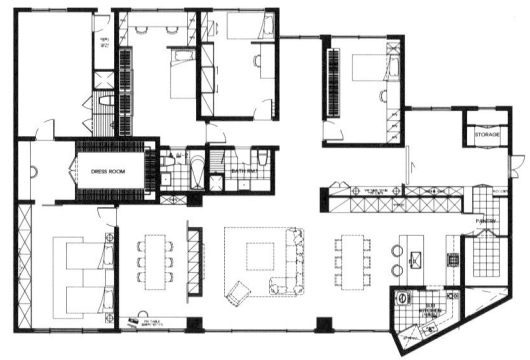

왼쪽 페이지

자녀 방들을 연결하는 복도. 밝은 톤으로 마감되어 있어 한층 깨끗한 느낌이 든다. 몰딩 장식이 있는 문 디자인도 감각적이다. 문 너머에는 전혀 다른 느낌의 컬러풀한 공간이 펼쳐진다.

오른쪽 페이지

현관에는 콘솔을 놓은 듯 화사한 장식 공간을 연출했다.

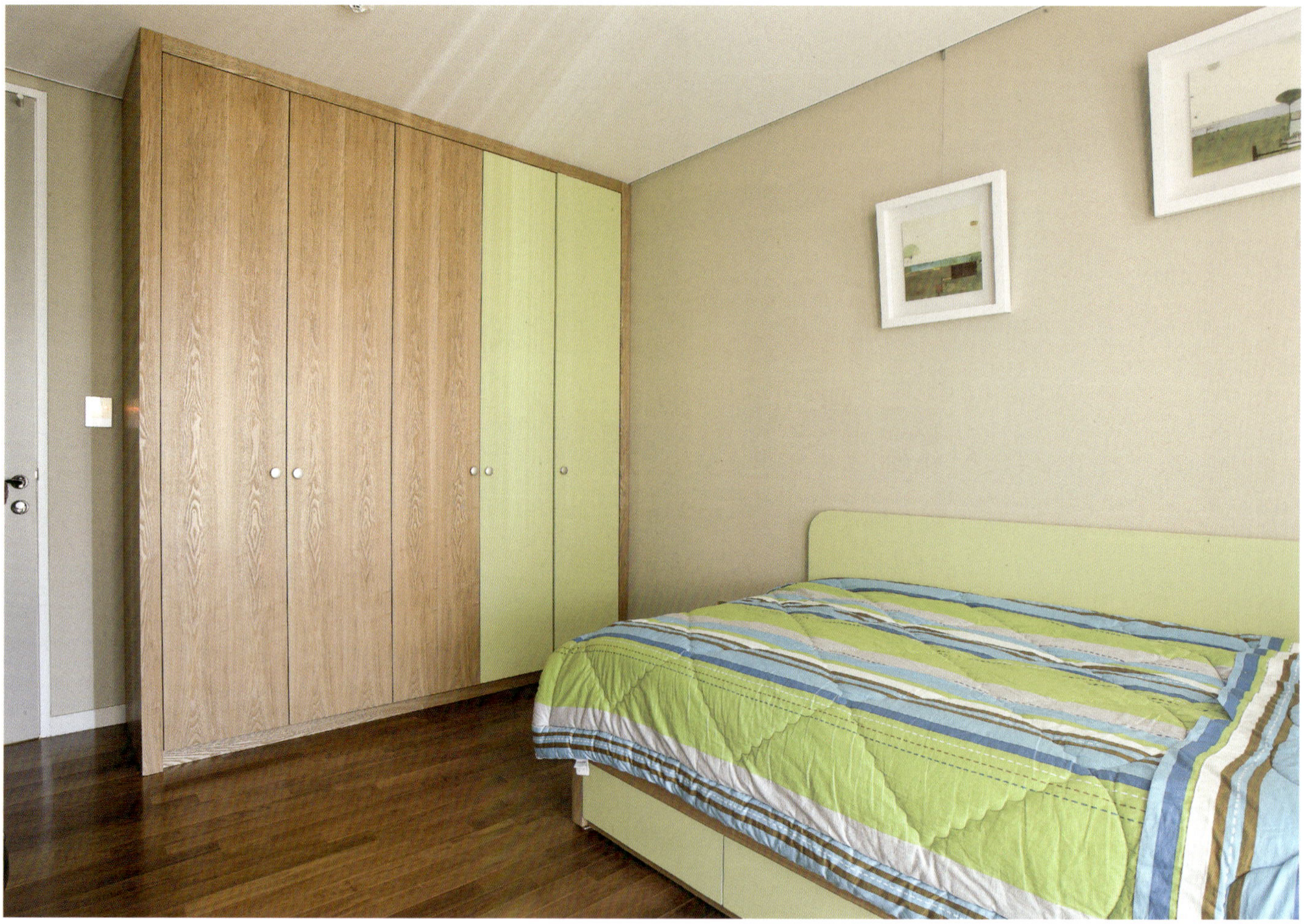

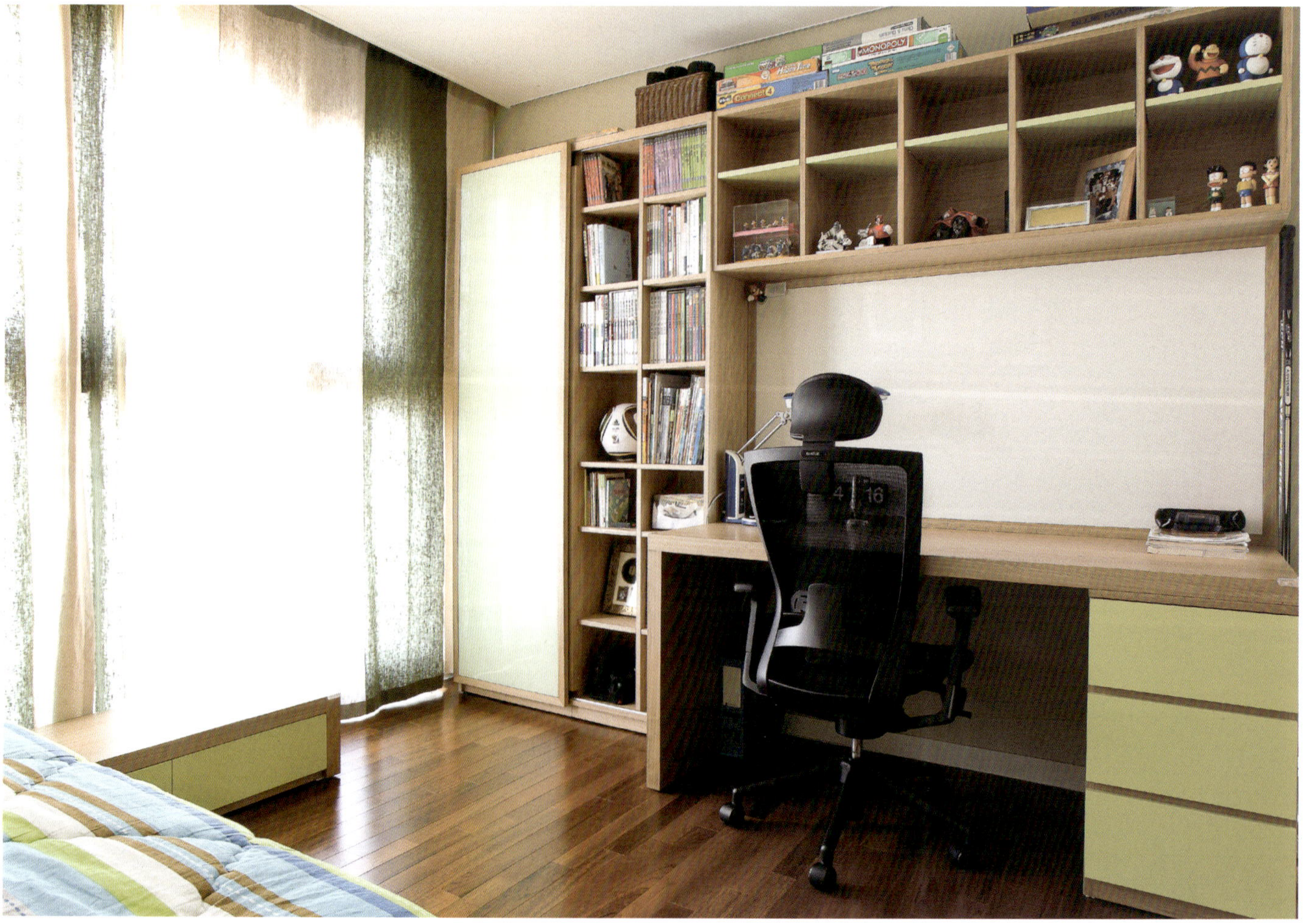

왼쪽 페이지

위 그린컬러로 생동감을 더한 둘째 아들 방. 방이 크지 않아 한쪽에 붙박이장을 짜 넣고 침대 아래에도 서랍을 설치했다.
아래 둘째 아들 방의 한쪽 벽에는 느릅나무 무늬목으로 책장과 책상을 만들어 설치했다. 역시 그린컬러로 포인트를 주고 책상 위에는 화이트보드를 달아 낙서나 메모를 할 수 있게 했다.

오른쪽 페이지

위 고등학생인 첫째 아들 방은 공부에 집중할 수 있는 분위기로 꾸몄다. 벽을 아이보리컬러로 마감하고 느릅나무 무늬목 가구를 매치해 내추럴한 스타일로 연출했다. 느릅나무 무늬목 가구에는 나뭇결을 살리는 도장으로 천연 무늬목의 느낌을 더욱 부각했다.
아래 첫째 아들 방의 한쪽 벽면에는 붙박이장을 꽉 차게 설치했다. 옷이나 물건들로 분위기가 산만해지지 않도록 수납공간을 충분히 두었다.

왼쪽 페이지

1 블루 톤으로 꾸민 막내아들 방. 부드러운 워시오크에 블루컬러와 오렌지컬러로 포인트를 준 가구들을 놓아 발랄하고 경쾌한 느낌을 살렸다.

2 막내아들이 아직 어려서 장난감이나 잡동사니 등을 넣어둘 수 있는 수납공간이 많이 필요했다. 그래서 옷장과 수납장 기능을 겸하는 붙박이장을 설치했다. 붙박이장에는 슬라이딩도어를 달아 아이가 쉽게 여닫을 수 있게 했다. 슬라이딩도어 한쪽에는 화이트보드를 부착해 마음껏 낙서할 수 있게 했다.

3 자녀 방과 자녀 방 사이의 자투리 공간에 장식 효과를 낼 수 있는 코지 공간을 마련했다. 선반을 달아 그림 작품이나 오브제 등을 진열할 수 있도록 했다. 벽과 천장은 화이트컬러로 도장해 작품이 돋보일 수 있게 했다.

오른쪽 페이지

1 현관에서부터 복도까지 직선형 구조이다. 다소 지루한 느낌이 들지 않도록 유선형의 패턴이 있는 중문을 설치해 리듬감을 부여했다.

2,3 독특한 디자인의 중문으로 색다른 느낌을 자아내는 현관이다. 신발장은 수납장이라기보다 하나의 이미지월처럼 보이도록 디자인했다. 공간에 여유가 있기 때문에 반대쪽 벽에는 디자인이 돋보이는 창을 설치하고 그 앞에 커다란 화병을 두어 장식성을 살렸다.

37

서울시 은평구 진관동
힐스테이트

110평 363m^2

디자인 권혁태/
에이아이디 월

사진 정태호

Gentle modern

자연 속에 들어앉은 모던 하우스

아파트의 편리함과 전원주택의 낭만이 공존하는 집 자연 속에 들어앉은 집인 만큼 자연의 운치를 그대로 집 안에 끌어들였다. 북한산국립공원, 서오릉자연공원, 갈현근린공원이 주변에 있고 창릉천이 가까이 흐르고 있는 데다 자연의 기운을 온몸으로 누릴 수 있는 야외 가든까지 갖춘 펜트하우스이다. 디자이너는 자연을 벗 삼아 살 수 있다는 이 집만의 매력을 리노베이션에도 적용했다. 단, 자연을 있는 그대로 드러내는 것이 아니라 세련되고 모던한 디자인 요소로 활용했다.

집주인은 전원주택에서 살다가 이곳으로 이사하면서 아파트의 편리함을 누리면서도 전원주택의 낭만 또한 놓치지 않기를 바랐다. 때문에 디자이너는 실내는 모던하면서도 편안한 분위기로 꾸미고, 바깥 가든은 자연과 함께 호흡하며 휴식을 취할 수 있는 운치 있는 공간으로 연출했다.

거실과 다이닝룸, 주방 사이에 벽과 기둥을 설치해 열려 있으면서도 닫힌 구조를 완성했다. 주방 쪽에는 나무로 된 벽을 세워 따뜻한 느낌이 들도록 했으며, 다이닝룸 쪽에는 면적이 각기 다른 흰 기둥을 배치해 리듬감을 살리면서도 모던함이 묻어나도록 연출했다.

39

선의 반복을 통해 내추럴 모던한 감성 표현 실내 공간에서는 선의 반복, 면의 비움과 채움을 통해 현대적인 모던함과 함께 따뜻하고 부드러운 이미지를 표현했다. 현관의 중문을 들어서면 긴 복도가 나오는데, 지나치게 긴 복도는 구조적으로 공간을 단절시킨다. 거실과 주방, 다이닝룸을 확연하게 구분 짓고 있는 것이다. 디자이너는 이를 극복하기 위해 바닥과 천장의 소재를 나무로 통일하고 천장에는 등박스를 설치해 좁고 긴 통로를 더욱 강조했다. 공간에 활력을 불어넣으면서 내부의 방향성을 이끌어낸 것이다. 복도를 지나면 나오는 거실과 주방, 다이닝룸 사이에는 목재로 된 벽과 흰 기둥을 설치해 닫혀 있으면서도 열린 구조를 만들어냈다. 목재로 따뜻한 이미지를 살리면서도 하얀 기둥의 반복을 통해 모던함을 동시에 표현했다. 특히 다이닝룸과 거실의 경계에는 불규칙한 면이 수직으로 나누어진 듯 보이는 기둥들을 배열해 긴 복도로 인한 지루한 느낌을 덜어주었다. 거실에서도 선의 반복은 계속된다. 흔히 쓰이는 전체 조명 대신 얇은 천장의 조명박스(LED)를 여러 겹으로 넣어 입체적으로 표현했다. 덕분에 거실 역시 모던한 감성이 묻어나는 공간으로 완성되었다.

왼쪽 페이지

1 모던하면서도 편안한 이미지가 감도는 거실. 선의 반복을 통해 리듬감을 살려 더욱 감각적인 공간으로 완성했다. 천장에는 선이 중첩되도록 간접조명을 설치하고 벽에도 면의 높낮이, 면적 등에 차이를 두어 입체적인 느낌을 강조했다.
2 현관 중문으로 들어서면 긴 복도가 나온다. 바로 왼쪽 문 안쪽에는 부부 욕실이 있으며, 복도 끝에는 왼쪽으로 거실이, 오른쪽으로 다이닝룸이 위치한다. 복도에는 원목 마루를 깔고 천장도 나무로 마감해 모던하면서도 내추럴한 분위기를 살렸다. 또 복도 천장을 따라 긴 등박스를 설치해 가결한 느낌을 강조했다.
3 현관이 다른 공간보다 한층 화사한 느낌이 감도는 것은 조명 때문이다. 천장에 빛이 부서지듯 퍼지는 샹들리에를 달아 입체감을 강조하는 한편 화려한 이미지를 더했다. 수납장은 화이트컬러로 깔끔하게 마감하고 한쪽은 벽감처럼 파서 장식 공간을 마련했다.

오른쪽 페이지

위 부부 침실에 딸린 드레스룸과 욕실. 좁고 긴 구조를 활용해 수납공간을 넉넉하게 짜 넣고 그 끝에 파우더룸과 욕실을 마련했다. 수납장은 화이트컬러로 통일해 좁은 공간에서도 답답한 느낌이 들지 않도록 했다.
아래 베이지 톤으로 밝고 깨끗하게 마감한 욕실. 큰 창 바깥에는 가든이 펼쳐지므로 월풀 욕조에서 야외 풍경을 감상하는 여유를 누릴 수 있다.

자연을 그대로 느낄 수 있는 펜트하우스의 장점을
살려 야외 가든을 조성했다. 기존의 철근 구조물
에는 나무를 덧대 차가운 느낌을 눌러주고 그 아
래에 평상을 만들어 가족이 함께 편히 쉴 수 있도
록 했다. 한쪽에는 바비큐 파티를 할 수 있는 선반
과 조명, 그릴 등을 설치해 도심 속 전원주택을 연
출했다.

별 헤는 밤, 바비큐 파티를 즐길 수 있는 야외 가든 가든은 자연 속에 자리한 집으로서의 매력을 한껏 드러낼 수 있도록 편안한 분위기로 조성했다. 넓은 만큼 자칫 황량한 느낌이 들 수 있으므로 바닥에는 잔디와 나무를 깔아 내추럴하면서도 온화한 느낌이 들도록 했다. 차가운 이미지를 주는 철제 구조물은 나무로 감싸고 그 아래는 툇마루를 만들어 보다 아늑한 분위기가 감돌도록 했다. 한쪽에는 바비큐 파티에 필요한 선반과 그릴 등을 설치하고 또 다른 쪽에는 파라솔과 테이블, 의자를 두어 야외 공간의 운치를 더했다. 또한, 부부 침실과 거실, 다이닝룸을 둘러싸고 있는 긴 테라스에는 나무를 깔고 작은 테이블과 의자 등을 두어 사람의 온기를 지니는 따뜻한 공간으로 변화시켰다. 덕분에 가족들은 툇마루에서 북한산의 맑은 공기를 마시며 별을 헤고 그릴에 불을 피우고 바비큐 파티를 즐길 수 있게 되었다. 자연 속 아파트에서 편안한 일상을 살아가며 낭만과 여유까지 누릴 수 있게 되었다.

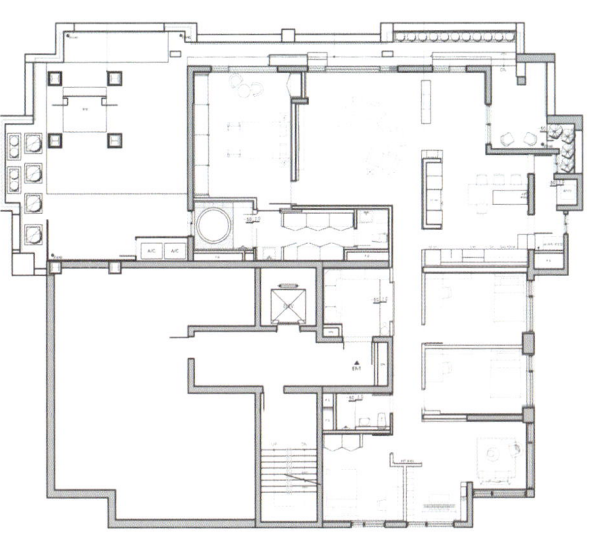

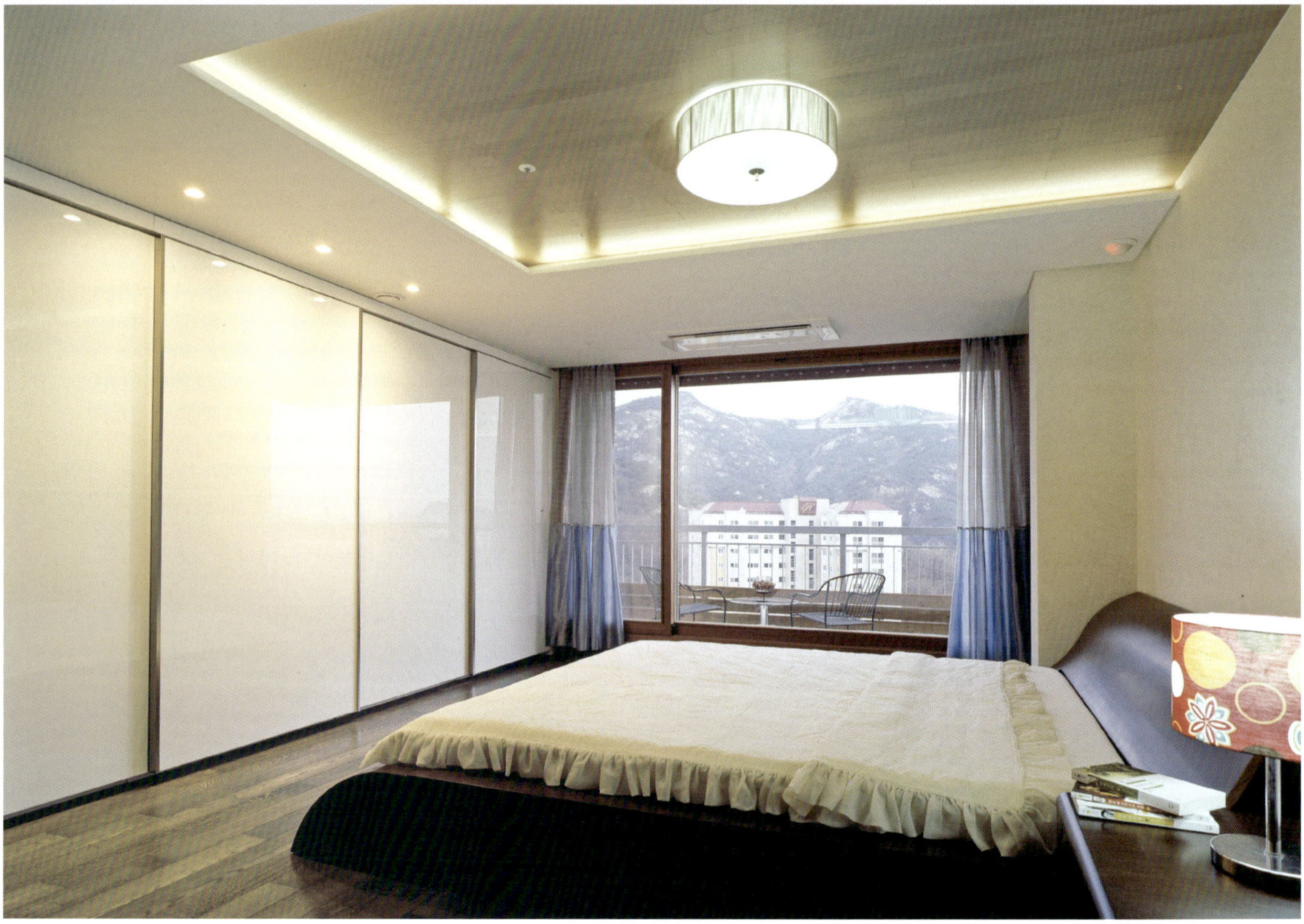

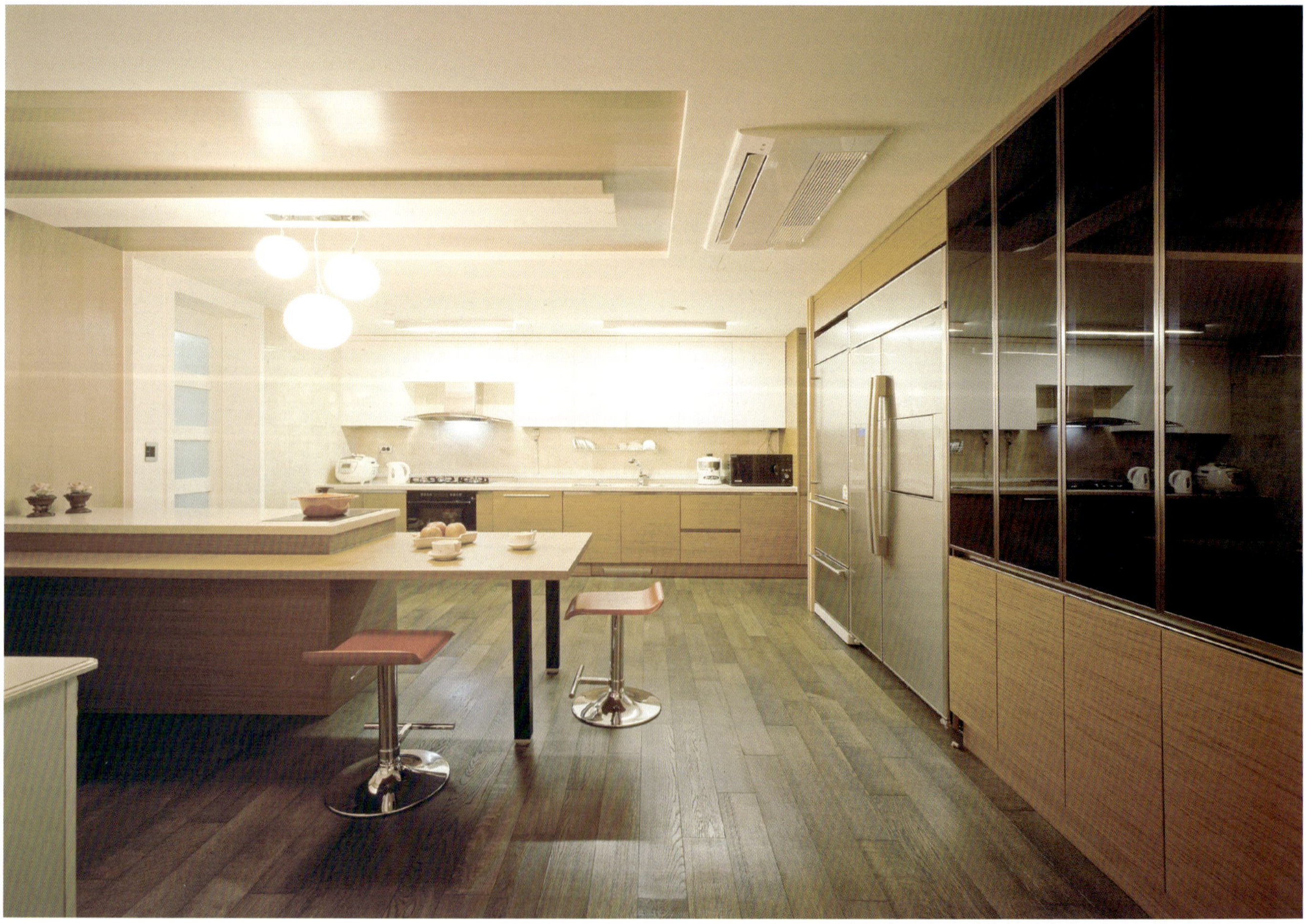

왼쪽 페이지

위 평온한 분위기로 연출한 부부 침실. 바닥은 나무로 마감해 온화한 느낌을 주었으며 붙박이장에는 화이트컬러의 슬라이딩도어를 달아 깔끔한 느낌을 더했다. 창밖에는 부부를 위한 테라스 공간을 조성해놓았다.

아래 주방은 따뜻한 감성이 돋보이는 공간으로 디자인했다. 바닥에는 마루를 깔고 주방가구는 원목으로 제작해 설치했다. 싱크대의 상부장은 하이그로시로, 하부장은 원목으로 제작해 자연스러운 조화를 이루도록 했으며, 한쪽 벽에는 가전제품을 빌트인하고 수납장을 깔끔하게 설치해 모던하면서도 내추럴한 이미지가 깃들도록 했다. 또 중앙에는 조리대와 식탁을 겸할 수 있는 아일랜드 테이블을 설치해 동선의 편리함을 추구했다.

오른쪽 페이지

위 삼면으로 창이 나 있어 전망이 좋은 서재. 바닥은 나무로 마감하고 벽에는 나무로 된 붙박이 책장을 짜 넣어 따뜻한 느낌을 살렸다. 천장과 벽은 입체적인 선을 강조해 전체 디자인과 어우러지도록 했다. 이곳에 컴퓨터와 피아노 등을 두어 아이들이 자유롭게 활용할 수 있도록 했다.

아래 자연의 숨결을 만끽할 수 있는 야외 테라스. 작은 테이블을 놓아 부부가 함께 차를 마시며 담소를 나눌 수 있는 공간을 만들었다.

45

경기도 성남시
분당구 수내동 한양아파트
73평 240m²
디자인 은성블루아이디

사진 여태석/
은성블루아이디

모던하면서도 온화한 분위기가 감도는 거실. 베란다
쪽에 블랙 테두리의 시스템 접이문을 달아 필요에
따라 심플한 분위기를 낼 수 있도록 했다. 또한, 베
란다 바닥을 거실 바닥과 높이를 같게 해 베란다 확
장을 하지 않고도 확장된 느낌이 들도록 했다.

모던과 트렌디한 감성이 만난 컨템포러리 스타일

모던에 대한 로망을 실현하다 단독주택에서 오랫동안 살아온 집주인은 아파트에 대한 로망이 있었다. 단독주택은 모던한 구조가 나오지 않았기에 아파트에 살게 되면 군더더기 없이 깔끔한 스타일로 새롭게 단장하고 싶었다. 단순하지만 고급스러운 인테리어가 담긴 집. 그가 마음속에 품은 집을 현실로 재현하기 위해 디자이너는 심플하고 모던한 스타일에 트렌디한 감성을 더한 컨템포러리 스타일을 제안했다. 전체적으로 모던함을 지향하는 가운데 한두 군데 색다른 감각이 묻어나는 공간을 만드는 것을 계획했다.

그러기 위해서는 20년 된 낡은 아파트의 답답한 구조를 개선하는 것이 우선이었으며, 그와 동시에 모던한 분위기를 내는 것도 중요했다. 거실은 외부 창이 곡선으로 둘러진 베란다가 있어 구식 느낌이 쉽게 지워지지 않았다. 하지만 화초 가꾸기를 좋아하는 집주인의 취미도 고려해야 했으므로 베란다를 없애는 게 정답은 아니었다. 베란다를 확장하지 않고 베란다와 거실 사이에 블랙 테두리의 접이문을 달아 문을 닫으면 단정한 분위기로 연출할 수 있도록 했다. 또한, 모던한 분위기를 배가시키기 위해 벽과 천장은 화이트컬러 벽지로 깔끔하게 마감하고 바닥에는 자연스러운 나뭇결이 살아 있는 마루를 깔았다. 한편, 이런 느낌을 긴 복도까지 이어지도록 해서 보다 넓어 보이는 효과를 얻었다. 주방은 자리만 차지하던 작은 창고를 없애고 ㄷ자형 주방가구로 동선의 편리함을 추구했다. 또한, 화이트컬러 상부장과 블랙컬러 하부장으로 흑백의 대비를 이루도록 하고 냉장고, 오븐 등 모든 가전제품은 빌트인해 미니멀한 분위기를 강조했다.

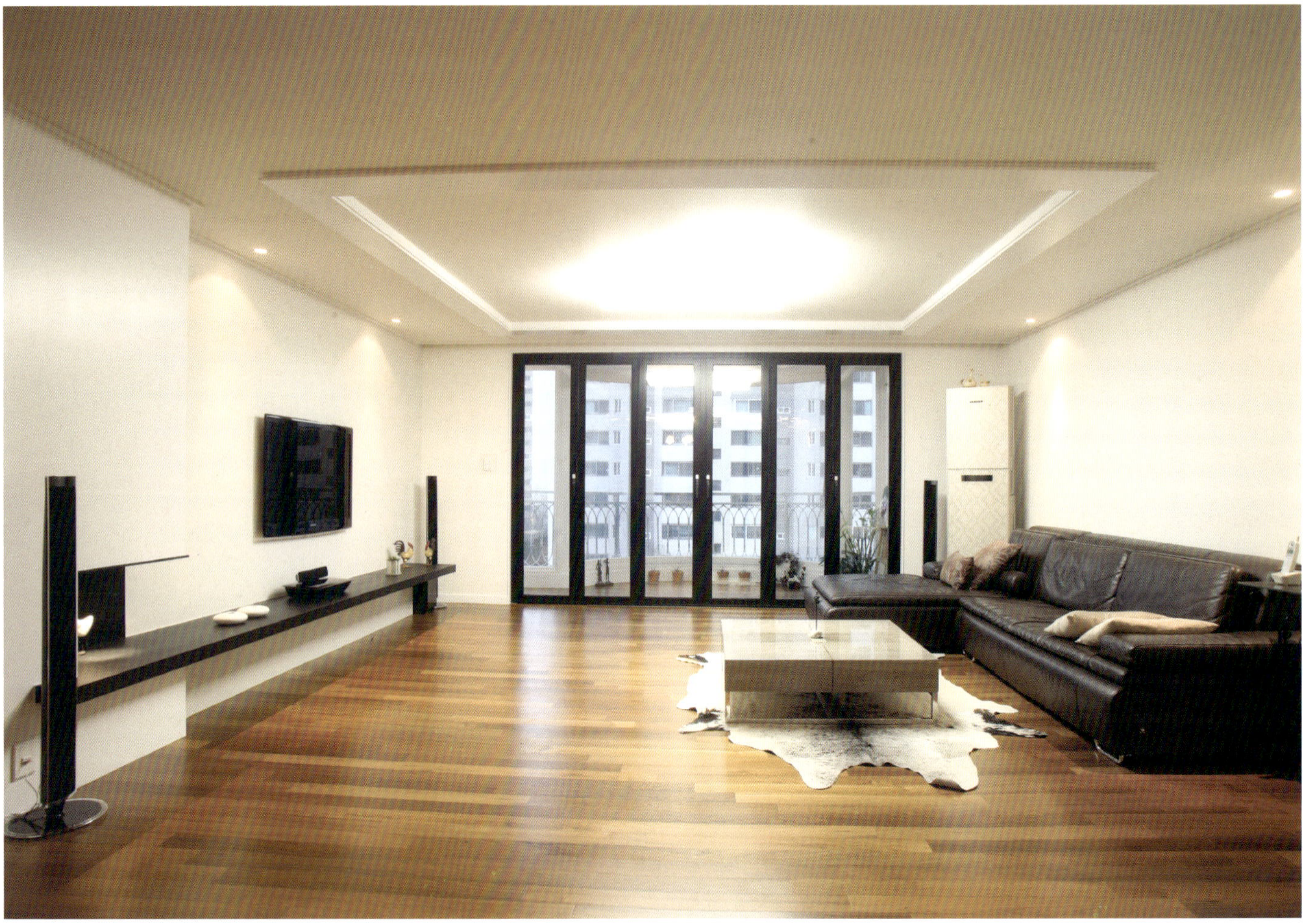

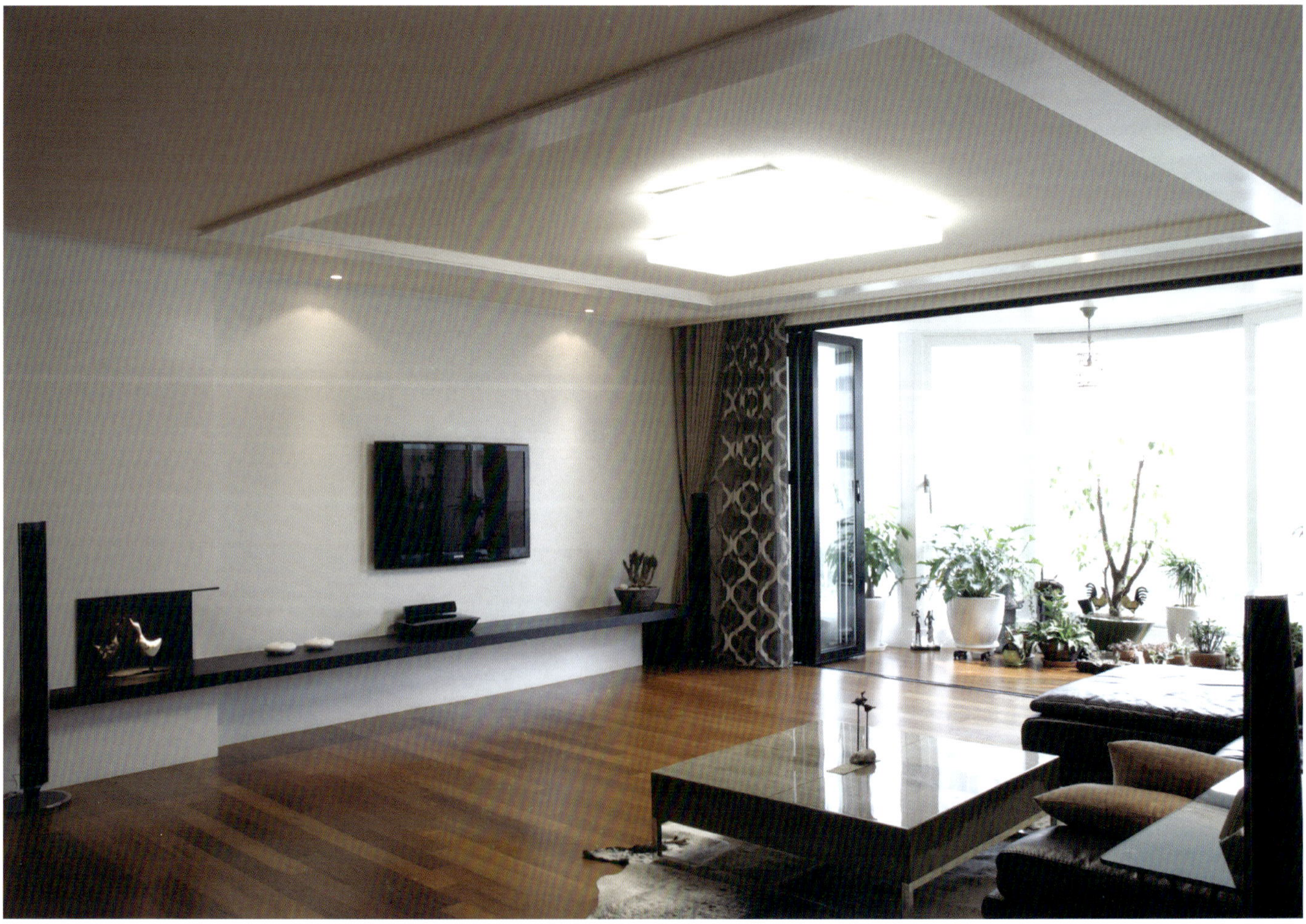

왼쪽 페이지

위, 아래 거실의 TV가 있는 아트월 부분은 두께를 달리해 입체감을 살렸고, TV장 대신 목재 선반을 달아 깔끔함을 강조했다. 베란다는 미니 정원처럼 꾸몄다. 화초를 놓기 위해 기존의 베란다를 확장하지 않고 접이문만 달았다. 베란다와 거실 사이에 있는 접이문은 통로이자 경계가 된다.

오른쪽 페이지

위 색다른 감성이 돋보이는 다이닝룸. 오렌지컬러의 벽과 패턴이 있는 벽이 개성 있는 분위기를 연출한다. 자칫 강해 보일 수 있는 공간을 심플하고 내추럴한 디자인의 우드 식탁을 놓아 한결 차분하게 정리했다. 구석에 놓인 테이블은 집주인이 낡은 재봉틀을 리폼해 만든 것이다.
아래 다이닝룸에 있던 기존의 베란다를 확장해 만든 휴식 공간. 오렌지컬러의 벽면과 벤치 스타일의 구조 등이 독특한 분위기를 자아낸다.

나뭇잎 패턴이 그려진 벽지로 마감된 벽이 인상적이다. 오른쪽에 있는 문을 올리브그린컬러로 칠해 자연스럽게 컬러를 매치한 감각이 돋보인다. 문 너머에는 기존의 작은 방을 고쳐 만든 다용도실이 있다.

50

컬러로 생기를 더하다 이렇듯 전반에 걸쳐 절제미가 돋보이는 모던 스타일을 추구하는 가운데 다이닝룸은 집의 리듬감을 살리는 개성 있는 공간으로 변신시켰다. 다이닝룸의 한쪽 벽은 나뭇잎이 그려진 브라운 계열의 벽지로 마감하고 천장에는 로맨틱한 디자인의 샹들리에를 달아 운치를 살렸다. 여기에 심플한 디자인의 테이블과 의자를 놓아 정갈한 멋을 더했다. 또한, 기존에 있던 작은 베란다를 확장해 벤치가 있는 휴식 공간으로 꾸몄다. 벽은 상큼한 오렌지컬러로 마감해 생기를 불어넣었다. 이 집의 또 다른 포인트 공간은 부부 침실로 이어지는 복도. 정면의 벽을 톤 다운된 레드컬러로 마감해 그 자체가 감각적인 아트월이 되도록 했다. 주변의 벽이 깨끗한 화이트컬러라 더욱 눈에 띄는 이곳은 고가구 하나 오롯이 놓았을 뿐인데 멋스럽기 그지없다.

before

after

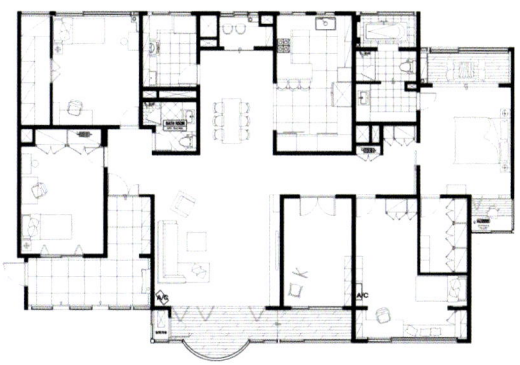

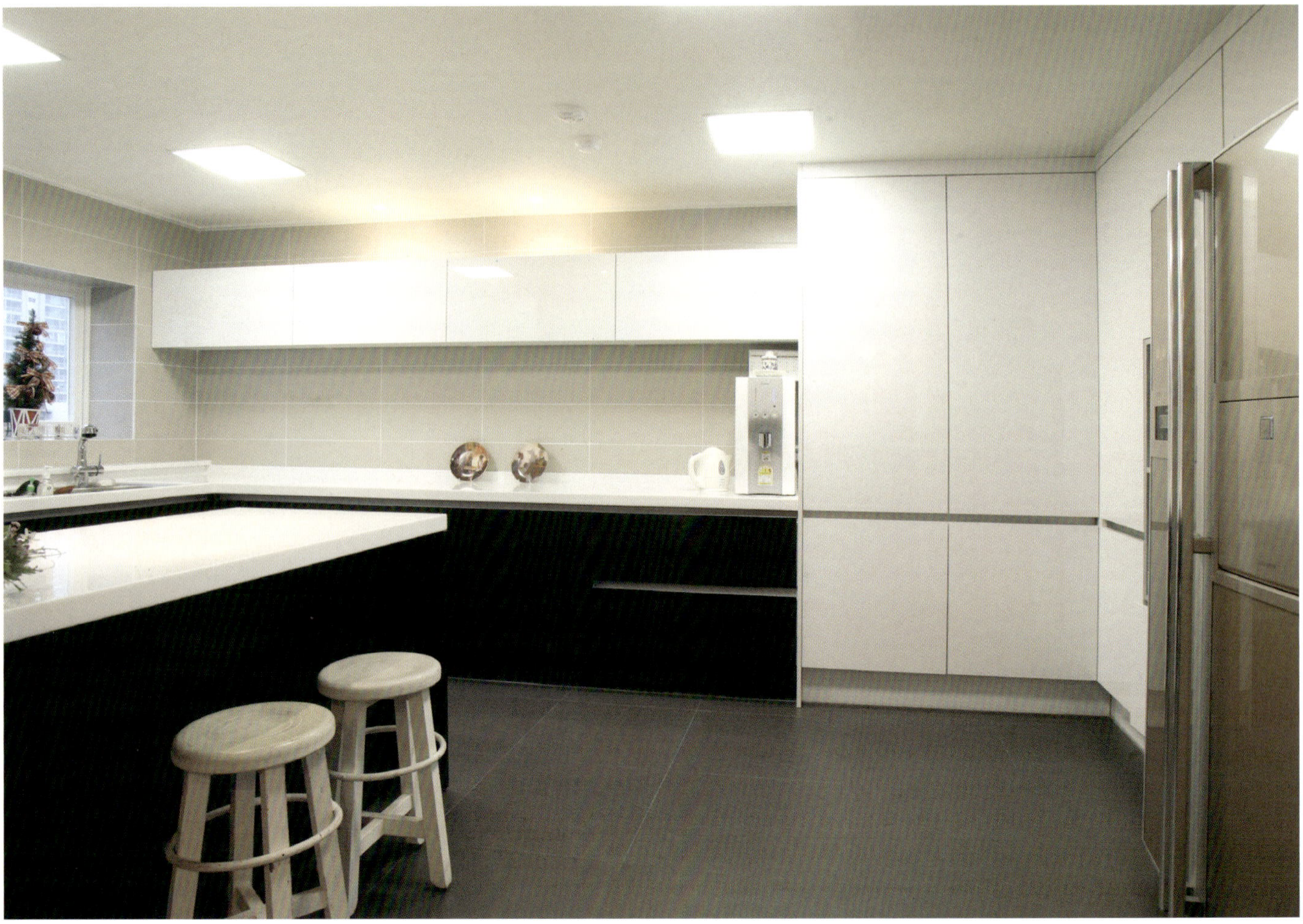

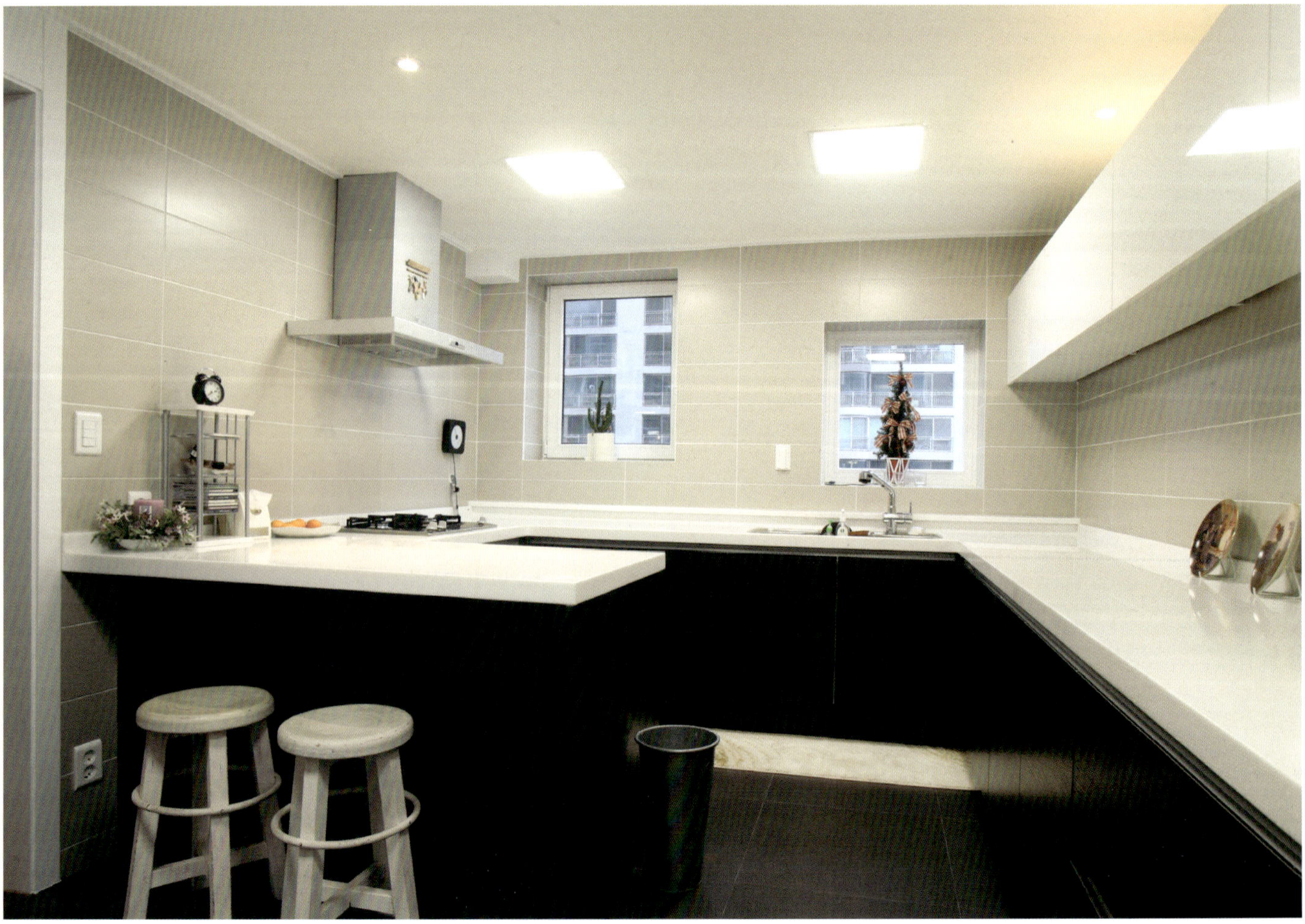

왼쪽 페이지

위, 아래 절제의 미학을 그대로 보여주는 주방. 벽은 베이지컬러 타일로, 바닥은 그레이컬러 타일로 마감하고 심플한 디자인의 주방가구를 더해 극도의 미니멀리즘을 실현했다. 바닥의 타일은 내구성이 뛰어나 물기가 닿아도 전혀 변형이 생기지 않는다. 한쪽에는 천장까지 닿는 수납장을 설치하고 가전제품을 빌트인했다.

오른쪽 페이지

1 현관을 들어서면 나오는 전실은 실외 공간으로 꾸몄다. 벽면을 아메리칸 스타일로 마감하고 격자 무늬의 미서기 창을 달아 이국적인 감각을 더했다. 정면에는 우수관을 가리면서 장식 효과를 낼 수 있도록 아트월을 설치했다.
2 가족이 모여 담소를 나눌 수 있는 가족실. 집주인이 가지고 있던 식탁으로 리폼한 소파에서 디자이너의 감각을 엿볼 수 있다. 소파는 시공 당시 식탁을 버리기 아까워 즉석에서 다리를 자르고 패드를 올려 만든 것이다.
3 실내로 이어지는 전실. 전실에 중문을 달아서 실내와 실외를 구분했다. 한쪽 벽에는 무늬목으로 제작한 신발장을 설치해 깔끔한 느낌을 살렸다. 맞은편 벽은 타일을 사용해 그 자체로 아트월이 되도록 마감했다.

53

왼쪽 페이지

실내로 들어서면 시원하게 뻗은 복도가 펼쳐지고 복도 끝에 톤 다운된 레드컬러 벽면이 눈에 들어온다. 그 앞에는 고가구가 소박하면서도 단아한 자태를 뽐내고 있다. 은은한 빛을 더하니 그대로 하나의 작품이 된다.

오른쪽 페이지

위 단정한 스타일의 부부 침실. 베란다를 확장해 부부가 오붓하게 차를 마실 수 있는 다실을 마련했다.
아래 부부 침실 한쪽에는 베란다를 확장해 간이 서재를 만들었다. 루버 접이문을 달고 책상을 제작해 설치했다.

55

왼쪽 페이지

1 부부 침실 입구. 코너에는 붙박이장을 짜 넣고 빈 벽 앞에는 고가구를 놓아 멋스럽게 연출했다. 슬라이딩도어와 벽을 톤 다운된 레드컬러로 통일해 부부만을 위한 공간이 드러나지 않도록 했다.

2,3 베이지 톤의 수입 타일로 내추럴하게 마감한 부부 욕실. 자칫 밋밋해 보일 수 있는 공간을 화이트컬러로 도장한 수납장 도어, 나무 프레임의 거울, 조명으로 포인트를 주어 아늑한 분위기로 연출했다. 욕실 바닥의 높이를 달리해 한쪽은 건식으로, 다른 한쪽은 습식으로 사용할 수 있도록 했다. 건식 공간에는 수납장을 넉넉하게 짜 넣고, 습식 공간에는 샤워부스와 욕조를 설치했다. 부부 욕실은 햇빛 드는 창이 있어 늘 쾌적함을 유지할 수 있다.

오른쪽 페이지

위 위 모던한 디자인의 가족 욕실. 벽은 화이트컬러와 그레이컬러의 질감 있는 타일로 깔끔하게 마감하고 세면대 위쪽에는 거울 수납장을 달아 포인트를 주었다.

아래 공간 활용도를 높인 자녀 방. 베란다를 확장해 붙박이장과 수납장 겸 벤치를 설치하고 그 옆에는 책상을 놓았다. 벤치 공간과 침실 공간에는 가벽을 두어 침실 공간을 더욱 아늑하게 연출했다.

경기도 성남시
분당구 수내동 청구아파트
64평 211m²

디자인
은성블루아이디

사진 여태석/
은성블루아이디

다크그레이 톤의 벽에 그림을 걸어 거실에 생동감
을 더했다. 천장에 간접조명을 설치해 은은하게 벽
을 비추도록 한 것도 좋은 아이디어이다.

Soft modern

컬러풀 모던으로 꾸민 가족의 보금자리

오래된 아파트, 보수가 기본이다 지은 지 20여 년이 된 아파트가 가족의 단란한 보금자리가 되기 위해서는 두 가지 과제를 풀어야 했다. 하나는 오래된 만큼 낡은 시설과 불편한 구조를 개선해야 한다는 것이었고 또 다른 하나는 부부의 서로 다른 취향이 어우러지도록 하면서 가족 모두 편안한 생활을 할 수 있어야 한다는 것이었다. 디자이너는 이 두 가지 과제를 지혜롭게 풀어나가는 데 중점을 두었다.

오랜 세월을 견뎌온 아파트는 최상층으로 누수가 많은 데다 벽면에 금이 간 곳도 꽤 있었다. 또 넓은 평수에 비해 주방과 다이닝룸의 구조가 복잡해 사용하기 불편했으며 현관은 비좁아 들어서는 순간 답답한 인상을 주었다. 디자이너는 우선 누수와 크랙 문제를 해결하기 위해 천장을 철거하고 배관을 새로 교체했으며 벽면의 크랙을 메워 새로 마감했다. 주방은 공간만 차지하던 작은 창고를 없애고 냉장고와 김치냉장고 등 가전제품을 수납할 수 있는 공간을 따로 만들어 깔끔한 느낌이 들도록 했다. 베란다 확장으로 생긴 다이닝룸의 한쪽 공간에는 와인바를 설치해 부부가 이따금 와인 한 잔 마시며 담소를 나눌 수 있도록 했다. 비좁은 현관은 그 옆에 있는 작은 방의 붙박이장을 줄여 공간을 확보했다.

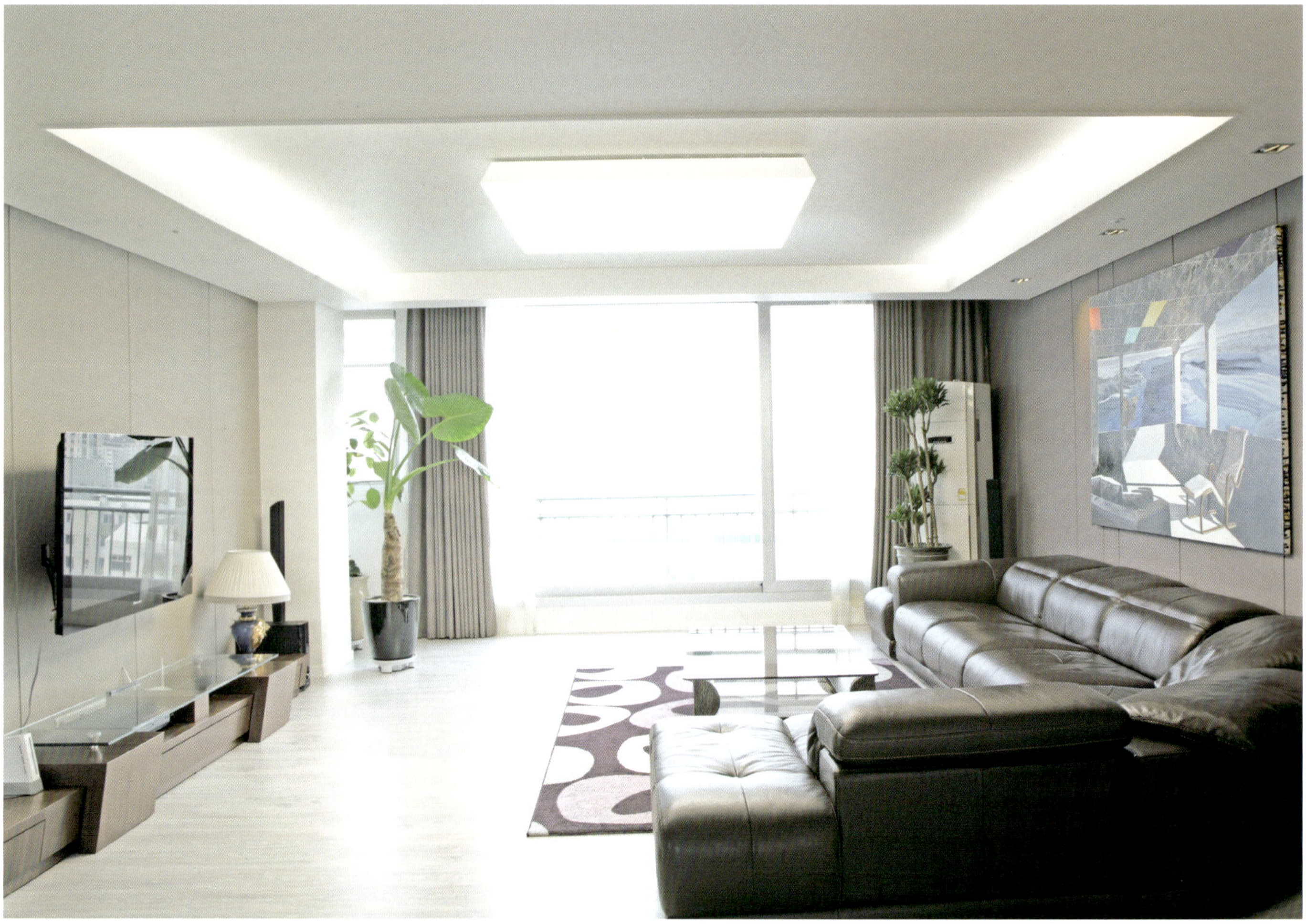

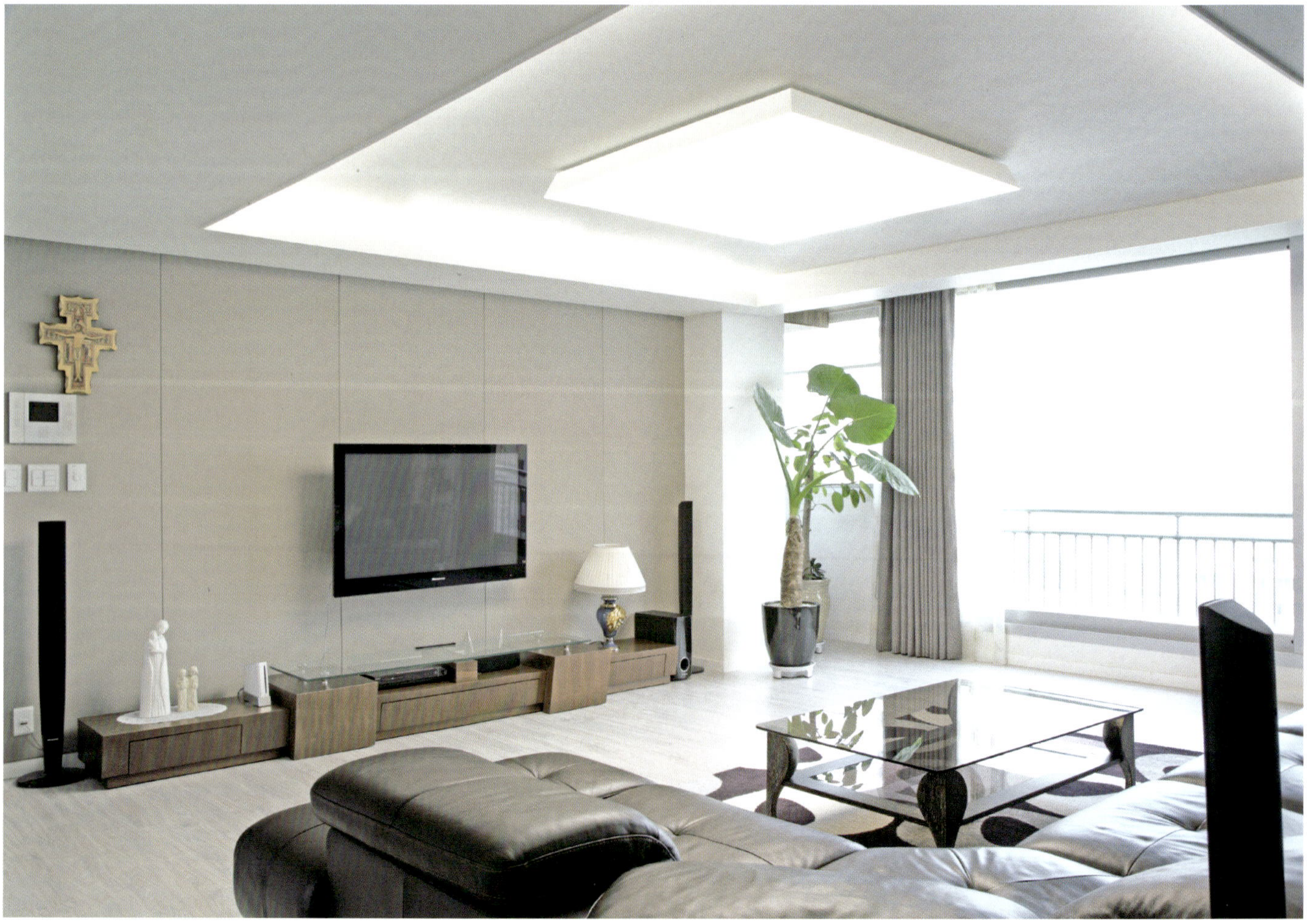

왼쪽 페이지

위 거실을 확장하고 시스템 창호를 설치해 더욱 넓게 활용하는 한편 바깥 풍경을 시원하게 감상할 수 있도록 했다. 천장에는 간접조명을 설치하고 패널을 달아 장식 효과를 주었다. 거실의 마주하는 벽면에는 다크그레이컬러와 짙은 베이지컬러로 마감해 대비를 이루면서도 어두운 컬러의 가구가 무난하게 어울리도록 했다.
아래 한쪽 벽면은 짙은 베이지 톤으로 마감하고 브라운컬러의 가구를 놓아 가전제품이 자연스럽게 어우러지도록 했다.

오른쪽 페이지

1 아이들을 위해 마련한 서재. 천장까지 닿는 책장을 설치하고 피아노와 기타 등을 두어 공부뿐만 아니라 취미 생활까지 즐길 수 있도록 배려했다.
2 서재의 책장 맞은편에는 가벽을 세우고 그 뒤에 드레스룸을 만들었다. 공간이 좁기 때문에 붙박이장에는 슬라이딩도어를 달았다.
3 부부 침실의 한쪽 공간에는 간이 파우더룸과 서재를 마련해 공간의 효율성을 높였다.

커다란 창이 있어 밝고 따뜻한 느낌이 감도는 다이
닝룸. 왼쪽의 문 너머에는 주방이 자리 잡고 있다.

화사하면서 심플한 컬러풀 모던을 지향하다

남은 과제는 부부의 취향을 디자인에 반영하면서 가족이 사용할 공간의 효율성을 높이는 것이었다. 남편은 다소 화려한 스타일을 좋아했고 아내는 심플한 스타일을 선호했다. 이 두 가지 스타일을 조화롭게 매치하기 위해 디자이너는 '컬러가 가미된 모던 인테리어'를 제안했다. 전체적으로 천장은 화이트컬러 벽지로 깨끗하게 마감하고 바닥에는 밝은 무늬목을 깔았다. 벽은 화이트, 그레이, 베이지 톤을 각 공간에 맞게 적절하게 섞어 마감했다. 또한, 천장고를 높이고 천장과 벽 사이에는 몰딩을 넣지 않고 심플함을 강조했다. 그런 다음 각각의 공간에 컬러를 더해 개성을 살렸다. 주방은 밝은 그레이 톤의 타일 벽과 블랙 상판이 달린 짙은 브라운 컬러의 주방가구를 매치해 모던함이 돋보이도록 하는 한편, 아일랜드 식탁 앞에 선명한 핑크컬러의 의자를 놓아 강렬한 포인트를 주었다. 다이닝룸에는 짙은 브라운컬러의 나무 패널로 아트월을 설치하고 커다란 창이 달린 와인바 벽면 역시 같은 톤으로 마감해 클래식한 테이블과 조화를 이루도록 했다. 이 밖에 다른 공간에는 핑크와 스카이블루, 바이올렛 등 파스텔 톤을 적절히 가미해 화사한 느낌을 더했다.

또한, 3대가 함께 사는 이 집에서는 가족 모두 각자의 역할에 충실하면서 편안하게 생활할 수 있도록 공간을 구성하는 것도 중요했다. 부부는 아이들을 위해 안방을 기꺼이 내어주고 서재로 만들기를 원했다. 디자이너는 붙박이장과 책장, 피아노 등을 설치해 아이들이 공부와 취미 생활을 겸할 수 있도록 했다. 또 방에서 많은 시간을 보내는 어머니를 위해 어머니 방은 단정하고 아늑한 분위기로 꾸몄다. 이렇게 집이 가진 단점은 극복하고 장점은 창조해나가는 방법으로 가족 모두 행복을 꿈꿀 수 있는 공간을 완성했다.

before

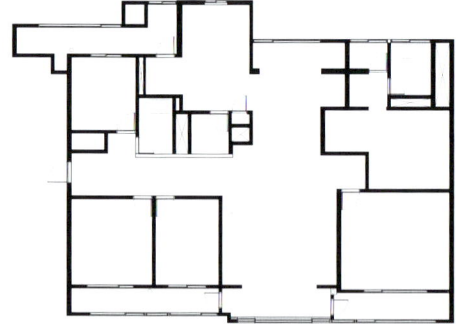

after

왼쪽 페이지

1 모던한 디자인의 주방. 밝은 그레이 톤 타일로 깔끔하게 마감하고 짙은 컬러의 주방가구를 더해 선명한 대비를 이루도록 했다. 아일랜드 식탁 앞에 핑크컬러 의자를 놓아 공간에 생기를 불어넣었다.
2 베란다를 확장한 공간에 만든 와인바. 움푹 들어간 한쪽 구석에는 수납장을 설치하고 와인냉장고와 와인잔, 커피잔 등을 수납할 수 있도록 했다. 위쪽에 미닫이문을 단 것이 디자인 포인트이다.
3 자녀 방은 베란다를 확장해 공간을 넓히고 붙박이장을 설치했다.

오른쪽 페이지

1 화이트컬러로 간결한 느낌을 살린 복도. 한쪽 천장에 길게 간접조명을 설치해 밝은 분위기를 강조하고 독특한 디자인의 중문을 달아 포인트를 주었다.
2 무채색의 모자이크 타일로 포인트를 준 욕실. 공간이 좁은 만큼 수전과 거울 등은 심플한 디자인으로 골랐다.
3 유난히 비좁았던 현관은 그 옆 작은 방의 붙박이장을 헐어 넓혔다. 신발장의 키를 낮추고 벽면에 대형 거울을 달아 답답한 느낌이 들지 않도록 했다.

65

서울시 강남구 도곡동
우성캐릭터1999아파트

63평 208㎡

디자인 이경혜/
디자인 세인

아일랜드형 주방가구를 설치해 거실과 주방을 구
분해 주었다. 덕분에 거실과 주방은 연결되면서도
서로의 공간을 침범하지 않는 구조를 이룬다.

66

간결함 속에
빛나는 고상함

물 흐르듯 열린 구조를 완성하다 집주인의 요구는 구체적이었다. 광고 일을 하는 남편과 주부인 아내는 둘 다 단정하고 깔끔한 스타일을 좋아했다. 그래서 지극히 모던한 분위기를 원했고 자칫 밋밋해질 수 있는 부분에 모던 클래식풍을 가미해 너무 단조롭지 않도록 해달라고 했다. 그러기 위해서는 수납공간을 최대한 만들고 깨끗하고 군더더기 없는 소재를 사용하며 흑백의 조화를 이루었으면 좋겠다는 세부적인 의견도 내놓았다.

지은 지 14년 된 오래된 주상복합아파트. 당시에는 트렌디한 인테리어였을 클래식한 둥근 벽체 선은 구식으로 보였고 곳곳의 데드 스페이스는 공간을 제대로 활용하지 못하게 하는 걸림돌이었다. 수납공간도 턱없이 부족했다. 디자이너는 집주인의 요구에 맞으면서도 디자이너의 눈으로 확인한 문제점 또한 보완하는 데 중점을 두었다.

모던한 집을 원하는 집주인의 취향을 반영하기 위해서는 무엇보다 공간 계획이 중요했다. 넓은 평수에 비해 답답해 보이는 구조를 탈피하는 것이 관건. 기존의 둔탁한 주방 벽체를 걷어내고 거실과 다이닝룸, 주방이 물 흐르듯 연결되는 구조를 만들었다. 거실과 다이닝룸은 가구로만 공간이 구분되도록 터놓았다. 주방은 기존의 벽체를 허물고 ㄱ자형 주방가구를 설치해 거실을 향해 열려 있으면서도 닫혀 있는 공간으로 완성했다. 또한, 이렇게 정리한 모던 스타일을 해치지 않도록 기존의 냉방 시설을 철거하고 시스템 에어컨을 설치해 무엇 하나 모나게 튀어나오지 않도록 했다.

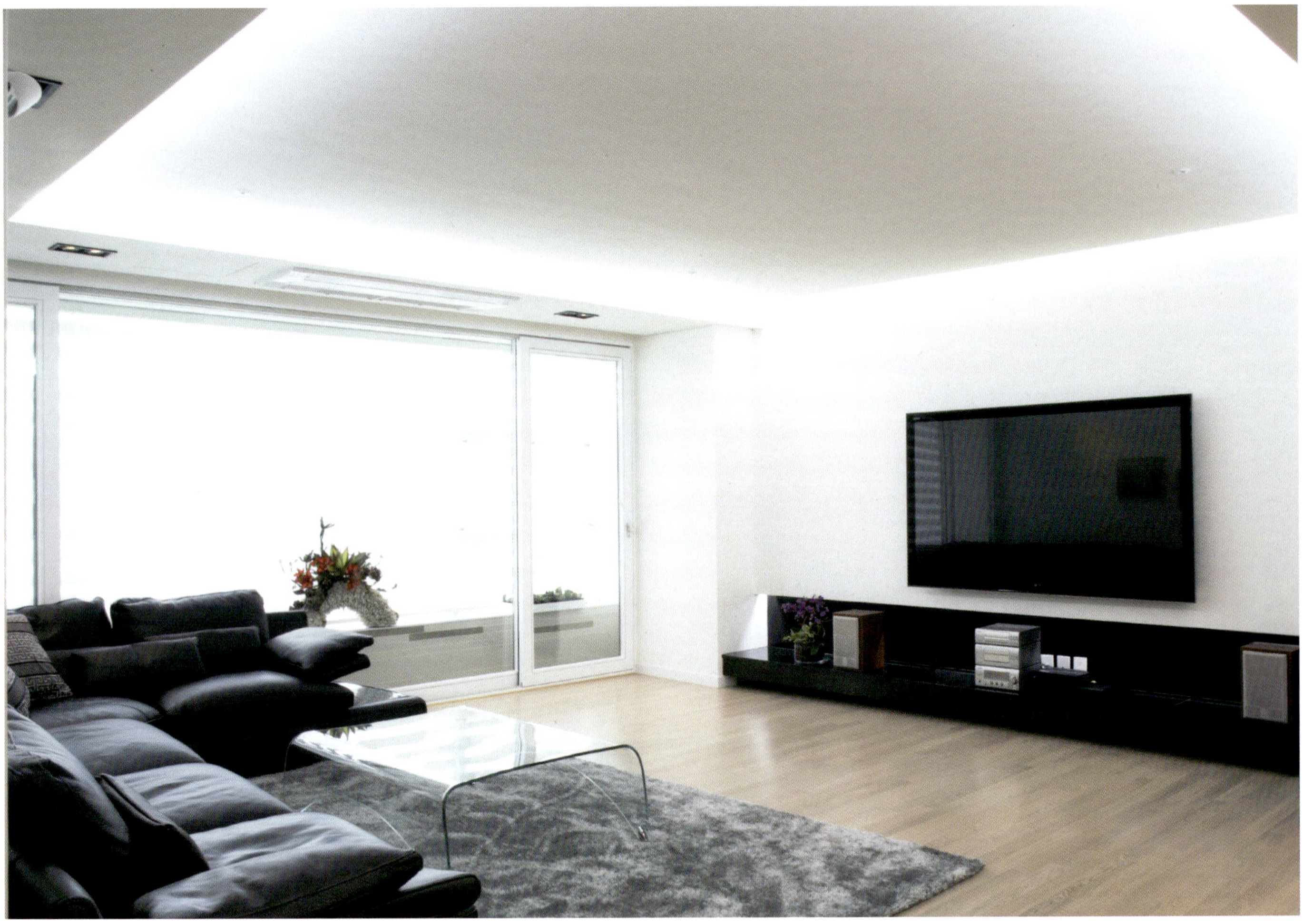

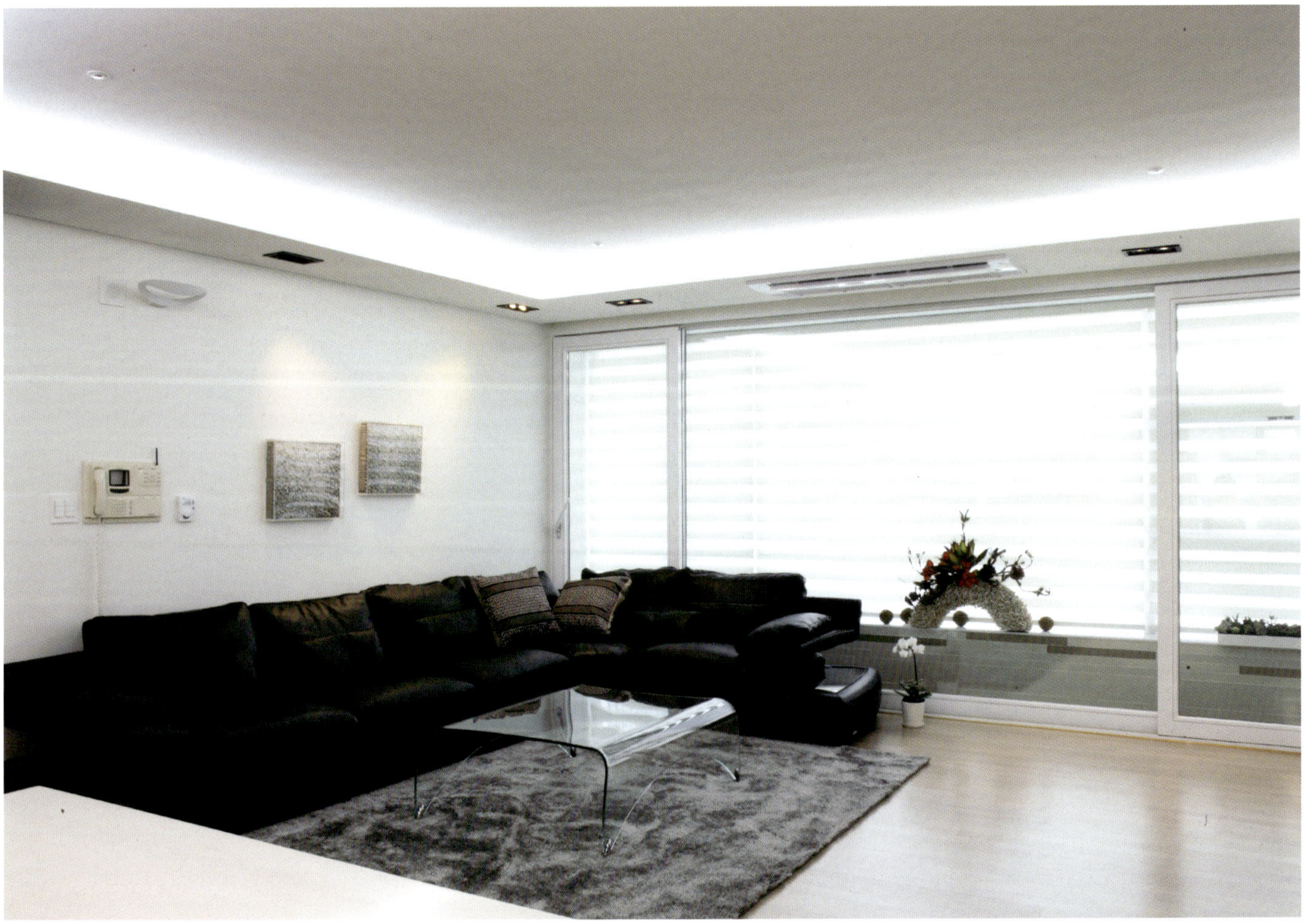

왼쪽 페이지

위 블랙 앤 화이트의 대비가 뚜렷한 거실. TV가 걸린 벽면 하단에 블랙 대리석 바를 설치해 공간과 가전제품이 어우러지도록 배려했다. 보온과 방음이 되도록 베란다는 이중창을 설치할 수 있는 공간을 남겨두고 확장했다.
아래 거실은 천장고를 높이고 그 부분에 간접조명을 넣어 절제미를 살렸다. 일반적으로 흔히 쓰는 매립식 조명 대신 간접조명을 달아 한결 단정한 느낌을 연출한 것. 간접조명은 LED를 이용함으로써 은은한 빛이 오래 발하도록 했다. LED는 유지 관리가 쉬우면서 비용이 저렴하다.

오른쪽 페이지

아일랜드형 주방가구가 놓인 주방. 주부가 주방일을 하면서도 가족들과 소통할 수 있는 대면형 구조이다. 아일랜드형 테이블에서는 간단한 식사나 다과를 즐길 수 있다. 가전제품을 빌트인하고 수납공간을 충분히 확보한 것이 포인트이다.

다이닝룸은 스와로브스키 컬렉션이 취미인 아내의 전시 공간이기도 하다. 크리스털 샹들리에로 스와 스브스키의 영롱한 분위기를 강조하는 한편, 한쪽 벽에 블랙 앤 화이트 하이그로시와 은경으로 마감 된 장식장을 놓고 수집품들을 진열해놓았다. 복도 와 다이닝룸 사이의 가벽은 다른 공간으로 향하는 시선을 차단하는 역할을 한다.

모던의 해법, 수납과 컬러에서 찾다 아무리 모던한 인테리어를 해놓아도 살다 보면 하나둘 늘어나는 살림살이 때문에 처음의 상태를 유지하기 어려운 법. 이 때문에 살림살이를 최대한 가리는 보이지 않는 수납을 할 수 있도록 수납공간을 충분히 확보하는 것 또한 중요한 과제였다. 우선 숨어 있는 공간인 데드 스페이스를 수납공간으로 바꿔나갔다. 주방에는 벽과 싱크대 하단, 식탁 하단에 깔끔한 플랩장을 설치하고 한쪽 벽에는 냉장고와 오븐 등을 빌트인하여 간결하게 마감했다. 보조 주방은 세탁 공간으로 활용하면서 주방용품과 세탁용품을 효과적으로 수납하도록 했다. 다이닝룸의 벽은 장식장 겸 수납장 역할을 하도록 짜 넣었다. 라디에이터나 스탠드형 에어컨이 있던 자리도 수납장으로 채웠다.

집주인의 또 다른 주문은 블랙 앤 화이트의 조화. 디자이너는 집주인의 이러한 요구를 세련되게 구현해냈다. 화이트를 베이스로 활용하고 블랙으로 포인트를 준 것. 전체적으로 화이트컬러의 친환경 VP도장으로 마감해 깨끗한 느낌을 주는 한편, 부분적으로 블랙 하이그로시와 대리석을 이용해 장식 효과를 높였다. 거실과 주방, 다이닝룸, 부부 침실까지 각각의 공간에 맞게 이 원칙을 적용했다.

before

after

왼쪽 페이지

위 다이닝룸의 한쪽 벽은 장식장 겸 수납장. 블랙 도장과 은경 처리된 부분은 장식장으로, 위아래는 수납장으로 활용할 수 있다.

아래 아늑한 부부 침실. 베란다를 확장하고 드레스룸을 줄여 보다 넓은 공간을 확보했다. 침대 헤드 쪽 벽은 은빛 실크벽지로 마감하고 간접조명을 설치해 은은한 분위기를 연출했다. 침실과 베란다 공간 모두 같은 마루를 깔아 통일성을 주었으며 보온 효과도 높였다. 베란다 확장 공간에는 접이식 시스템 창호를 설치해 겨울에는 문을 닫으면 단열이 잘 되도록 했다.

오른쪽 페이지

1 베란다 확장 공간에 작은 테이블을 두었다. 부부가 간단하게 차를 마시거나 담소를 나누기 좋다.

2 부부 침실에 딸린 드레스룸. 소품이 유난히 많은 부부의 스타일에 맞춰 수납장을 디자인했다. 한쪽은 오픈 수납장으로 만들어 외출에서 돌아온 후 입었던 옷을 걸어둘 수 있게 했다. 공간의 효율성을 높이기 위해 문에는 거울을 달았다.

3 모던하면서도 노블한 분위기로 연출한 부부 욕실. 천장은 블랙컬러 바리솔로, 벽은 그레이컬러 타일로 깔끔하게 마감했다. 자칫 밋밋해질 수 있는 벽에 그레이컬러, 골드컬러 타일을 모자이크해 포인트를 주었다.

4 경쾌한 블루 톤의 가족 욕실. 쾌적하게 사용할 수 있도록 건식 욕실로 만들고 수전 아래에 넉넉한 수납장을 마련해 욕실용품을 효과적으로 수납할 수 있도록 했다.

위 큰딸 방에는 베란다를 확장한 공간에 수납장과 책상 등을 두어 공간 활용도를 높였다. 천장에는 등박스와 에어컨을 설치하고 한쪽 벽에 다크블루 컬러 벽지로 포인트를 주었다.
아래 핑크 톤으로 온화한 분위기를 살린 둘째 딸 방. 베란다 확장으로 공간을 넓히는 한편 핑크컬러를 좋아하는 방 주인의 취향에 맞춰 벽을 연한 핑크와 핑크빛 스프라이프 패턴 벽지로 마감했다.

1 공간을 분리해주는 복도 가벽은 공간의 포인트가 되는 이미지월이기도 하다. 이미지월은 스와로브스키를 좋아하는 안주인의 취향을 가미해 LED 조명을 보석처럼 연출한 것. LED 조명은 설치 비용은 다소 비싸지만 유지 비용이 저렴해 하루 종일 켜놓아도 부담이 없다.

2 현관으로 들어서면 집 안 내부가 아니라 이미지월이 눈에 들어와 한층 단정한 느낌이 든다. 현관은 거실과 통일감 있게 화이트컬러의 안티스타코 도장으로 마감했다.

3 블랙컬러 무늬목으로 마감한 신발장과 짙은 그레이컬러 타일 바닥을 매치한 현관. 바닥에 한층 톤 다운된 컬러를 쓰고 간접조명을 설치해 블랙컬러 신발장을 부각시켰다.

75

서울시 강남구 개포동
현대아파트

58평 192m²

디자인 이경혜/
디자인 세인

현관에서 바라본 거실 전경. 천장과 벽에 직사각형의 층을 내 입체감을 살렸다. 창에는 투명과 화이트가 교차하는 블라인드를 설치해 심플한 느낌을 강조했다.

Modern Classic

벽을 허무는 과감한 시도로 되찾은 공간의 기능성

두 개의 방을 터서 학습 공간 조성 아이들이 한창 공부하는 시기에 있을 때에는 부부의 공간만큼이나 아이들의 공간에 대한 배려도 뒤따라야 한다. 리노베이션을 할 때 쾌적한 학습 분위기를 조성하는 것도 중요한 과제다. 부부와 세 자녀가 함께 사는 이 집 역시 그런 경우였다. 수학을 전공한 엄마는 아이들이 차분한 분위기에서 공부할 수 있도록 나란히 붙어 있는 두 개의 방을 터서 공동 학습실로 만들어주고 싶어 했다. 또 기존의 거실을 더 넓게, 주방은 좀 더 편리하게 개조하기를 원했다.

디자이너는 집주인의 아이디어를 반영함으로써 학습실 조성과 거실 확장을 한꺼번에 해결했다. 거실과 두 개의 방이 나란히 있었기 때문에 두 개의 방을 터서 하나로 만들고 거실 벽체를 방 쪽으로 옮겨 거실을 확장했다. 하나로 튼 방은 베란다를 확장해서 더 넓은 공간을 확보했다. 이때 기존의 베란다 바깥 창은 아래에 벽체를 세우고 위에는 창문을 만들어 아이들의 안전사고를 대비하고 더욱 방으로서 기능을 부각시켰다. 이렇게 만든 학습실은 한쪽은 벽면 가득 책장을 설치하고 책상을 놓아 학습 공간으로 조성하고, 다른 한쪽은 침대만 놓아 간결한 침실 공간으로 만들었다. 두 공간 사이에는 낮은 가벽을 세워 서로 구분하되, 답답한 느낌이 들지 않도록 했다. 확장한 거실은 화이트컬러 타일과 게르마늄 석재 등으로 벽을 마감하고 바닥에는 메이플 온돌마루를 깔아 보다 시원하고 넓어 보이는 효과를 주었다.

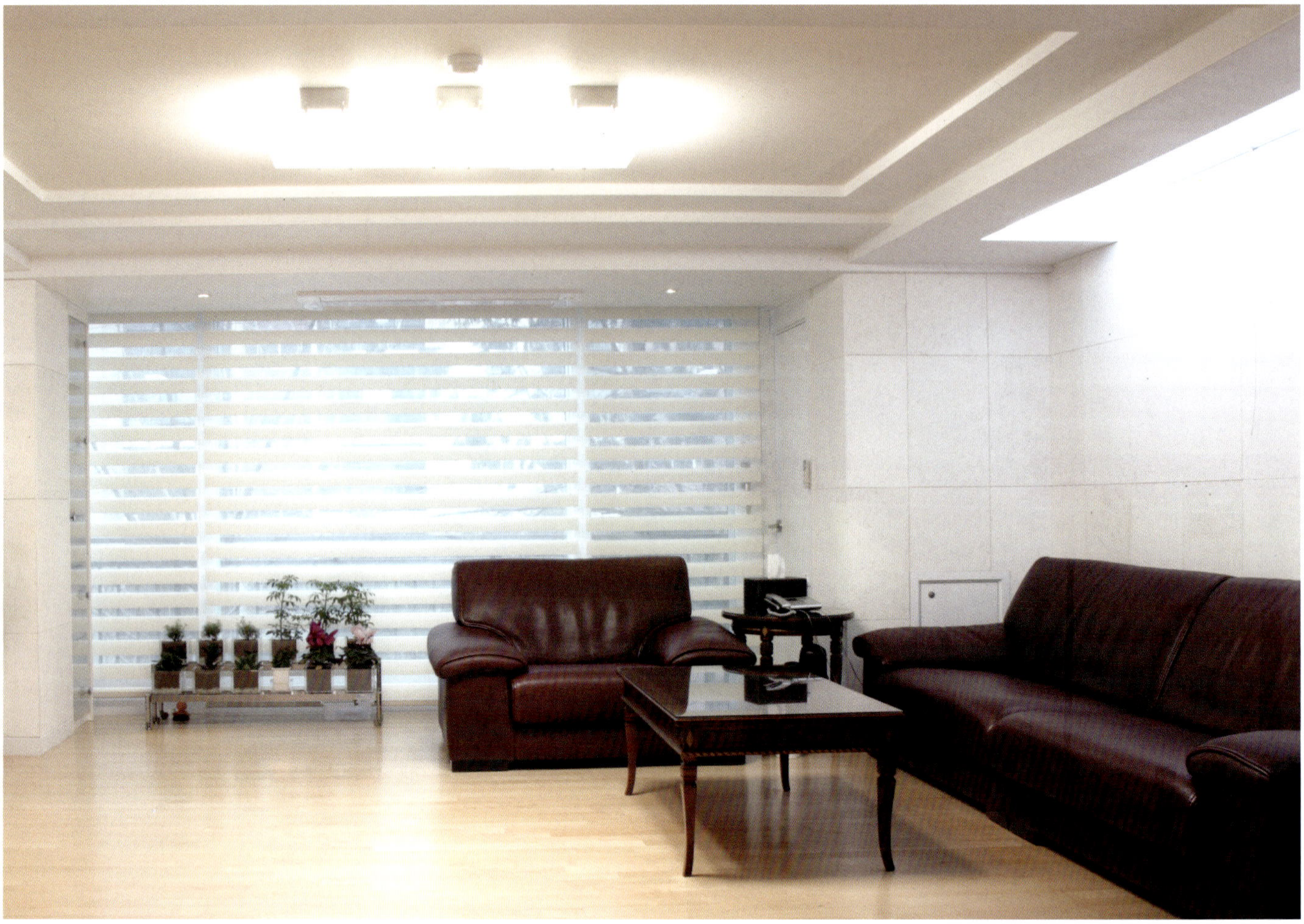

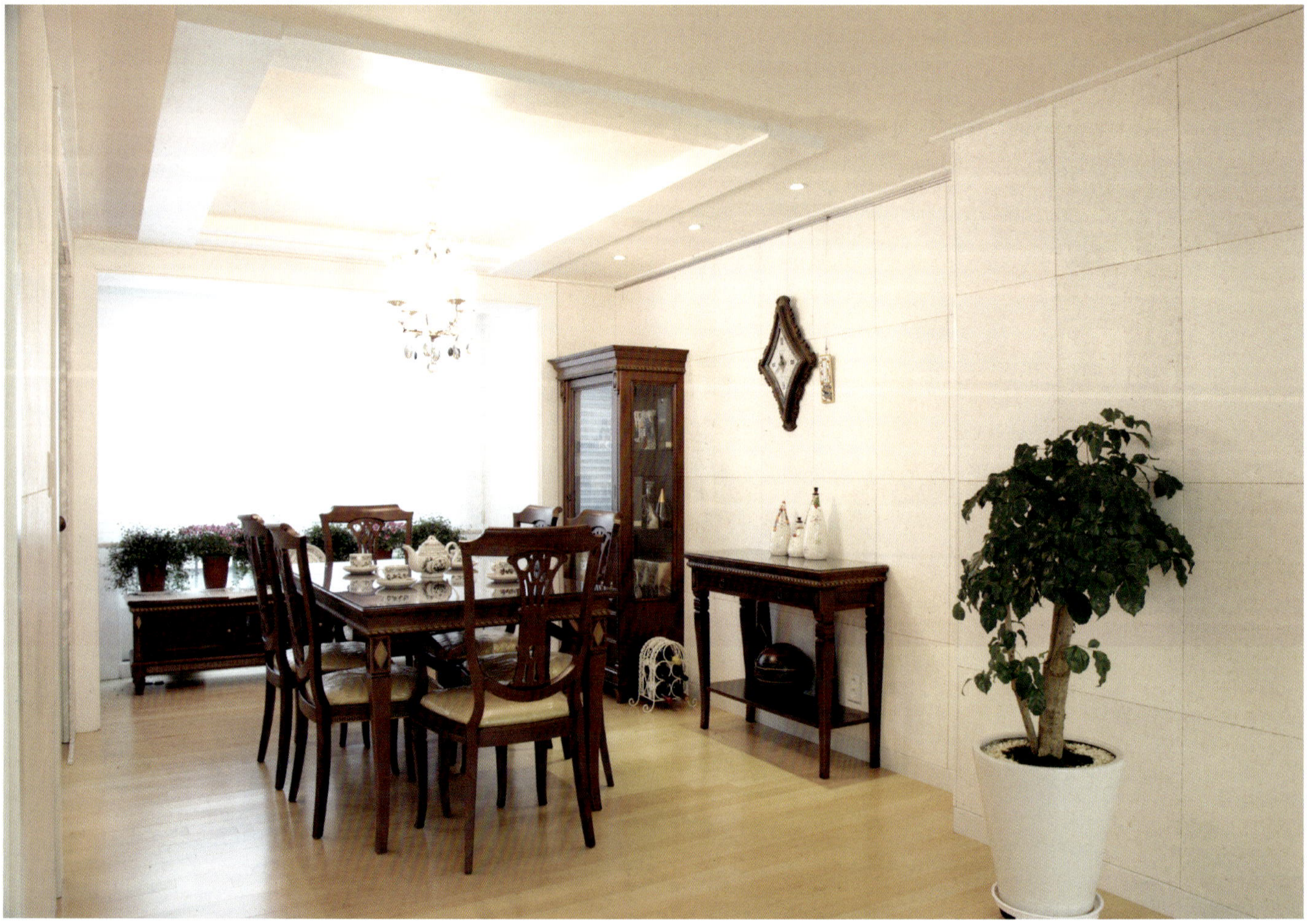

왼쪽 페이지

위 고급스러운 느낌을 자아내는 거실. 한쪽 벽은 대리석 프레임을 시공하고 그 안에 TV를 넣어 하나의 거대한 액자로 완성했다. 나머지 벽은 게르마늄을 함유한 석재 판재로 마감해 시원해 보이면서 습도 조절 효과를 거둘 수 있도록 했다.

아래 집 안의 포인트가 되는 다이닝룸이다. 전체적으로 깔끔하고 모던한 분위기가 강조된 가운데 다이닝룸에는 클래식한 가구가 다양하게 배치되어 있어 인상적이다. 벽과 바닥은 거실과 같은 밝은 톤의 타일과 마루로 마감해 통일감을 살리면서 클래식한 가구와 샹들리에를 더해 우아하고 고상한 분위기를 연출했다.

오른쪽 페이지

1 현관 정면 벽에는 이미지월을 연출했다. 여러 개의 작은 할로겐 조명을 자연스럽게 배치해 별빛이 빛나는 느낌이 들도록 했다.

2 거실의 한쪽 구석에는 장식장을 짜 넣어 상장과 트로피 등 기념품을 진열해놓았다.

3 현관 한쪽 벽에는 깔끔한 느낌을 주는 수납상을 짜 넣었다. 손잡이를 달지 않고 홈을 내는 디자인으로 심플함을 강조했다. 아래쪽에는 조명을 설치해 은은한 분위기가 감돌도록 했다.

주방은 모던하고 심플하게 디자인했다. 주방가구를 더 놓아 조리 공간을 확보했지만 화이트컬러를 선택해 좁아 보이지 않는다. 빨간 포인트 벽 뒤쪽에는 가전제품과 갖가지 주방용품을 수납하는 공간이 있다. 유리 접이문이 달려 있어 다이닝룸과 분리되는 느낌이 들면서도 답답해 보이지 않는다.

다용도실을 없애고 주방을 넓고 편리하게 평수에 비해 작았던 기존의 주방은 다용도실을 터서 넓히는 한편 조리 공간도 새롭게 구성했다. 다용도실의 벽체를 허물어 주방과 복도로 통하게 하고, 주방 쪽에는 벽 하나를 남겨두어 자투리 공간이 생기도록 했다. 자투리 공간에는 김치냉장고와 갖가지 주방용품을 수납할 수 있도록 했다. 기존의 ㄴ자형 주방가구는 ㄷ자형으로 만들어 조리 공간을 더욱 넓게 확보했다. 또 아일랜드 식탁을 설치해 주부가 요리하면서도 식구들과 담소를 나눌 수 있게 했다. 주방가구와 아일랜드 식탁은 모두 화이트컬러로 깔끔하게 단장하고, 수납공간으로 연결되는 벽체만 레드컬러로 마감해 포인트를 주었다. 주방과 다이닝룸 사이에는 유리 접이문을 설치해 시원한 느낌이 들도록 했다. 정돈된 분위기를 연출하기 위해 다이닝룸은 거실과 같은 소재로 마감했다. 대신 가구는 기존 가구들과 어울리는 클래식한 디자인으로 선택했다. 전체 가구 느낌을 통일하면서 다이닝룸만의 고상하고 운치 있는 분위기를 자아내도록 했다. 현관 디자인에도 신경을 썼다. 벽과 바닥은 아이보리컬러 타일로 마감하고 거울과 조명으로 포인트를 주어 밝고 깨끗한 느낌이 들도록 했다. 중문은 기하학적인 면 분할이 돋보이는 디자인의 포켓 미닫이문으로 시공해 세련미를 강조하는 한편 여닫기도 편리하게 했다.

before

after

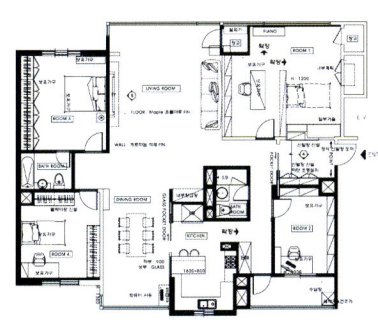

왼쪽 페이지

1 부부 침실에서는 마감만 새로 하고 기존 가구를 그대로 활용했다. 클래식한 가구로 중후한 분위기를 살렸다.

2 실내에서 바라본 현관. 밝은 톤으로 깔끔하게 마감하고 천장등과 벽등으로 화사함을 더했다. 한쪽 벽면에는 거울을 장식해 더욱 넓고 시원해 보이도록 했다. 중문은 포켓 미닫이문을 설치해 좁은 문을 더 실용적으로 사용할 수 있게 했다.

3 모던한 분위기를 강조한 가족 욕실. 베이지컬러 타일로 벽과 욕조 바닥을 마감해 시원한 느낌을 강조했다. 대신 타일 크기와 가로세로 비율에 변화를 주고 벽 가운데에 연갈색 포인트를 주어 너무 밋밋해지지 않도록 했다. 천장 역시 간접조명을 설치해 깔끔해 보이도록 했다.

오른쪽 페이지

위, 아래 기존의 방 두 개를 터서 하나의 방으로 만들고 공동 학습실로 조성했다. 반으로 나누어 한쪽은 학습 공간으로 한쪽은 침실로 이용할 수 있도록 했다. 침대 헤드 쪽에 파티션을 두어 학습 공간과 침실을 최대한 분리했다. 차분한 학습 분위기 조성을 위해 붙박이장은 심플하게 마감했다.

서울시 강남구 도곡동
타워팰리스

57평 190m²

디자인 권혁태/
에이아이디 윌

사진 에이아이디 윌

거실은 벽과 천장을 화이트컬러로 마감하고 바닥
에는 나뭇결이 살아 있는 원목 마루를 깔았다. 일
부 벽에는 마루와 비슷한 톤의 무늬목으로 포인트
를 주어 따뜻한 느낌을 더했다. 주상복합아파트라
통창이 자칫 차가운 느낌이 들 수 있으므로 그 앞
에 ㄱ자형 기둥을 세우고 그 안쪽으로 가구를 배치
해 아늑한 분위기가 들도록 했다.

Natural modern

모던하면서도
따뜻한 감성이
흐르는 집

화이트컬러에 무늬목을 더해 표현한 내추럴 모던
고급 주상복합아파트의 대명사 타워팰리스에 걸맞는
럭셔리한 인테리어는 10여 년이 흐르니 다소 트렌드에
서 밀려나 보였다. 새로 입주한 젊은 부부는 그런 럭셔
리함을 걷어내고 자신들의 취향에 맞는 군더더기 없이
깔끔한 공간으로 바꾸기를 원했다. 모던하지만 차갑지
않고 따뜻함이 감도는 집이기를 바랐다. 디자이너는
부부의 취향을 공간에 담아내기 위해 내추럴 모던을
콘셉트로 잡았다. 전체적으로 화이트컬러를 베이스로
하고 심플한 이미지를 강조하면서 군데군데 무늬목을
활용해 내추럴하면서도 따뜻한 느낌을 가미했다. 거실
과 주방, 복도와 현관 등의 천장과 벽은 화이트컬러로
깨끗하게 마감하고 바닥에는 자연스러운 나뭇결이 그
대로 살아 있는 원목 마루를 깔았다. 그런 다음 무늬목
으로 이미지월을 만들어주었다. 인터폰과 스위치가 있
는 거실의 벽과 주방과 연결되는 복도의 벽에 무늬목
으로 포인트를 준 것. 하얀 벽을 무늬목으로 감싸고 위
쪽에는 간접조명을 설치해 포근하고 아늑한 분위기가
나도록 했다.

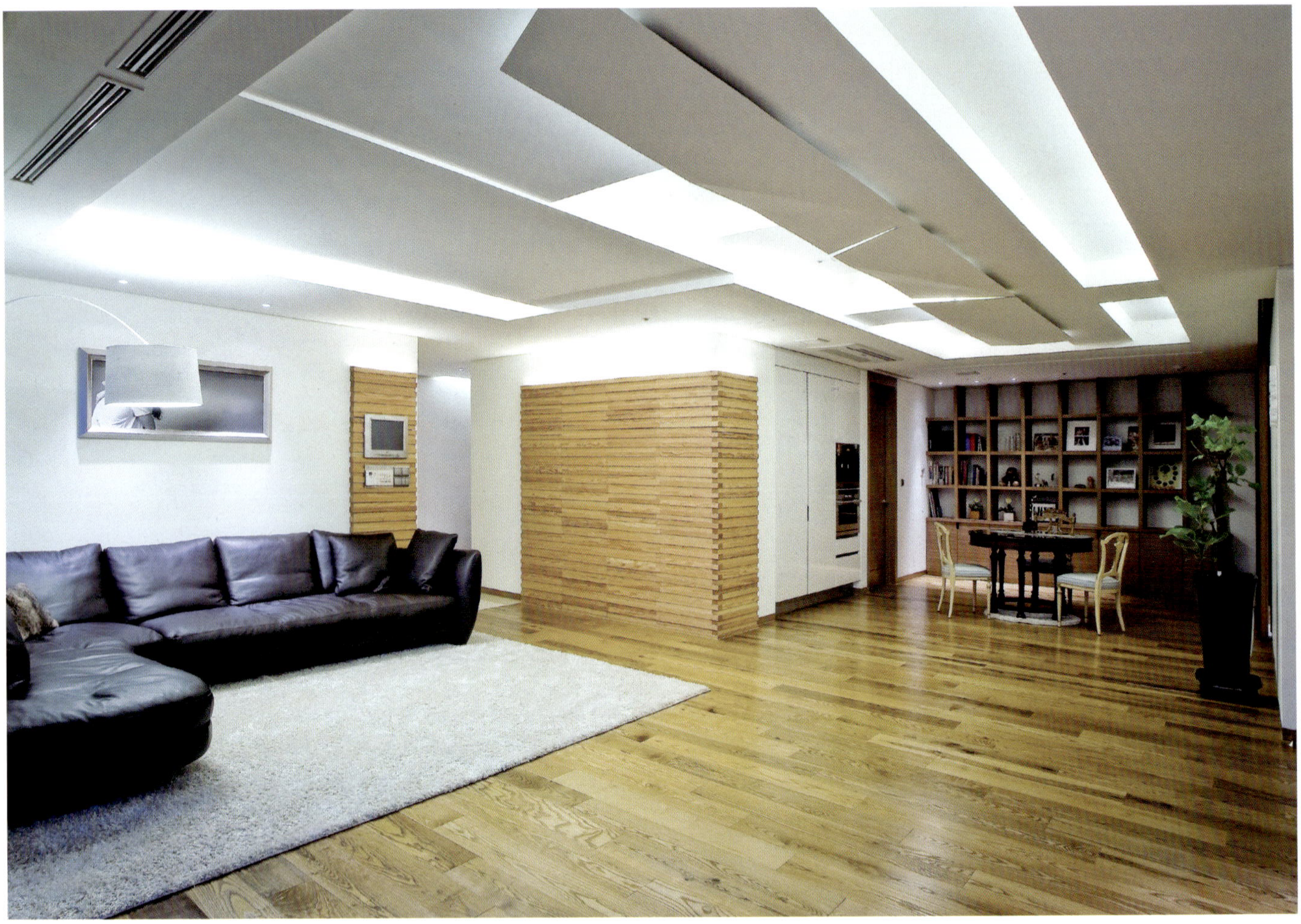

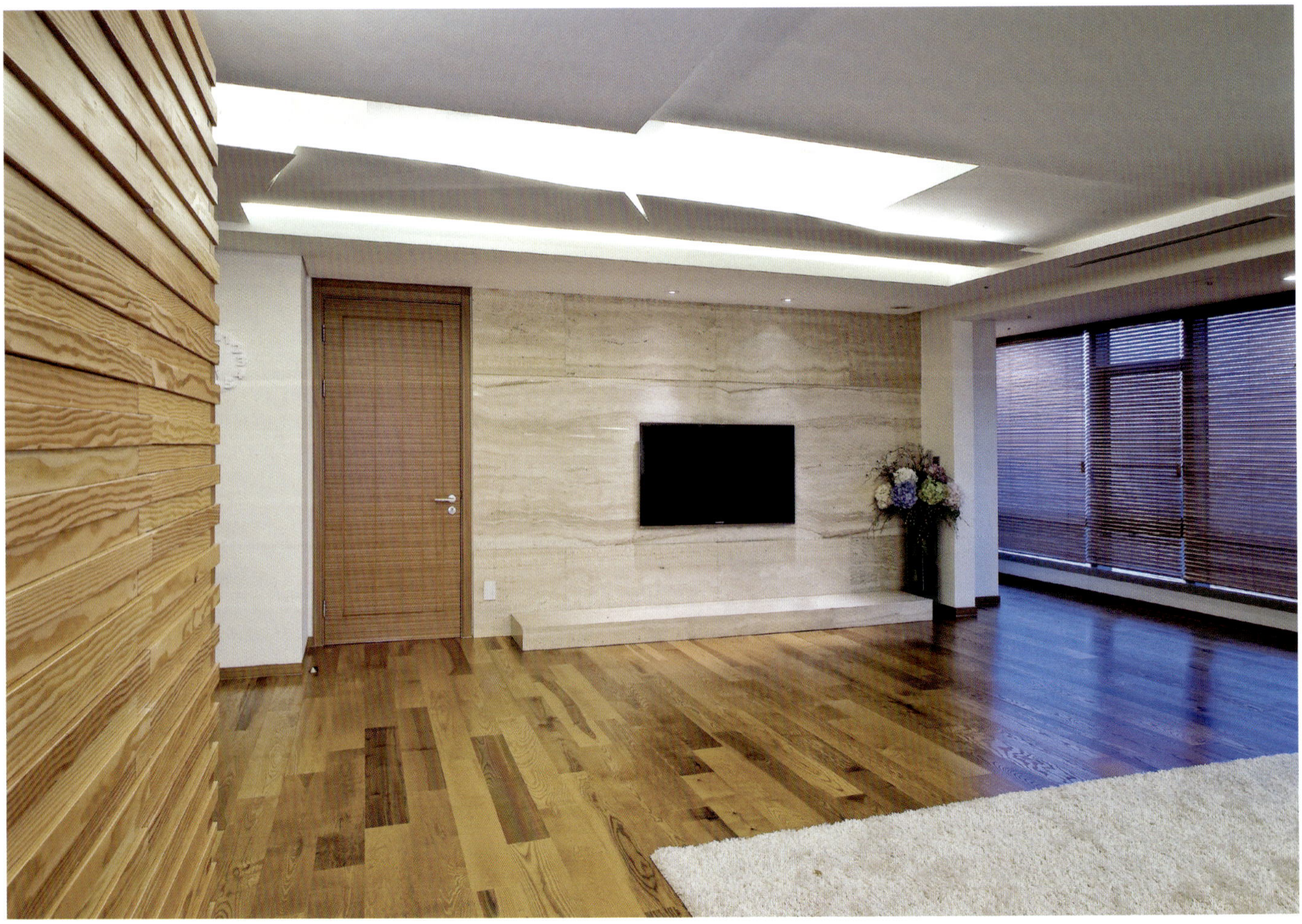

왼쪽 페이지

위 주방을 거실 분위기로 연출해 거실과 주방 모두 가족의 일상 공간이 되도록 했다. 화이트컬러를 베이스로 하고 무늬목으로 포인트를 주어 모던하면서도 내추럴한 감성이 묻어나도록 했다. 천장 등박스를 거실에서 주방까지 .이어지도록 하고 하얀 금속 구조물을 설치해 마치 하나의 공간처럼 연결되는 느낌이 들도록 했다.

아래 거실의 한쪽 벽은 결이 돋보이는 내추럴한 천연 대리석으로 마감해 고급스러운 느낌을 살렸다. 벽 아래에는 같은 소재로 단을 만들고 벽에 TV를 걸어 마치 갤러리에 작품을 전시한 듯한 느낌을 주었다. 왼쪽 문 안쪽에는 부부 침실이 있다.

오른쪽 페이지

위, 아래 주방을 거실처럼 연출했다. 주방가구는 슬라이딩도어로 감추고 한쪽 벽은 심플한 디자인의 수납장을 짜 넣고 가전제품을 빌트인해 군더더기 없이 깔끔한 느낌을 강조했다. 다이닝테이블은 원형의 클래식한 디자인을 선택해 오후에 홍차 한 잔 즐기기 좋은 분위기를 연출했다.

주방은 최소한의 기능만 할 수 있도록 디자인했다.
기존의 주방가구를 없애고 대신 벽에 콤팩트한 디
자인의 주방가구를 매입하고 슬라이딩도어를 달았
다. 맞은편 벽에는 가전제품을 깔끔하게 빌트인하
고 정면에는 책장 겸 장식장을 짜 넣었다. 슬라이
딩도어를 닫아 주방가구를 숨기면 마치 또 하나의
거실 같다.

주방을 숨겨 일상 공간으로 활용 디자이너는 또한 구조적인 재미를 불어넣었다. 주상복합아파트여서 열 손실이 적으므로 굳이 중문이 필요하지 않았다. 그래서 중문을 없애고 현관에서부터 거실과 주방으로 이어지는 긴 복도를 만들어 공간에 깊이감을 더해주었다. 주방에서는 한쪽 벽을 차지하고 있던 주방가구를 과감하게 없애고 최소한의 기능만 할 수 있는 주방가구를 벽으로 매입시켜 주방도 거실의 기능을 겸할 수 있도록 했다. 한쪽 벽을 파고 콤팩트한 디자인의 주방가구를 설치하고 그 앞에는 슬라이딩도어를 달아 사용하지 않을 때는 슬라이딩도어로 감출 수 있도록 했다. 반대편 벽에는 가전제품을 빌트인하고 화이트컬러의 단순한 디자인의 수납장을 짜 넣었다. 정면에는 책장을 겸할 수 있는 장식장을 설치해 거실 분위기가 나도록 꾸몄다. 어린아이를 키우는 젊은 부부라 거실에서 함께 지내는 시간이 많은 만큼 거실과 주방을 단정하고 아늑하게 연출했다. 한편, 거실과 주방이 연결된 디자인이라 자칫 지루한 느낌이 들 수 있어 포인트 요소가 필요했다. 거실 천장의 등박스를 주방까지 연장하고 금속 구조물을 설치해 조형적인 멋을 더했다.

왼쪽 페이지

1 복도의 한쪽 벽면을 무늬목으로 감싸 전체 디자인에 포인트가 되도록 했다. 현관부터 정면까지 닿는 복도는 천연 대리석으로 마감해 고급스러움을 강조하고, 거실로 이어지는 복도는 원목 마루로 마감해 편안한 느낌을 살렸다.

2 고급스러우면서 중후한 느낌이 드는 부부 침실. 침대 헤드 쪽 벽을 파고 무늬목을 덧대 전체 디자인과 연결되도록 했다. 또한 침대 위쪽에는 벽을 파고 간접조명을 설치해 부드러운 분위기를 연출하고, 천장은 높이를 달리한 등박스에 심플한 디자인의 조명을 달아 입체감을 살렸다.

3 거실에서 부부의 공간으로 들어가는 문을 열면 바로 침실이 나오는 것이 아니라 파우더룸이 나온다. 파우더룸 옆에는 드레스룸이 있다. 파우더룸에는 수납장과 선반을 짜 넣어 활용도를 높이고, 드레스룸에는 오픈 수납장을 설치해 옷을 한눈에 파악할 수 있도록 했다. 파우더룸과 드레스룸 사이에는 슬라이딩도어를 설치해 좁은 공간을 효율적으로 사용할 수 있게 했다.

오른쪽 페이지

위 아이 방은 민트컬러로 마감해 산뜻한 느낌을 살렸다. 한쪽 벽에는 심플한 디자인의 수납장을 가득 짜 넣고 가구는 철제 침대만 놓아 침실 역할에만 충실하도록 꾸몄다.

아래 내추럴 모던 콘셉트를 잘 살린 욕실. 벽은 미색 타일로, 바닥은 자연스러운 무늬가 살아 있는 밝은 색 타일로 마감하고 한쪽 벽에는 무늬목으로 제작한 수납장을 짜 넣었다. 타일과 나무가 조화를 이루면서 밝고 부드러운 느낌을 연출한다.

SUNG YOON

1 아이 방에 책이나 장난감을 두지 않고 방 하나를 아예 놀이 공간으로 만들었다. 한쪽에는 벽면 가득 수납장을 짜 넣고 나머지 벽 쪽에도 낮은 수납장을 두어 아이의 장난감과 책들을 깔끔하게 수납할 수 있도록 했다. 벽에 아이의 이름 알파벳을 붙여 아이가 온전히 자기만의 아지트로 느낄 수 있도록 한 센스가 돋보인다.

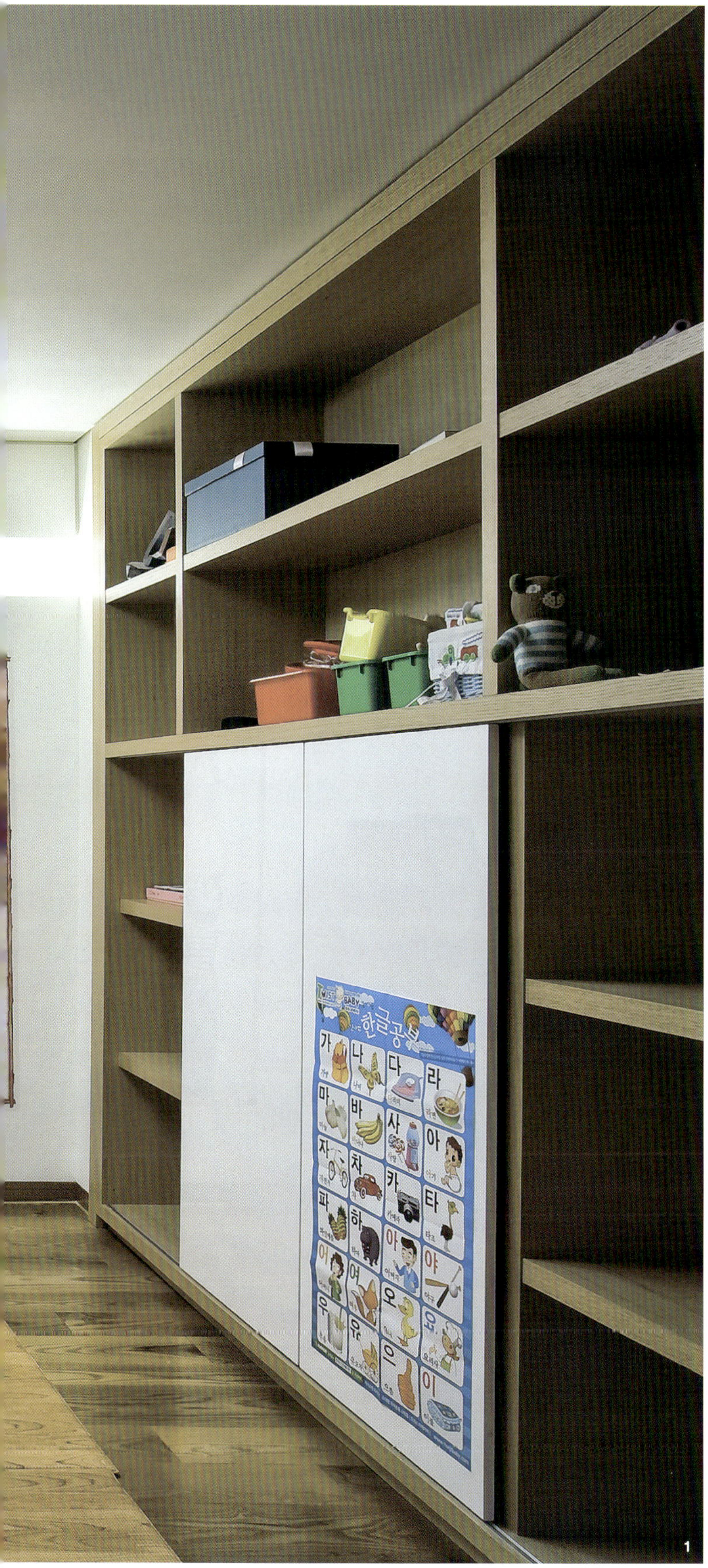

2,3 현관에서 실내로 이어지는 복도. 벽과 천장은
화이트컬러 도장으로 깨끗하게 마감하고 바닥에는
천연 대리석을 깔아 모던하면서도 고급스러운 분
위기를 연출했다. 수납장 역시 화이트컬러의 심플
한 디자인을 선택해 군더더기 없이 깔끔한 디자인
을 완성했다.

경기도 성남시
분당구 정자동 동아아파트
56평 185m^2
디자인 한성아이디

갤러리처럼 단아하게 마감된 공간에서 디자인이
감각적인 가구는 그 자체로 작품이 된다. 창가에
덩그러니 놓인 의자, 모서리가 둥근 베이지 톤 소
파와 타원형 테이블이 한 공간에 함께 전시된 작품
들처럼 어우러진다.

갤러리를 닮은 집, 작품이 된 가구

집주인의 세심한 취향이 반영된 디자인 콘셉트 담백한 여백의 미가 느껴지는 집이다. 하얀 배경에 놓인 감각적인 디자인의 가구는 그대로 아트적인 오브제가 된다. 공간을 비추는 은은한 빛은 단정하고 정감한 멋을 더한다. 갤러리 같은 느낌을 자아내는 집. 집주인이 원하던 스타일이 그대로 공간으로 재현됐다. 오랜 외국 생활을 하면서 디자인에 민감해진 집주인은 자신의 취향이 확고했다. 컬러는 화이트와 그레이로 깔끔하게, 마감은 도장으로 선명하고 깨끗하게, 빛은 조도를 낮춰 은근하게, 천장은 높게 연출해달라는 구체적인 요구 사항을 디자이너에게 내밀었다. 이런 요구를 실현함으로써 갤러리 같은 모던한 집을 완성해주기를 바랐다. 디자이너는 그런 바람을 공간에 풀어내기 위해 먼저 개선해야 할 부분을 고민했다. 기존의 집은 평수에 비해 답답하고 좁아 보였다. 17년이나 된 오래된 아파트의 전형적인 구조였다. 동선에는 크게 문제가 없었으므로 전체적으로 베란다를 확장하고 불편한 구조만 개선해 나가는 쪽으로 방향을 잡았다. 또한, 기존의 인테리어는 집주인의 취향과는 전혀 다른 프로방스풍 스타일이었다. 그 분위기를 완전히 걷어내고 아예 새롭게 시작해야 했다. 그래서 벽과 천장, 바닥 마감은 물론, 조명, 가구 디자인까지 대대적인 공사를 진행하기로 했다.

위 거실과 복도의 벽과 천장은 화이트컬러로, 바닥은 아이보리컬러로 마감해 전체적으로 밝고 깨끗한 느낌이 들도록 했다. 천장에는 간접조명과 매입등을 달아 조도를 낮추는 한편 심플한 느낌을 강조했다.
아래 긴 소파가 자연스럽게 거실과 복도를 경계 짓는다. 편안한 느낌이 드는 디자인이라 벽에 붙이지 않고 공간과 공간 사이에 두어도 어색하지 않다.

오른쪽 페이지

위 거실에서 베란다로 향하는 문. 디자이너는 문 하나까지 공간과의 조화를 바탕으로 디자인했다.
아래 블랙 앤 화이트로 모던하게 연출한 주방. 기존 베란다 공간을 줄여 주방 공간을 더 확보하고 아일랜드 테이블을 설치했다. 모든 가전제품은 빌트인해 단정한 느낌이 들도록 했다.

넓어진 만큼 편리해진 구조 먼저 기존의 답답하고 불편한 구조들을 개선하기 위해 구조변경에 들어갔다. 기존에는 현관이 좁아 들어서는 순간 갑갑한 느낌이 들었다. 현관이 차지하는 면적이 적은 만큼 복도 공간에 여유가 있었기 때문에 현관을 넓히고 중문을 달아 한결 시원하고 단정한 느낌이 들도록 했다. 기존의 주방과 다이닝룸은 베란다 때문에 좁고 비효율적이었다. 베란다는 세탁실만 확보하고 나머지 공간을 없애 주방과 다이닝룸에 편입되도록 했다. 공간이 넓어졌기 때문에 주방에는 아일랜드 식탁을 설치해 조리 공간을 더 마련하고, 다이닝룸에는 긴 테이블을 놓아 넉넉하고 감각적인 공간이 되도록 연출했다. 기존의 부부 침실에 딸린 부부 욕실은 지나치게 협소해 사용하기 불편했다. 때문에 바로 옆 드레스룸을 부부 침실 한쪽으로 옮기고 욕실은 널찍하게 확장했다. 그런 다음 전체적으로 화이트컬러 도장과 타일로 마감해 깔끔한 느낌을 살리고 두 벽면은 거울로 마감해 더욱 넓어 보이게 했다. 또한, 기존의 두 공간으로 나뉘어 있던 부부 침실의 한쪽 공간에는 드레스룸을 두고 나머지는 서재로 활용하도록 했다. 옷을 수납할 공간을 효율적으로 확보하면서 부부를 위한 취미 공간도 마련했다. 또 부부 침실과 거실, 두 개의 방은 베란다를 확장해 더 넓게 사용할 수 있도록 했다.

왼쪽 페이지

정갈한 멋이 묻어나는 다이닝룸. 한쪽 벽면에 설치된 수납장은 군더더기 없는 벽처럼 보인다. 긴 나무 테이블과 플라스틱 의자, 나무 스툴, 달처럼 둥근 펜던드 조명이 어우러져 세련된 분위기를 연출한다. 나무와 플라스틱 등 서로 다른 소재를 조합하거나 같은 디자인 속에 전혀 다른 디자인을 섞어두면 더욱 감각적인 디자인이 완성된다.

오른쪽 페이지

위 복도는 기존보다 면적이 줄었지만 답답해 보이지 않는다. 벽과 천장은 물론 바닥까지 밝은 톤으로 마감해 시각적으로 연결된 느낌이 들기 때문이다. **아래** 다이닝룸의 수납장 한쪽에는 기존의 스탠드 에어컨을 숨겨놓았다. 슬라이딩도어를 설치해 평상시에는 벽처럼 보이도록 하고 사용할 때는 도어를 열고 이용할 수 있도록 했다.

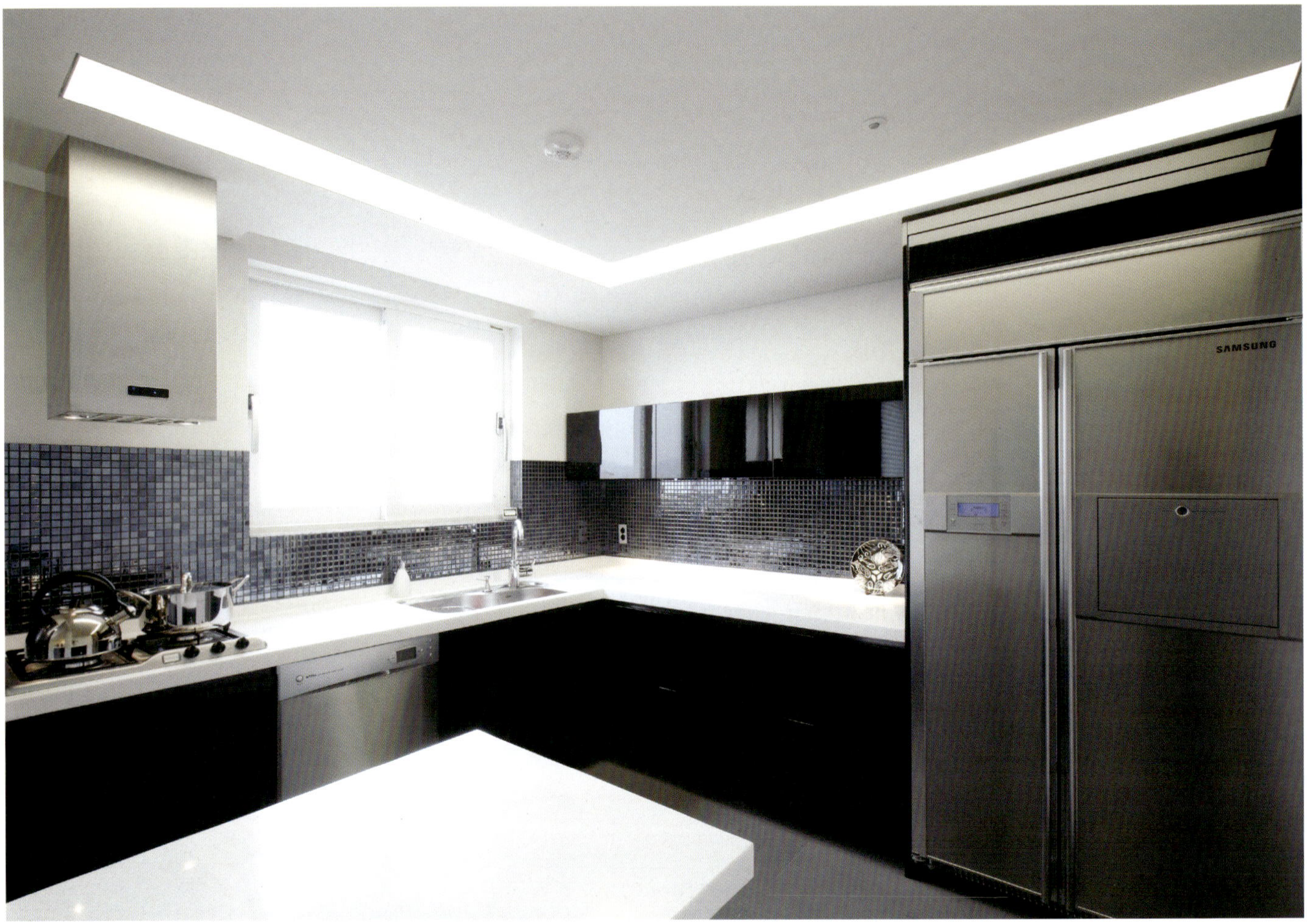
SAMSUNG

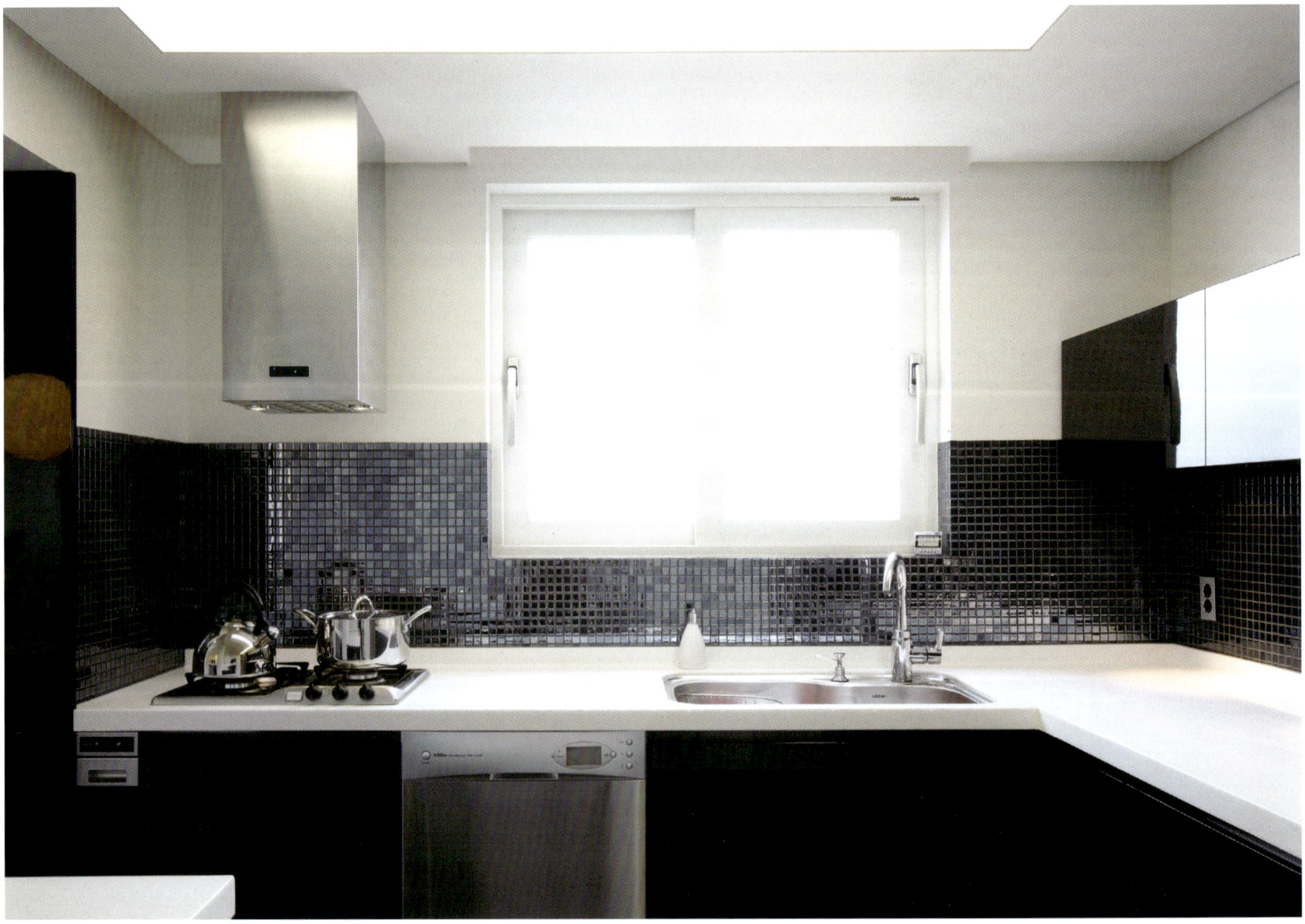

왼쪽 페이지

위 주방에는 블랙컬러를 더해 고급스러움을 살렸다. 조리 공간이 넓지 않기 때문에 답답해 보이지 않도록 레인지후드는 심플한 디자인으로 선택하고 상부장은 키를 낮추고 크기를 줄였다.
아래 주방 벽에는 반짝이는 블랙 모자이크 타일로 포인트를 주었다.

오른쪽 페이지

블랙 앤 화이트로 모던하게 연출한 주방. 기존 베란다 공간을 줄여 주방 공간을 더 확보하고 아일랜드 테이블을 설치했다. 모든 가전제품은 빌트인해 단정한 느낌이 들도록 했다.

before

after

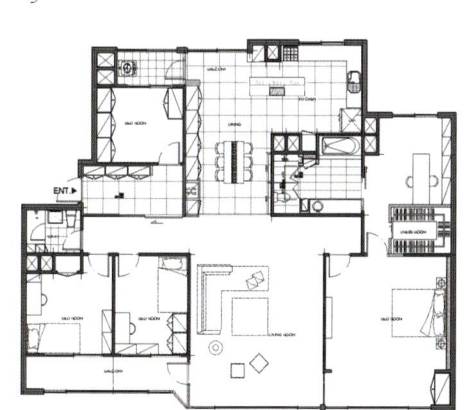

부부 침실은 천장을 높여 보다 넓고 환하게 보이도
록 했다. 침대 헤드 쪽에는 간접조명을 설치해 아
늑한 느낌을 살리고 기존의 침대를 다크그레이컬
러로 리폼해 화이트와 그레이가 어우러지도록 했
다. 벽면에는 그림을 나란히 걸어 갤러리의 전시
공간처럼 연출했다.

102

컬러와 빛, 가구로 완성한 모던 갤러리 인테리어 작업은 갤러리 같은 공간을 연출하는 데 중점을 두었다. 벽과 천장은 화이트컬러 페인트와 벽지로 마감하고 바닥에는 아이보리컬러의 원목 마루를 깔았다. 애초에 집주인은 모든 벽과 천장을 화이트컬러로 도장하기를 원했지만, 디자이너는 관리하기 쉽도록 하고 비용을 절감하기 위해 큰 면만 도장하고 큰 면과 큰 면 사이를 연결하는 면이나 천장에는 벽지를 시공하도록 제안했다. 천장에 주로 사용하는 벽지를 선택하면 도장한 것과 비슷한 느낌이 난다는 점도 설명했다. 집주인은 흔쾌히 수락했고 순조롭게 시공을 진행할 수 있었다.

조명은 조도를 낮추는 데 집중했다. 꼭대기 층이어서 채광이 좋은 데다 집주인이 외국 생활을 오래 한 터라 강한 빛보다는 은은한 빛을 좋아했기 때문이다. 거실과 부부 침실, 복도 등은 간접조명을 시공해 빛이 벽을 타고 은은하게 흐르도록 했다. 다이닝룸에는 둥근 모양의 펜던트 조명을 여러 개 달아 오브제로서 기능할 수 있도록 했다. 주방과 욕실, 현관 등에는 매입등을 설치해 심플한 느낌을 살렸다.

갤러리 느낌을 강조하기 위해서는 가구 데코레이션도 중요했다. 가구 하나하나가 갤러리에 놓인 작품처럼 보이도록 연출해야 했다. 화이트 톤의 단순한 배경이 특징인 거실에는 긴 라인이 돋보이는 베이지컬러 소파를 놓아 다소 딱딱해질 수 있는 느낌을 완화해주었다. 소파 라인을 따라서는 라운드형 테이블을 놓아 잘 어우러지도록 했다. 또 시야가 탁 트이는 창가 쪽에는 디자인이 감각적인 의자를 하나 놓아 디자인 포인트가 되도록 했다. 다이닝룸에는 자연스러운 나뭇결이 살아 있는 원목 테이블과 플라스틱 의자를 매치해 생동감을 더했다. 부부 침실에서는 기존의 침대를 짙은 그레이컬러로 리폼했다. 집주인이 원했던 화이트와 그레이 톤에 맞춰 배경은 화이트 톤으로 하고 가구는 그레이 톤으로 처리했다. 한편 몇몇 수납장은 거울을 모티프로 한 디자인으로 이색적인 재미를 주었다. 붙박이장 슬라이딩도어와 신발장 도어, 부부 욕실 수납장 등은 거울 소재로 마감해 글로시한 느낌을 부여했다.

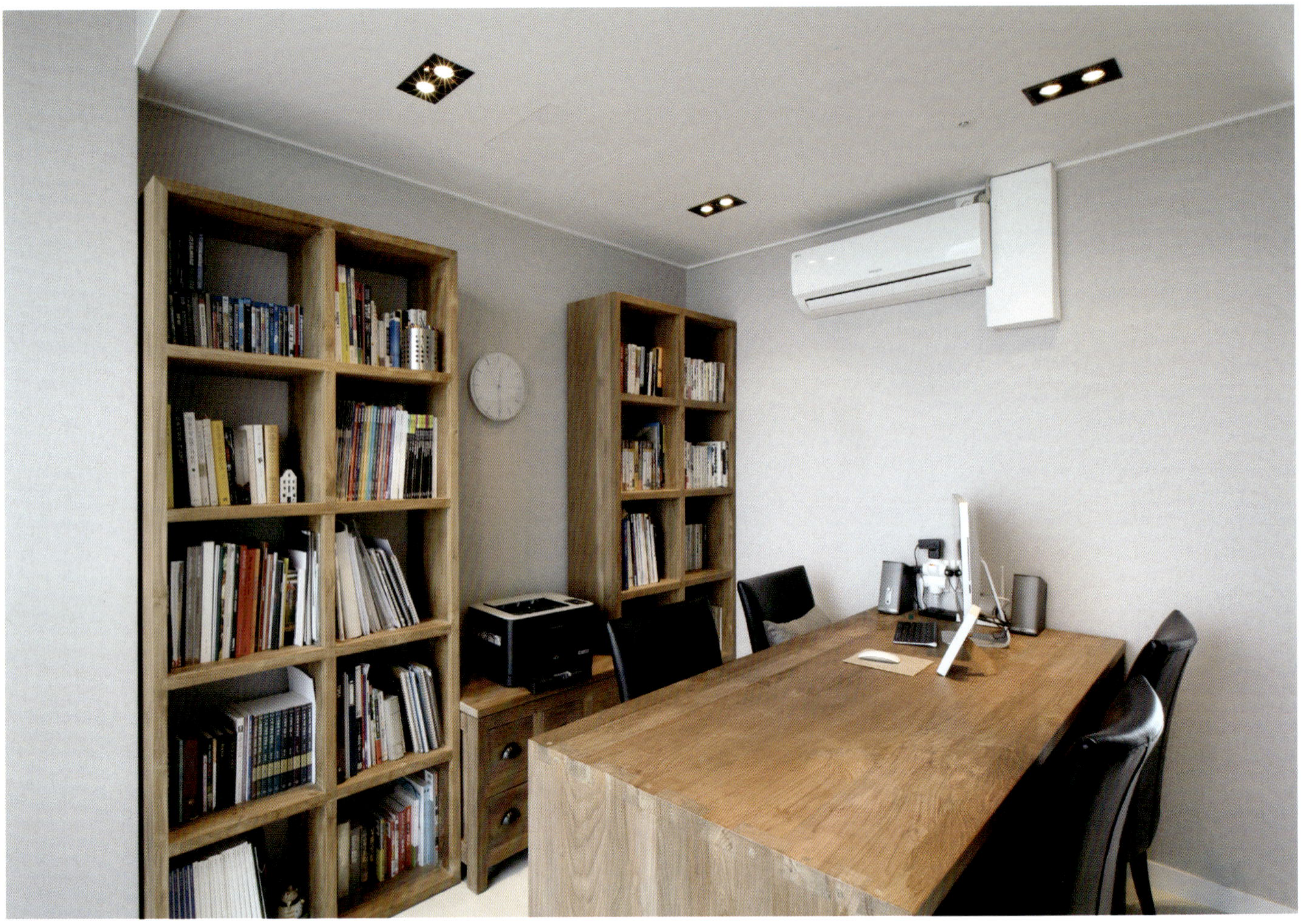

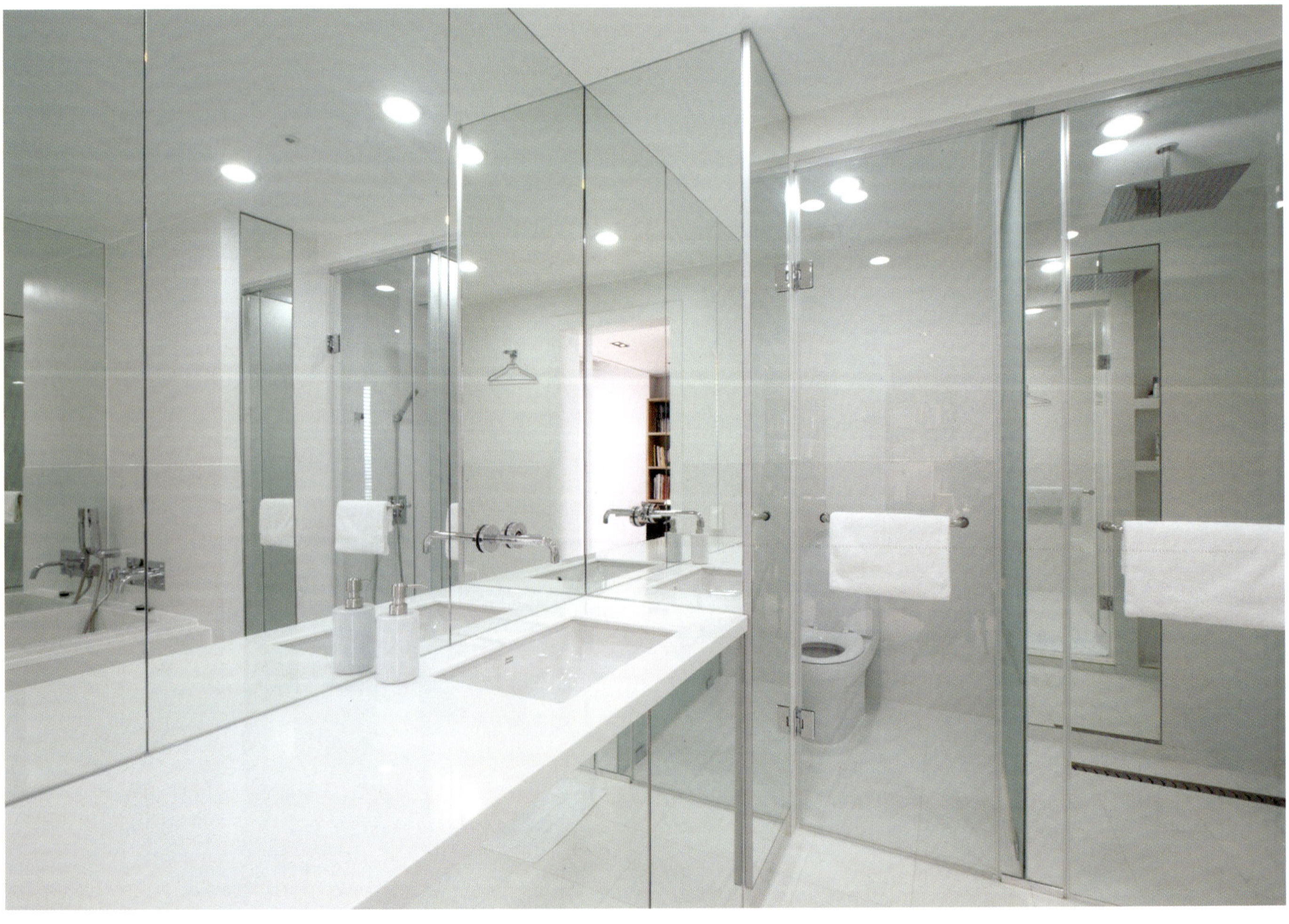

왼쪽 페이지

위 부부를 위해 별도로 마련한 서재는 나무 책상과 책장으로 간결하게 연출했다.

아래 부부 욕실은 샤워와 욕조 공간으로 나누었다. 화장실과 샤워 공간은 습식으로, 세면대와 욕조 공간은 건식으로 사용할 수 있도록 했다. 특히 욕조 공간은 건식으로 시공해 반신욕 등을 할 때 편리하게 이용할 수 있도록 했다. 일부 벽면과 수납장 도어 등은 거울로 미감했디. 기울은 온통 화이드길러인 욕실에 색다른 재미를 부여한다.

오른쪽 페이지

1 서재 앞에 있는 부부 욕실에 설치된 슬라이딩도어. 서재 옆 드레스룸에서 옷을 갈아입은 후 매무새 만질 수 있어 편리하다. 문을 닫으면 서재가 더욱 넓어 보인다.

2 현관과 복도 사이에는 중문을 설치했다. 유리로 된 슬라이딩도어를 선택해 좁은 공간에서 효율적으로 활용할 수 있도록 했다.

3 기존의 현관을 복도까지 넓혀 보다 시원한 느낌이 들도록 디자인했다. 벽과 천장은 화이트컬러로 깨끗하게 마감하고 바닥에는 다크그레이컬러 타일을 깔아 안정감을 주었다. 신발장 도어는 거울로 처리해 글로시한 느낌을 강조하면서 더욱 넓어 보이는 효과를 주었다.

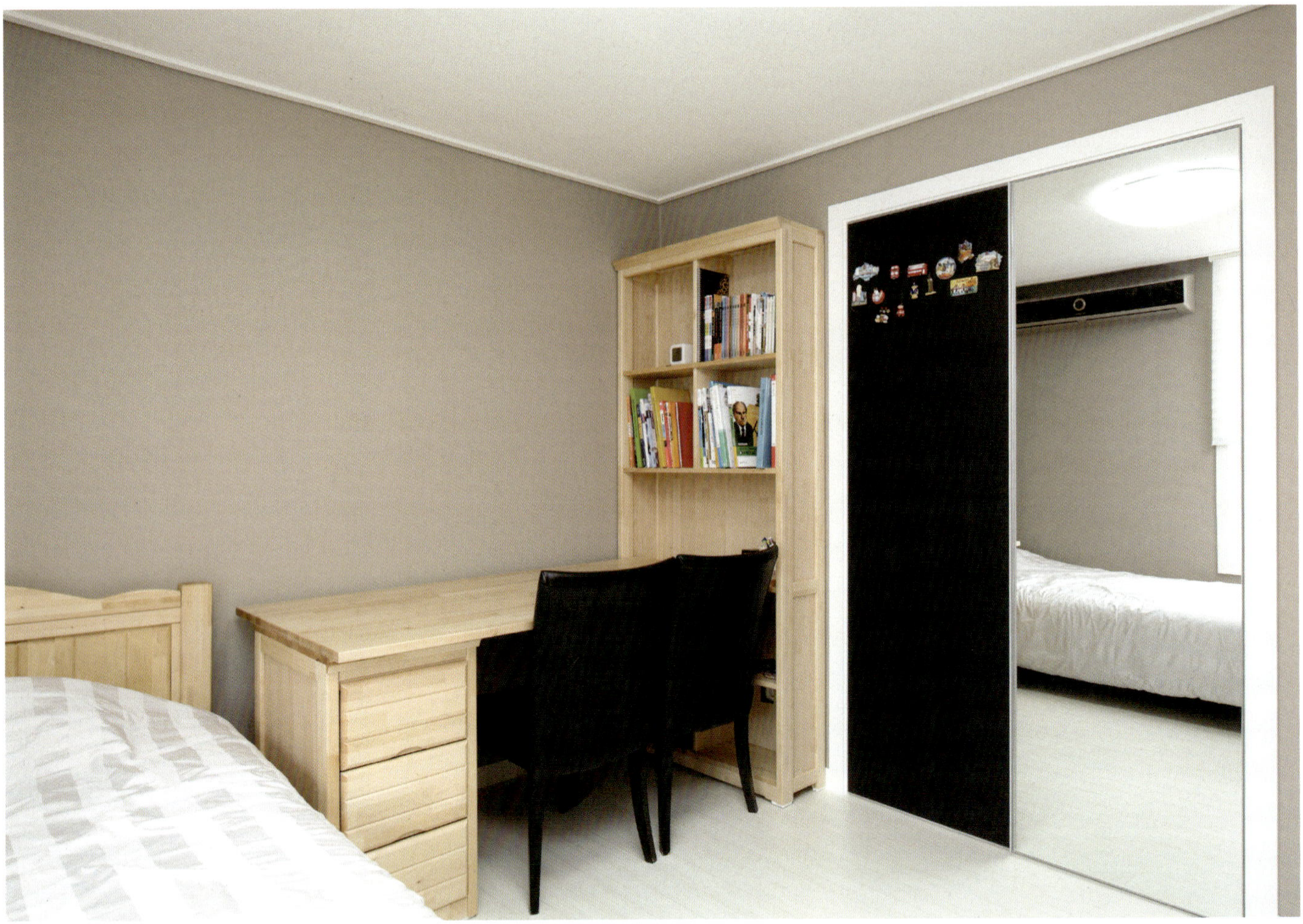

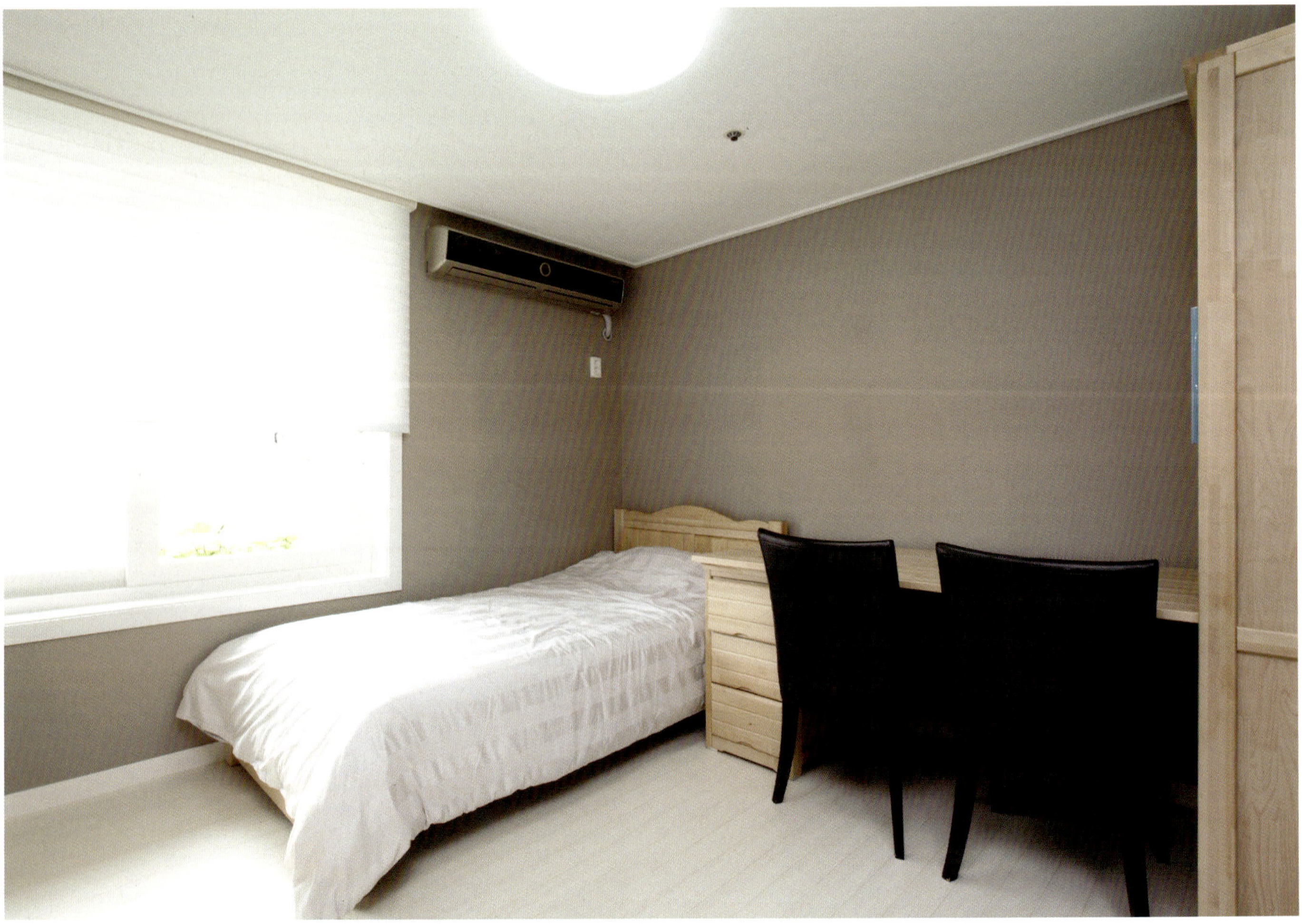

왼쪽 페이지

위 자녀 방의 문에는 칠판과 거울을 부착했다. 공간이 넓지 않기 때문에 별도로 칠판이나 거울을 두는 것보다 문을 활용하는 것이 효율적이다.
아래 다른 자녀 방은 다크베이지컬러 벽지로 차분하게 마감하고 친환경 원목 가구를 놓아 아늑함을 살렸다.

오른쪽 페이지

위 연두색으로 상큼하게 마감한 아이 방. 2층 침대 아래 공간은 아이에게 자신만의 아지트가 된다. 아이들 방에 놓인 가구는 모두 친환경 제품이다.
아래 베이지컬러 타일로 심플하게 마감한 가족 욕실로 공간이 좁은 만큼 거울과 세면대 등을 부피가 크지 않은 것으로 선택했다.

서울시 강남구 압구정동
현대아파트

54평 178m²

디자인 손솔잎/
소소커뮤니케이션디자인

모던하고 깔끔한 스타일의 거실. 커다란 ㄱ자형 소
파를 놓아 공간에 무게 중심을 잡아준 것이 특징이
다. 소파는 복도와 거실을 나누는 역할도 하고 있
어 거실에 더욱 아늑한 느낌을 부여한다.

108

가족의 삶이 머무는 집

가족의 동선을 리노베이션하다 이 집의 디자인 콘셉트는 '가족의 동선'이다. 특정 스타일이 아니라 가족이 바로 일관되게 흐르는 주제이다. 디자이너는 리노베이션의 목적을 단순히 집을 꾸미는 데 두지 않았다. 그보다는 그곳에서 삶을 꾸려나가는 가족이 중심이 되도록 했다. 각 공간의 기능성을 충분히 살려 구성원 각자가 편안하게 머물 수 있도록 했다.

30여 년이 된 낡은 아파트는 몇 가지 문제점을 안고 있었다. 평수에 비해 주방이 좁고 조리대가 작아 요리하기 불편했으며, 현관에서 보면 정면에 부부 침실이 있고 현관 바로 옆에는 아들 방이 붙어 있어 사생활이 보장되지 않았다. 공사와 관련하여 가장 큰 문제점은 공사 기간이었다. 그렇지만 대대적인 구조변경을 할 수는 없는 상황이었다. 공사 기간이 너무 짧아 구조변경을 하게 되면 구청의 허가 수속을 밟아야 하고, 주민들의 협조를 얻어야 하는데 시간적 여유가 없었다. 내력벽을 허물거나 벽체를 옮기는 등 건축적 구조변경은 하지 않고 동선을 확보할 만한 기발한 아이디어가 필요했다. 디자이너는 이 집에서 살게 될 가족의 입장에서 공간에 대해 고민했고 결국 그 해법을 찾아냈다.

왼쪽 페이지

위 기존의 거실 베란다는 왼쪽으로 창이 있던 구조여서 옆집이 보이는 문제점이 있었다. 이 때문에 양쪽에 벽을 세워 시선을 차단했다. TV는 벽걸이형 대신 스탠드형으로 설치해 ㄱ자형 소파 어느 곳에 앉아도 잘 보이도록 했다.
아래 창가에는 와인이나 차를 즐길 수 있도록 바를 설치했다. 날씨가 좋은 날, 이곳에 앉으면 한강이 보인다.

오른쪽 페이지

다이닝룸 전경. 다이닝룸의 한쪽 벽에는 수납장을 짜 넣었다. 수납장은 깔끔하게 마감되어 있어 마치 한쪽 벽처럼 보이기도 한다. 기존의 라디에이터를 수납장과 이어지도록 연결해 기능성과 심미성을 모두 살렸다.

110

왼쪽 페이지

1 기존에는 현관에서 부부 침실이 바로 보이는 것이 문제였다. 작은 복도를 내고 그 안쪽으로 침실의 문을 옮겨 달아 구조변경을 하지 않고 구조적인 문제를 명쾌하게 해결했다. 이제는 침실 문이 열려 있어도 훤히 들여다보이지 않는다.

2 다용도 수납실과 부부 침실 사이에 작은 복도를 내 공간을 분리했다. 왼쪽이 다용도 수납실, 오른쪽이 부부 침실이다. 기존에는 현관에서 부부 침실이 보였지만 이제는 그림이 걸린 하얀 벽이 보여 깔끔한 인상을 준다.

3 가벽 너머로 보이는 주방. 부족한 조리 공간을 확보하기 위해 아일랜드 식탁을 설치했다. 식탁 아래 공간을 수납장으로 활용한 것도 감각적인 아이디어. 아일랜드 식탁에 앉으면 성수대교와 한강이 내려다보인다.

오른쪽 페이지

위 주방과 다이닝룸 사이에 설치된 가벽은 마치 갤러리의 전시 공간을 연결해주는 문 같다. 다소 무게감 있으면서도 드라마틱한 느낌이 드는데, 식탁에 앉으면 벽이 문처럼 움직이면서 닫힐 것 같은 착각을 불러일으킨다. 주방이 훤히 들여다보이지 않도록 시선을 차단하는 효과도 있다.

아래 욕실은 기존의 욕조를 그대로 두고 쓸 수 있도록 한 대신 전체적으로 색감을 통일시켜 비좁은 느낌이 들지 않도록 했다.

소소한 아이디어로 승부하다 우선 주방에는 조리대 옆으로 아일랜드 식탁을 연결해 조리 공간을 더 넓게 확보하는 한편, 간단하게 식사할 때 요긴하게 사용할 수 있도록 했다. 또한, 개수대 앞쪽 바닥은 타일로 마감해 물기가 떨어지더라도 견고함이 오래가도록 했다. 기존의 부부 침실에는 작은 복도를 내 공간을 둘로 나눴다. 기존의 침실에는 그 안에 또 하나의 작은 방이 있었는데 그 용도가 모호했다. 대개 드레스룸이나 침대만 두는 공간으로 사용하는데 부부는 옷이 많지 않아 별도의 드레스룸이 필요하지 않았고 북쪽에 자리 잡고 있어 침실로 쓰기에도 좋지 않았다. 자칫 쓰임새를 잘못 설정하면 쓸모없는 공간으로 전락할 듯했다. 그래서 아예 공간을 분리하고 오픈시킨 다음 작은 방은 다용도 수납실로 만들어 수납공간을 여유 있게 확보했다. 부부 침실은 보다 콤팩트하게 디자인하고 간접조명을 더해 잠자리로서 기능에 충실한 아늑한 공간으로 꾸몄다. 현관 입구에 있는 아들 방을 보다 프라이빗한 공간으로 만들기 위해서도 색다른 아이디어가 필요했다. 요즘 아파트라면 현관 앞에 중문을 설치하면 쉽게 해결되지만 오래된 아파트라 현관이 비좁아 중문을 달 수 없었다. 디자이너는 현관 대신 방을 활용하기로 했다. 방문을 안쪽으로 옮겨 달아 복도 쪽에 공간을 확보함으로써 현관에서 바로 보이지 않게 했다. 방의 면적이 줄어들었음에도 방문을 여는 순간 반듯한 방 안이 시야에 들어오기 때문에 오히려 더 넓어 보였다.

편안한 일상을 디자인하다 이렇게 문제를 해결한 다음에는 인테리어 역시 '삶의 공간으로서 존재한다'는 명제에 충실하도록 디자인했다. 편안하게 머물 수 있으면서도 오래도록 싫증이 나지 않는 공간을 만들어낸 것이다. 우선 디자이너는 공간에 색채 디자인의 개념을 적용해 완성도를 높였다. 화이트컬러와 웜그레이 컬러를 주조색으로 전체 공간을 6:4의 비율로 배색해 모던하지만 지나치게 단순하거나 차가워 보이지 않도록 했다. 여기에 가족 구성원이 좋아하는 색을 하나씩 선정해 각 방에 포인트 색상으로 사용함으로써 전체적으로 조화를 이루면서도 공간마다 개성을 띠도록 했다. 이와 더불어 모든 가구를 직접 디자인해 제작했다. 다이닝룸의 식탁과 바, 의자 등은 공간의 크기에 딱 맞게 만들었고

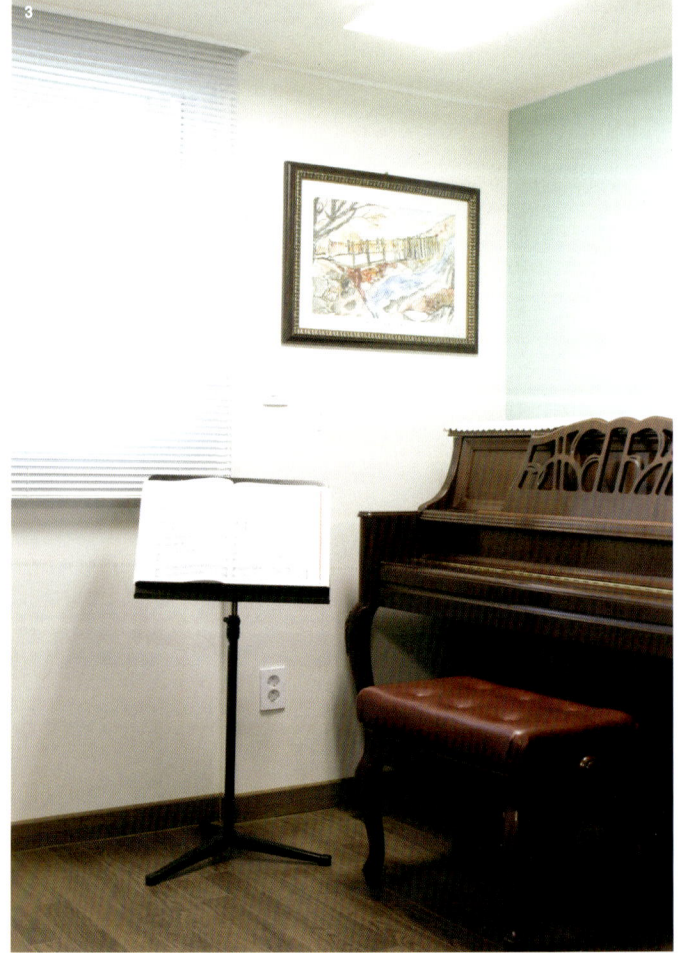

부부 침실의 침대는 감각적이면서도 아늑한 느낌이 들도록 디자인했다. 아이들 방의 침대는 수납장을 겸할 수 있도록 했고 다용도 학습실의 책상은 상황에 따라 다용도로 사용할 수 있도록 했다. 가족의 삶을 위해 디자인된 집. 그곳에서 가족의 일상은 하루하루 무난하고 편안하게 지나간다.

before

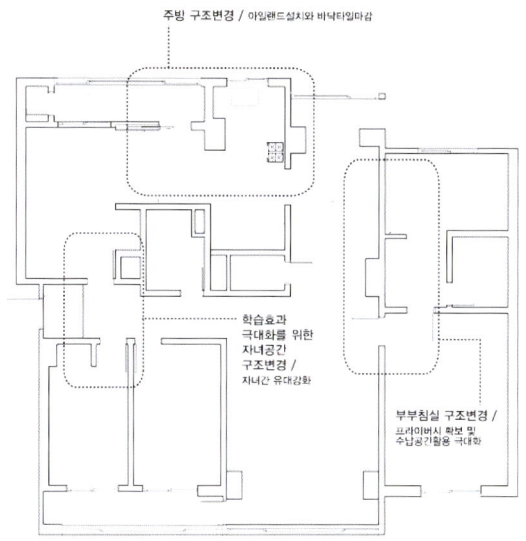

after

왼쪽 페이지

1 단정하고 산뜻한 느낌이 드는 부부 침실. 디자이너가 직접 디자인한 침대는 포인트 벽과 침대, 사이드 테이블의 역할을 두루 겸한다. 침대 헤드와 평행이 되도록 간접조명을 설치해 아늑한 분위기를 살린 것도 감각적이다.
2, 3 아이들이 함께 공부할 수 있는 다용도 학습실이면서 가족 모두가 힘께힐 수 있는 가족실이기노 하다. 다 같이 사용하기도 하지만 혼자서 사용할 수도 있으므로, 학습 공간과 취미 공간을 분리시켜 실용적인 면을 강조했다. 천장 조명도 분리 설치해 각 공간을 개별적으로 비추도록 했다. 학습 공간에는 긴 책상 사이에 책상을 하나 더 마련해 나란히 앉아 공부하거나 방문 교사와 함께 학습할 때 유용하도록 했다.

오른쪽 페이지

하늘색으로 포인트를 준 아이 방. 침대 아래에 수납장을 짜 넣어 아이 스스로 자신의 물건을 분류해 보관할 수 있게 했다. 현관 바로 옆에 있어 프라이버시가 보장되지 않는 단점을 극복하기 위해 방문을 안쪽으로 옮겨 달았다. 이 때문에 생긴 복도 쪽 여유 공간에는 칠판을 달아 아이들이 마음껏 낙서하며 놀 수 있도록 했다.

경기도 고양시
일산동구 장항동
삼성라끄빌

52평 172m²

디자인 허혜림/
허스튜디오

아늑하고 편안한 분위기가 묻어나는 거실. 오피스
텔이라 베란다가 없는 대신 거실 창밖으로 호수공
원이 훤히 내려다보인다. 벽은 화이트컬러로 도장
하고 바닥에는 밝은 원목 마루를 시공해 세련미를
강조했다. 천장의 펜던트 조명은 주방 쪽에서 보아
도, 거실 쪽에서 보아도 멋스럽다.

Natural modern

상상 그대로
현실이 된
디자이너의 집

인테리어 디자이너로서의 감각을 발휘하다 상상 속에 그리던 집을 완벽하게 재현할 수 있다면 얼마나 좋을까. 인테리어 디자이너가 부러운 이유다. 대부분의 사람은 머릿속 그림을 디자이너에게 설명하고 그의 손을 빌려야 하지만 디자이너는 자신이 직접 현실의 집을 만들어낼 수 있다. 이 집은 인테리어 디자이너 허혜림 씨가 자신의 생각을 담아 뚝딱뚝딱 리노베이션한 집이다. 그녀가 애초에 이 집을 고른 이유는 확 트인 전망 때문이다. 베란다가 없는 오피스텔이었음에도 호수공원이 시원하게 내려다보이는 게 마음에 쏙 들었다.

그녀는 전망 좋은 거실이 세 식구의 단란한 보금자리가 되기를 바랐고 주방은 요리하는 즐거움을 만끽할 수 있는 공간이 되기를 원했다. 또 앞으로 5년 넘게 살 집이었기에 과하지 않은 편안한 분위기로 연출하고 싶었다. 그래서 거실은 도서관처럼, 주방은 카페처럼 꾸몄고 인테리어 스타일은 내추럴 모던을 추구했다. 디자인 요소를 과하게 쓰지 않으면서도 감각이 느껴지는 집을 만들기로 했다.

117

왼쪽 페이지

1 디자이너가 직접 제작한 책장으로 가득 채운 거실 한쪽 벽면. 여닫이문이었던 침실 문을 슬라이딩도어로 바꿔 책장 일부로 보이도록 했으며, 넓은 부분에는 TV를 걸어두었다. 천장에 디자이너 독특한 간접조명을 설치한 것도 포인트.

2 피아노가 있어 더욱 따스한 감성이 묻어난다. 푹신한 소파와 원형의 테이블에는 한창 뛰노는 아이가 다치지 않도록 신경 쓴 엄마의 마음이 담겨 있다.

3 새롭게 단장한 부부 침실. 헤드가 낮은 침대, 작은 수납장 등은 디자이너가 직접 디자인해 제작했다. 바닥의 마루는 다른 공간보다 다소 진한 컬러로 마감해 전체적으로 흐릿한 공간에 무게감을 실어주었다. 침실 옆으로는 가벽이 설치되어 있고 그 너머에 드레스룸이 있다. 기존에 없던 드레스룸이 생겨 옷을 갈아입을 때나 화장할 때 만족스럽다.

오른쪽 페이지

주방을 바라보고 앉으면 디자인이 예쁜 카페의 주방을 엿보는 듯하다. 거실 쪽 조리대에 싱크대를 설치해 요리나 설거지를 하면서도 한창 움직임이 많은 아이가 안전하게 노는지 지켜볼 수 있다. 밝은 우드 컬러의 상판에 세라믹 소재의 화이트컬러 싱크볼과 수전을 설치해 더욱 감각적이다. 천장에 단 펜던트 조명은 디자이너가 직접 디자인해 제작한 것. 밤에 이 조명 하나만 켜두어도 분위기가 좋다.

아늑한 도서관과 카페를 들이다 세 식구가 주로 모여 생활하는 거실의 콘셉트는 도서관. 네 살배기 남자아이가 책과 가까워지길 바라는 마음에 한쪽 벽은 책장으로 가득 채웠다. 요모조모 쓸모를 생각해 칸칸이 높낮이를 달리하고 부부 침실 문과 TV까지 하나로 이어지도록 디자인했다. 주방은 아기자기한 느낌이 드는 카페로 변신시켰다. 우선 기존의 ㄴ자형의 조리대를 ㄷ자로 바꾸고 벽 쪽에 있었던 싱크볼을 거실 쪽 조리대에 설치했다. 덕분에 벽이 아니라 거실을 바라보면서 설거지나 요리를 할 수 있게 됐다. 또한, 화이트컬러의 상부장과 하부장을 기본으로 우드 상판과 선반, 테이블과 의자를 매치해 앙증맞은 분위기를 연출했다.

가구 디자인으로 공간을 완성하다 기존의 부부 침실은 공간을 나눠 효율성을 높였다. 가벽을 세우고 한쪽에는 드레스룸을 만들고 다른 쪽에는 침대를 놓았다. 침대와 붙박이장, 서랍장 등은 새로 제작하거나 리폼했다. 특히 결혼할 때 맞췄던 옷장을 도어만 도장해 가벽에 쏙 넣었더니 감각적인 디자인의 붙박이장이 되었다. 서랍장은 화이트컬러의 틀을 만들고 나무로 만든 가구를 넣었더니 이색적인 디자인으로 완성되었다. 아이 방에는 세상에 하나밖에 없는 엄마표 침대를 놓았다. 아이 침대는 허혜림 씨가 가장 고심해 디자인한 가구이다. 침대이자 수납공간이며 책상이기도 한 독특한 디자인이 돋보인다. 또 기존의 붙박이장은 문을 떼어내고 새롭게 디자인해 리폼했다. 엄마의 감각으로 꾸민 아이 방은 아이가 가장 좋아하는 아지트가 되었다.

왼쪽 페이지

인테리어 디자인을 하기 위해 작은 방 하나를 개조해 홈 오피스로 만들었다. 현관 바로 옆이라 자칫 문간방에 들어앉은 듯 답답한 느낌이 들 수도 있었다. 그런 느낌이 들지 않도록 벽체를 유리로 세운 것은 남편의 아이디어. 아파트의 벽체는 대부분 내력벽이라 벽을 허물고 유리벽을 세우는 것이 불가능하지만, 오피스텔의 벽체는 비내력벽이라 가능했다.

오른쪽 페이지

아래 욕실은 유난히 목욕하기를 좋아하는 아이를 위해 디자인했다. 기존의 샤워부스를 철거하고 히노끼 욕조를 제작하여 설치했다. 한번 들어가면 나오지 않으려고 할 정도로 아이가 좋아하는 공간. 수납장과 수전은 기존의 것을 그대로 사용하고 벽을 화이트컬러 타일로 마감해 산뜻한 느낌을 살렸다.

before   *after*

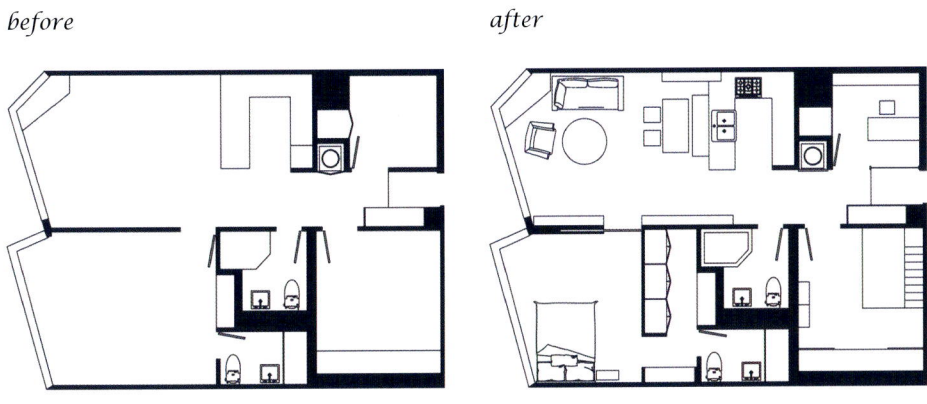

경기도 고양시
일산동구 장항동 호수마을
럭키·롯데아파트

48평 158m²

디자인 허혜림/
허스튜디오

TV 대신 책장으로 벽면을 가득 채운 거실. 디자이
너는 거실을 가족 모두 즐길 수 있는 공간으로 만
들기 위해 책장 디자인에 신경을 썼다. 메모를 붙
일 수 있는 화이트보드와 컴퓨터, 스피커 등을 설
치할 수 있는 자리가 따로 마련되어 있어 음악 좋
아하는 남편은 음악 감상에 빠져들 수 있으며 아이
들은 책을 보거나 보드에 낙서하며 놀 수 있다.

White modern

삶의 온기가 스민
화이트 모던

헌 집에 풀어낸 모던하면서도 따스한 감성 집주인이 지은 지 15년 된 오래된 아파트를 고른 데는 나름의 이유가 있었다. 그녀는 유난히 화이트를 좋아하고 깔끔한 스타일을 선호했으며, 집도 모던하고 심플하기를 원했다. 하지만 집이란 모름지기 사람이 사는 곳. 모던하지만 차갑고 불편한 느낌이 드는 것이 아니라 따뜻하면서 편안한 느낌이 깃들기를 바랐다. 모던하면서도 따사로운 느낌이 감도는 집. 그녀는 그런 집을 갖고 싶었고 마침내 이 집으로 이사 오면서 그 꿈을 실현하기로 했다. 새집이 아닌 헌 집을 선택한 것도 집값에 들이는 비용을 줄여 자신이 원하던 공간을 완성하기 위해서였다.

디자이너는 그녀의 그런 바람을 그대로 공간에 풀어낼 줄 아는 좋은 파트너였다. 깨끗한 화이트컬러를 베이스로 공간마다 자연스러운 우드 컬러를 가미해 따스한 감성을 불어넣었다. 우선 배경은 화이트 모던으로 통일했다. 거실과 주방, 부부 침실, 아이들 방 등 벽과 천장은 화이트컬러로 마감하고 바닥에는 원목 마루를 깔았다. 천장에는 천장등 대신 간접조명을 설치해 단정한 느낌이 들면서도 은은한 빛이 퍼지도록 했다.

왼쪽 페이지

위 깔끔한 스타일의 거실. ㄴ자 라인을 따라 흐르는 간접조명은 하나의 디자인 요소로 작용한다. 스카이블루컬러의 패브릭 소파는 단조로움을 없애는 포인트가 된다.

아래 주방과 거실 사이 자투리 공간에 마련한 다이닝룸. 모던한 화이트컬러 공간에 우드 테이블과 의자가 따스함을 더한다. 주방으로 이어지는 벽체에는 전자레인지, 토스터 등 가전제품을 둘 수 있도록 수납 가구를 넣었다. 오른쪽 문은 아이 방 문인데, 문에 동그란 유리창을 넣어 살짝 엿볼 수 있도록 했다.

오른쪽 페이지

주방 한쪽에는 주부의 작업 공간을 마련했다. 싱크대에 우드 상판을 걸치고 선반을 달아 간단하게 완성했다. 주방가구는 화이트컬러로 통일하고 손잡이를 달지 않아 심플한 느낌을 강조했다.

공간마다 깃든 생활의 즐거움 이렇듯 깔끔하게 배경을 완성한 후에는 공간마다 색다른 아이템을 부여해 생활의 즐거움을 느낄 수 있도록 했다. 거실 한쪽 면에는 스피커와 컴퓨터는 물론 화이트보드까지 둘 수 있는 독특한 디자인의 책장을 설치했다. 덕분에 거실은 음악을 좋아하는 남편의 음악 감상실이자 아이들의 도서관 겸 놀이터가 되었다. 주방에는 싱크대 일부를 책상처럼 디자인해 작업 공간을 마련했다. 주방은 주부의 공간이지만 정작 그곳에서 주부만을 위한 시간을 갖기 어렵다는 점에 착안해서 책을 읽거나 다이어리에 뭔가를 끄적거리기도 할 수 있는 공간을 만들어주었다. 또 가족 욕실에는 수전이 두 개 달린 세면대를 놓아 두 아이가 나란히 서서 함께 씻을 수 있도록 했다.

거실을 음악 감상실과 놀이터로 변신시키거나 주방에 주부만의 공간을 마련하는 일, 욕실에 두 아이가 함께 씻을 수 있는 세면대를 만들어주는 건 어찌 보면 아주 사소한 아이디어다. 하지만 이런 작은 아이디어로 집은 가족이 함께 놀며 소통하고 또 각자 꿈을 키워나갈 수 있는 공간이 된다.

왼쪽 페이지

1 화이트 톤으로 통일한 부부 침실. 창문에는 집주인의 요청대로 루버셔터를 달았다. 루버셔터는 자칫 밋밋해지기 쉬운 공간에 개성을 더해주는 포인트 역할을 한다. 창을 닫아두어도 열어두어도 멋스럽다. 침대 헤드 쪽 천장에 간접조명을 설치해 아늑한 분위기를 연출했다. 한쪽에는 가벽을 세워 드레스룸을 만들고 기존의 옷장을 리폼해 만든 붙박이장을 설치했다.

2 가족 욕실에는 두 아이가 함께 씻을 수 있도록 두 개의 수전을 설치했다. 세면대를 넓히면서 기존의 욕조를 없애고 샤워기를 달았다. 벽은 아이보리 컬러 타일로 마감해 깨끗한 느낌이 들도록 하고, 바닥은 질감이 있는 타일을 시공해 아이들이 미끄러지지 않도록 했다.

3 현관에는 접이식 중문을 달아 편안한 느낌이 들도록 했다. 망입유리에 나무 프레임을 두른 디자인의 중문은 접어놓아도 닫아놓아도 답답한 느낌이 들지 않는다. 신발장은 유지 관리하기 쉽도록 화이트컬러의 하이그로시로 마감하고 아랫부분을 띄워 자주 신는 신발을 놓거나 디스플레이 할 수 있도록 했다.

오른쪽 페이지

가족 공용 작업실은 조용히 책을 읽거나 악기를 연주할 수 있는 공간이다. 해가 지고 난 후에 창문 앞에 달린 독특한 디자인의 조명을 켜면 낭만적인 분위기가 연출된다.

before

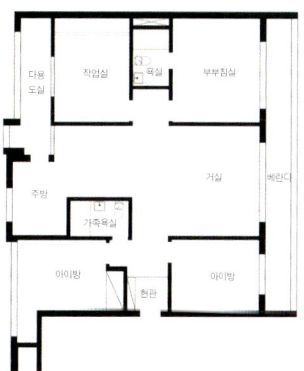

after

경기도 고양시
일산동구 장항동 호수마을
LG아파트

37평 121m²

디자인 허혜림/
허스튜디오

화이트 톤으로 깔끔하게 마감한 거실. 군더더기 없
는 디자인을 위해 천장조명을 달지 않고 간접조명
으로 조도를 조절했다. 기존의 가죽 소파를 그레이
톤의 패브릭 소파로 리폼했더니 한결 분위기가 밝
아졌다. 커다란 플라워 프린트가 인상적인 액자는
디자이너가 동대문에서 저렴하게 구매한 패브릭으
로 만들어 선물한 것이다.

Natural modern

알록달록
컬러로 풀어낸
내추럴한 감성

아기자기 예쁜 소품이 오브제가 되는 집 갓 돌이 지난 아이가 있는 집이라면 왠지 어수선하게 어질러져 있을 것만 같다. 여기저기 아이의 생활용품은 물론 장난감과 책들이 놓여 있을 수밖에 없을 테니까. 그런데 이 집은 그러한 예상을 단번에 뒤집어버렸다. 물론 아이 물건들이 아이 방과 거실을 중심으로 흩어져 있기는 했다. 하지만 아이의 가구와 장난감, 책 등은 집 안에 생기를 불어넣는 소품이 되고 있었다. 모양이나 컬러 하나하나 예쁘지 않은 것이 없었기 때문이다. 아이 물건 하나도 예사롭지 않은 것을 발견하고 나서 집 안을 둘러보니 앙증맞고 컬러풀한 소품이 가득했다. 엄마는 소품 하나까지 세심하게 신경 쓰는 탁월한 감각의 소유자였던 것이다. 그러한 그녀가 자신의 감각을 실현해줄 디자이너를 만나 리노베이션을 감행했으니 이토록 사랑스러운 집이 탄생한 것은 당연한 일이다.

그녀는 디자이너가 작업한 공간을 보고 자신의 취향과 맞는다는 것을 알았기 때문에 리노베이션은 전적으로 디자이너에게 믿고 맡기기로 했다. 그녀가 요구한 것은 단 두 가지. 이미 반했던 디자이너의 공간처럼 내추럴 모던 스타일을 지향하고, 기존의 주방이 너무 작으니 주방을 하나 더 만들어달라고 요구했다. 디자이너는 집 주인의 요구를 충분히 반영하면서 이 집만의 디자인을 창조해나갔다.

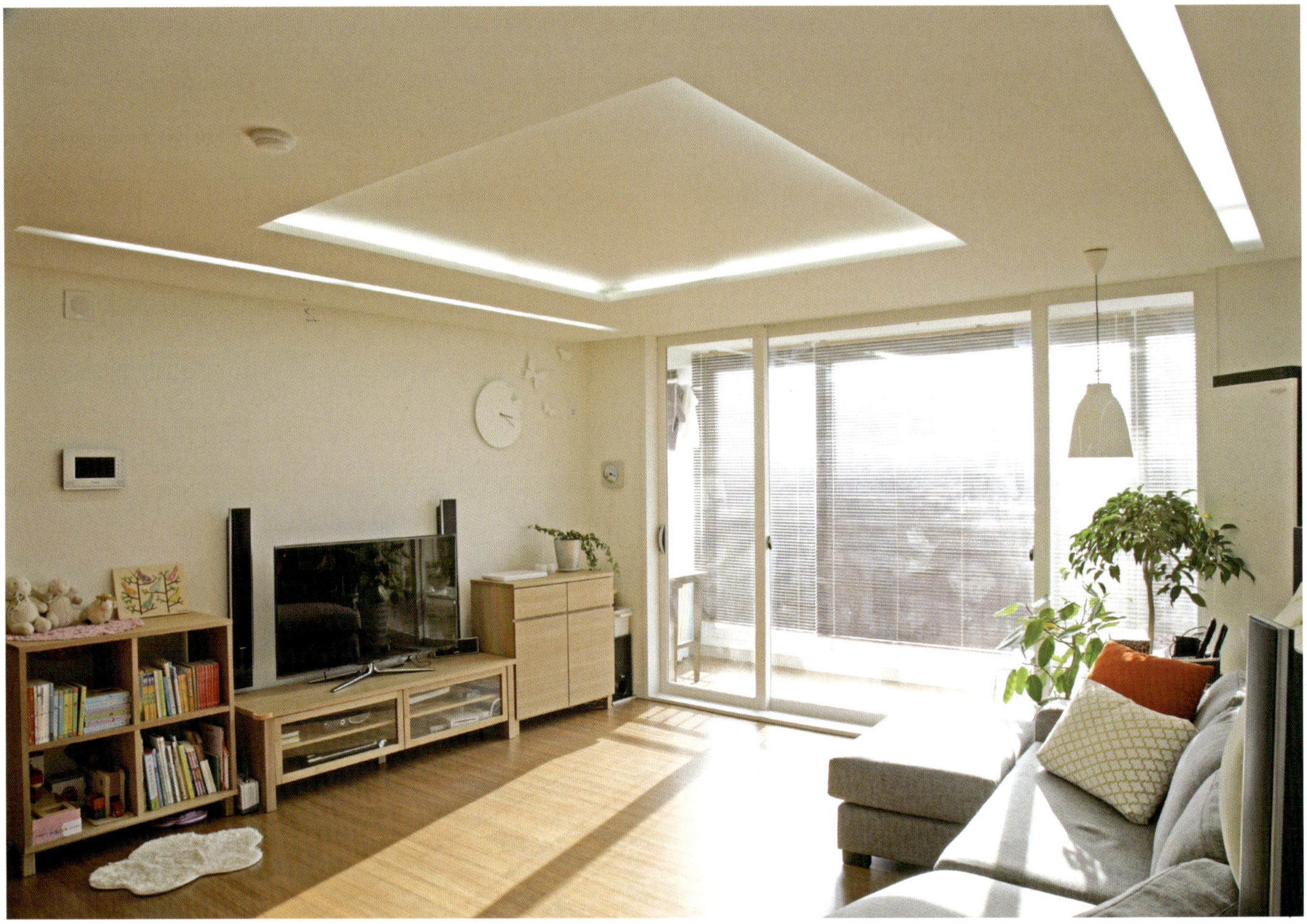

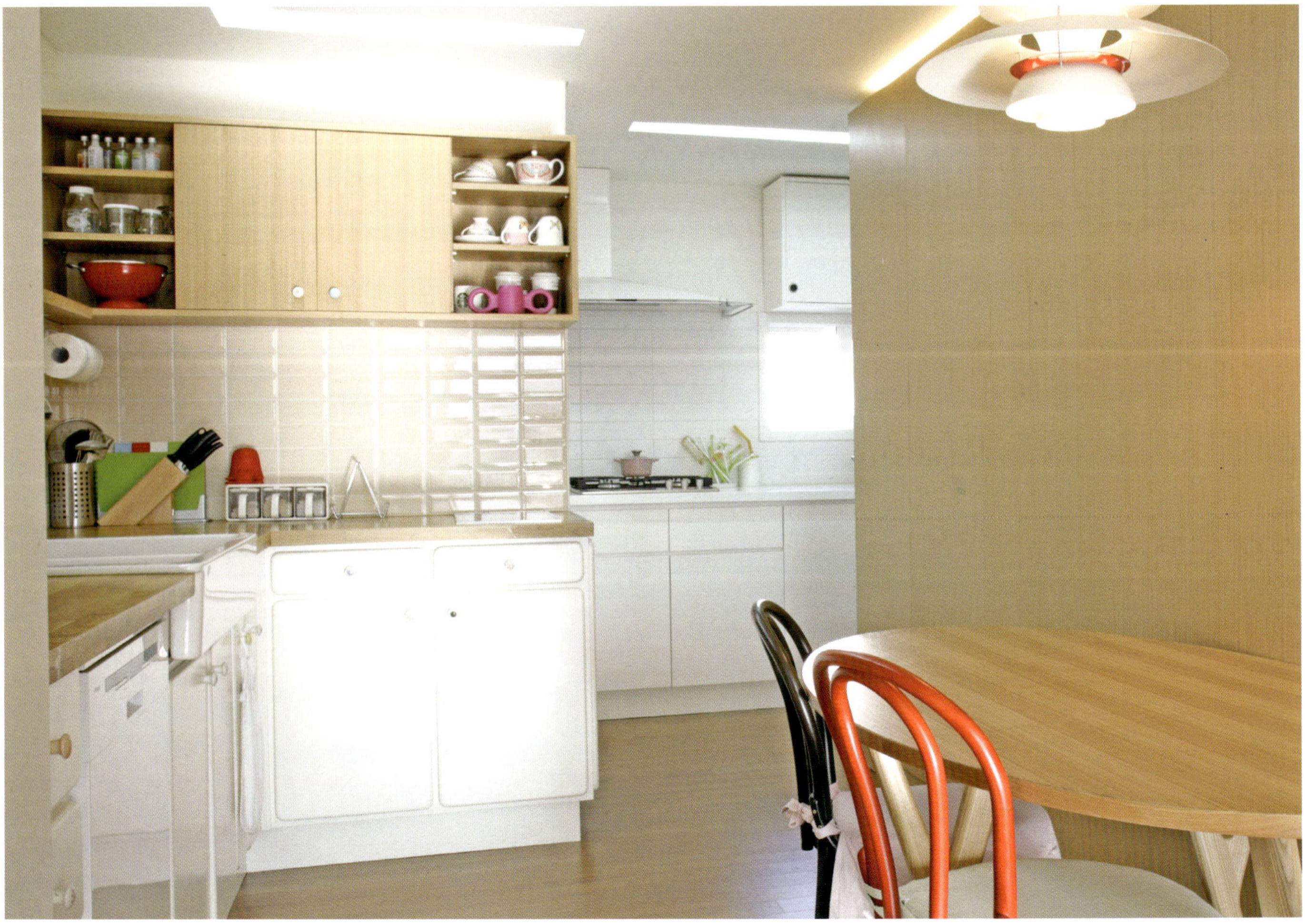

구조적인 재미를 살린 내추럴 모던 공간 디자이너는 먼저 한쪽에 커다란 매스를 들여놓았다. 36평의 집을 보다 감각적이면서 효율적인 구조로 만들기 위해서였다. 대개 평수가 적을수록 공간을 모두 터야 넓어 보인다고 생각하기 쉽지만, 그것은 집의 구조와 특성, 집주인의 취향에 따라 얼마든지 달라질 수 있다. 디자이너는 전체적으로 화이트컬러인 깨끗한 공간에 매스를 들여놓아 무게 중심을 잡아주면서 구조적인 재미를 부여했다. 매스는 욕실을 감싸고 있어 그 자체로 독특한 공간이 되며 주방과 서재를 나누는 동시에 주방 일부를 가려준다. 또한, 연한 무늬목 컬러를 선택하고 단면을 단순하게 처리해 내추럴 모던 스타일에 어울리도록 했다.

집주인의 요구대로 기존의 주방 앞쪽에는 또 하나의 주방을 만들었다. 구석에 있는 기존의 주방에는 화이트컬러의 상부장과 하부장을 빈틈없이 짜 넣어 수납에 충실하도록 했다. 새로 만든 주방은 거실에서 훤히 보이므로 아기자기한 카페처럼 연출했다. 아이보리컬러의 하부장에 우드 상판과 상부장을 매치해 깔끔하면서도 내추럴한 분위기를 냈다.

부부 침실은 공간의 효율성을 높이는 데 집중했다. 붙박이장과 화장대 모두 필요했지만, 공간이 나오지 않아 화장대가 매입된 붙박이장을 디자인해 제작했다. 또한, 벽은 민트컬러 벽지로 마감해 상큼하게 연출했으며 창은 화이트컬러의 금속 격자무늬 창을 가운데만 열리도록 디자인해 이국적인 느낌을 더했다. 덕분에 햇살이 포근하게 비치는 부부 침실은 단정하면서도 아늑한 공간이 되었다.

왼쪽 페이지

위 햇살이 비쳐 더욱 아늑해진 거실. 벽면에 가지런히 놓인 장식장들은 집주인이 고른 것들로 거실의 내추럴한 분위기와 잘 어울린다.
아래 카페처럼 예쁜 주방. 복도에서 바로 싱크대로 이어지면 어색할 듯해 가벽을 세워 약간의 경계를 만들어주었다. 내추럴한 디자인의 주방가구를 제작하고 싱크볼도 도기로 선택해 산뜻한 분위기를 살렸다. 옆의 우드 컬러 벽면은 이 집의 중심이 되는 매스의 일부분으로 그 뒤에 수납을 담당하는 또 다른 주방이 있다.

오른쪽 페이지

주방에서는 앙증맞고 예쁜 소품 모으기를 좋아하는 집주인의 취향을 읽을 수 있다. 레드, 핑크, 그린 등 알록달록 컬러풀한 소품들이 공간에 생기를 불어넣는다. 식탁 의자 하나를 레드컬러로 선택한 것도 감각적인 아이디어다.

before 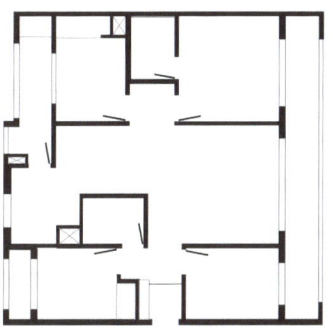   *after*

131

1 연한 무늬목 컬러의 매스 앞은 다이닝 공간으로 연출했다. 디자인이 감각적인 펜던트 조명과 타원형 테이블, 블랙컬러와 레드컬러의 의자가 한데 어우러져 상큼한 분위기를 자아낸다.

2 깔끔하면서도 아늑한 분위기가 감도는 부부 침실. 화장대로도 활용할 수 있는 붙박이장의 디자인이 돋보인다. 붙박이장은 디자이너가 좁은 공간을 효율적으로 활용하기 위해 디자인해 만든 것이다.

3 내추럴한 스타일의 욕실. 색다른 벽을 연출하기 위해 세 가지 컬러의 타일을 콜라주 해 시공했다. 미리 컬러링 작업을 거친 후 정확하게 계산하여 붙였다. 여기에 나무 느낌이 살아 있는 거울장, 세면대, 욕조를 자연스럽게 매치했다.

사랑스러운 느낌이 묻어나는 방. 연한 핑크컬러 벽지로 마감하고 체크 패턴 벽지로 포인트를 주었다. 양쪽에 옷장과 책상 등이 있는데 아이를 위해 모두 라운딩 처리를 했다. 귀여운 느낌을 강조하기 위해 천장에는 구름무늬 등과 토끼 인형이 달린 펜던트 조명을 설치했다.

CHAPTER

02

Cl
Varia

우아한 기품을 드러내는 클래식은 중후함을 벗고 한층 가벼워졌다. 이전의 화려하고 장식적인 스타일에서 벗어나 밝고 경쾌한 스타일로 변주되고 있다. 모던을 베이스로 클래식 포인트를 가미한 세미클래식, 고대의 단순함을 추구하는 네오클래식 등이 그것이다. 디자이너들은 클래식에 모던한 감성을 더해 더욱 감각적이고 세련된 공간을 연출하고 있다. 덕분에 우리는 감미로운 선율에 몸을 맡기듯 편안하고 은근하게 클래식을 즐길 수 있게 되었다.

assic
tion

서울시 구로구 신도림동
디큐브시티

75평 249m²

디자인 우효진/
위드디자인

소파 맞은편 벽은 밝은 톤의 대리석으로 마감해 아
트월로 만들었다. 아래쪽에는 대리석으로 단을 만
들어 소소한 장식품을 전시해 놓을 수 있게 했다.

Neoclassic

클래식으로
우아하게 연출한
모던 공간

획일적인 디자인에 대한 새로운 해석 꼭 낡고 오래된 아파트만 리노베이션을 해야 하는 것은 아니다. 새 아파트도 집주인의 취향과 스타일에 맞세 고쳐 개성 있는 공간으로 탄생시킬 수 있다. 이 집도 그랬다. 최근에 지어진 주상복합아파트인데 획일적인 구조와 디자인으로 그대로 살기에는 만족스럽지 않은 부분들이 있었다. 거실은 지나치게 넓고 복도와 현관은 밋밋하고 길어 다소 지루한 느낌이 들었으며, 부부 욕실은 길고 비효율적인 구조여서 사용하기 불편해 보였다. 게다가 벽면 마감재는 칙칙하고 어두웠으며 곳곳의 수납공간은 제 기능을 다하지 못했다. 집주인은 이러한 단점을 개선하면서 고급스러운 스타일로 바꿔주기를 원했다.

디자이너는 새집의 기본적인 틀은 유지하면서 약간의 변형만으로 동선의 불편함이나 기존의 차가운 분위기를 개선하기로 했다. 인테리어 콘셉트는 네오클래식으로 정했다. 장식적이고 고전적인 클래식 스타일에 현대적이면서 모던한 감각을 매치해 차분하면서도 격조 있는 공간을 연출하기로 한 것. 기존 공간이 미니멀한 스타일이었기 때문에 부분적으로 클래식 요소를 더하면 딱딱한 느낌을 덜고 우아하고 아늑한 느낌을 살릴 수 있을 터였다.

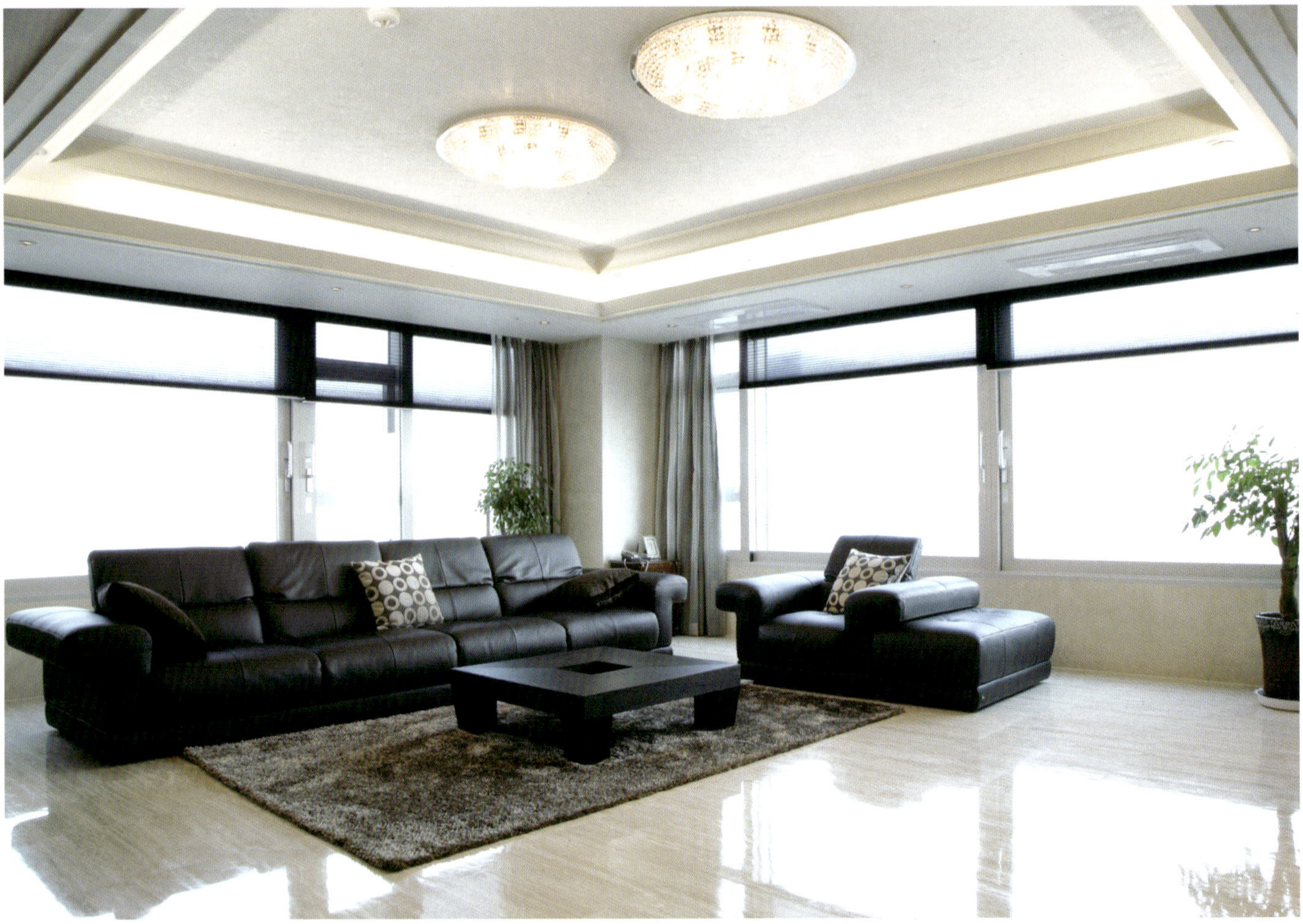

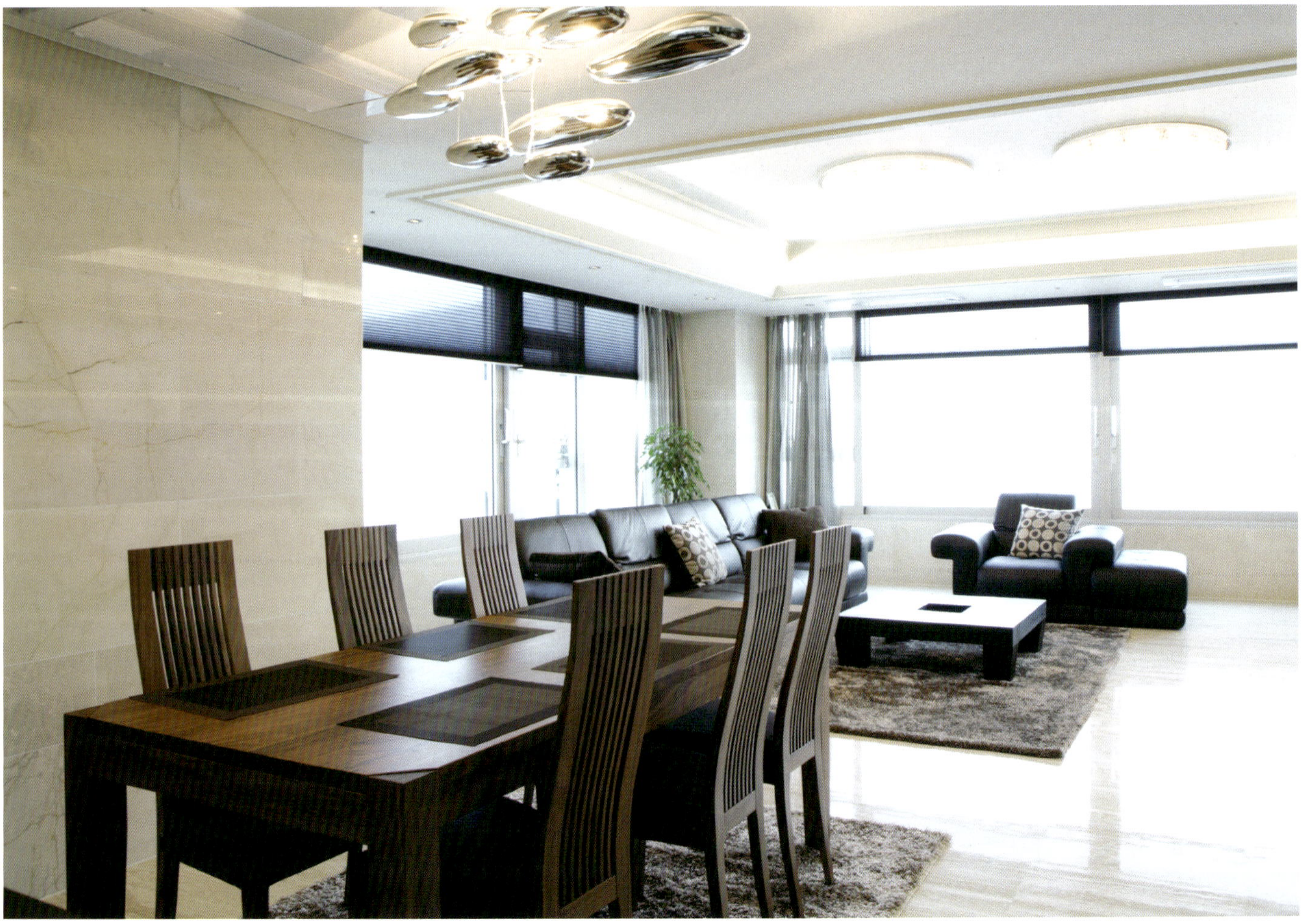

왼쪽 페이지

위 넓은 평수의 주상복합아파트라 거실도 유난히 넓다. 기존의 거실은 아무런 장식 없이 넓기만 해 단조로운 느낌이 들었다. 천장을 높여 입체감을 주고 화려한 조명으로 고급스러운 분위기를 강조했나. 커다란 블랙 가죽 소파를 놓아 무게감을 주는 한편, 카펫을 깔아 차가운 느낌을 덜었다.

아래 모던하면서 중후한 분위기가 감도는 다이닝룸과 거실. 전체적으로 밝은 톤의 대리석으로 마감해 지칫 치기운 느낌이 들 수 있는데, 여기에 짙은 컬러의 가구들을 매치해 중심을 잡아주고 독특한 디자인의 조명들을 설치해 생동감을 부여했다.

오른쪽 페이지

위 가족실 한쪽 벽면에는 수납과 장식을 겸할 수 있는 장을 두었다. 그 위에 가족사진을 놓으니 한결 정감 있어 보인다.

아래 단정하고 세련된 디자인으로 완성한 다이닝룸과 주방. 아일랜드 조리대는 두 공간을 구분하고 주방의 살림을 가려주는 역할을 한다.

before

after

왼쪽 페이지

위 고전적인 우아함이 돋보이는 부부 침실. 식물 패턴이 새겨진 짙은 브라운 톤의 벽지로 포인트를 주어 클래식한 디자인의 가구들과 조화를 이루도록 했다. 창가에는 부부가 함께 차를 마실 수 있는 공간을 마련하고 한쪽에 수납장과 서재를 두었다. 오른쪽에 보이는 문 안이 부부 욕실이고 그 옆에 파우더룸과 드레스룸이 있다.

아래 밝고 로맨틱한 분위기가 감도는 딸 방. 식물 패턴이 새겨진 민트컬러의 벽지로 포인트를 주어 화사한 느낌을 더했다. 스틸 창에는 우아한 스타일의 커튼을 장식해 차가운 느낌을 반감시켰다.

오른쪽 페이지

거실이 거대하고 웅장한 느낌이 들므로 가족실은 아늑한 공간으로 꾸몄다. 벽과 바닥은 심플하게 마감했으며, 천장은 높이 차이를 두어 입체감을 살리고 간접조명을 설치했다. 여기에 클래식한 디자인의 소파와 오리엔탈 스타일의 장식장을 매치했더니 깔끔하면서도 이국적인 분위기가 난다.

모던과 클래식의 조합으로 탄생한 네오클래식
우선 단조로운 느낌이 드는 각 공간에 개성을 불어넣었다. 거실은 천장을 넓고 높게 올려 개방감과 웅장한 느낌을 살리고 벽면을 밝고 산뜻한 컬러의 대리석으로 마감해 고급스러운 분위기를 조성했다. 긴 복도는 분리해 기존의 가족실을 보다 독립적인 공간으로 만들었다. 가족실은 베이지 계열의 스트라이프 패턴 벽지로 단정하게 마감하고 클래식한 소파와 오리엔탈 스타일의 장식장을 놓아 우아하면서도 아늑한 분위기를 자아내도록 했다. 복도는 위쪽을 우아한 패턴이 새겨진 짙은 그레이 톤의 벽지로 마감하고 그 아래에는 섬세한 몰딩 장식으로 포인트를 주어 클래식한 디자인으로 완성했다.

기존의 불편한 구조들도 하나하나 개선해나갔다. 부부 침실은 욕실과 드레스룸 사이에 파우더룸을 만들어 보다 편리하게 이용할 수 있도록 했으며, 부부 욕실에는 창가 쪽에 히노끼 욕조를 설치해 긴 구조에 안정감을 부여했다. 가족 욕실 또한 동선을 고려하여 욕조와 세면대 등의 위치를 바꾸고 밝고 고급스러운 타일로 마감해 편안하고 아늑한 느낌이 들도록 디자인했다. 또한, 부부 침실과 주방, 다용도실 등은 공간을 적절하게 분리하고 수납공간을 다시 배치해 수납의 효율성을 높였다.

어쩌면 새집을 리노베이션한다는 것은 쉽지 않은 결정이다. 마감재며 조명, 붙박이 가구 등이 모두 새것인데 굳이 바꿀 필요가 있을까 하는 의문이 들기 때문이다. 하지만 이 집의 경우 분양을 받고 나서도 입주하고 싶지 않을 만큼 기존의 공간은 차갑고 불편했다. 집주인은 고민 끝에 리노베이션을 했고 한결 우아하고 고급스러운 집을 얻었다. 새로 지어진 아파트라고 해도 누구나 그 집이 만족스러울 수는 없는 법이다. 때로는 자신만의 공간으로 변신시키는 리노베이션이 현명한 해답이 될 수도 있다.

왼쪽 페이지

1,2 긴 구조의 부부 욕실은 창가에 히노끼 욕조를 놓아 균형감을 이루도록 했다. 천장은 나무로, 벽과 바닥은 베이지 톤 타일로 마감하고 세면대는 대리석으로 설치해 아늑함과 고급스러움이 공존하도록 했다. 여기에 거울과 벽등으로 클래식한 포인트를 더해주었다.
3 부부 욕실의 세면대 맞은편에는 기존의 욕조와 샤워부스를 재배치했다. 이쪽 벽면은 은은한 색감이 돋보이는 모자이크 타일로 마감해 넓은 공간에 포인트가 되도록 했다.

오른쪽 페이지

기존의 현관은 어두운 컬러의 신발장이 한쪽 벽면을 채우고 있어 다소 칙칙한 느낌이 들었다. 신발장 도어를 카키컬러의 독특한 디자인으로 교체하고 골드 프레임의 클래식한 거울, 화려한 조명을 매치해 고급스러운 분위기를 연출했다.

서울시 강남구 도곡동
타워팰리스 F동

65평 214m²

디자인 이경혜/
디자인 세인

은근하게 우아한 멋을 드러내는 거실. 벽에는 화
이트컬러의 친환경 페인트를 칠해 건강을 도모하
는 한편, 창에는 자외선 차단 필름을 붙여 지외선
이 많이 들어오는 주상복합아파트의 단점을 보완
했다.

Semiclassic

화이트컬러의
우아한 변신

가구에서 집주인의 취향을 읽다 집은 사람을 닮는다. 어떤 성격의 소유자인지, 무슨 일을 하는지, 어떤 취향을 지녔는지 모든 것이 집에 반영되기 때문이다. 이곳은 그렇게 집주인을 그대로 닮은 집이나. 삭곡가면서 음악기획사를 운영하는 남편과 무용을 전공한 아내는 차분한 성격의 소유자들이었으며, 우아하면서도 지나치게 화려하지 않은 깔끔한 스타일을 좋아했다. 좋아하면 더욱 세심해지는 법. 그들은 화이트컬러가 집 안 전체에 흐르기를 원했고, 집 안의 모든 벽은 고상한 느낌이 들면서도 단정하기를, 주방은 길고 넓은 공간으로 완성되기를 바랐다. 디자이너는 이들 부부의 가구를 보면서 이들의 취향과 요구 사항을 확실히 이해할 수 있었다. 가구들은 모두 화이트컬러의 로맨틱하고 은은한 느낌이 드는 것들이었다. 이런 가구들과 조화를 이루는 집이면 될 터였다.

디자이너가 정한 이 집의 콘셉트는 세미클래식. 웨지컬러의 고고하고 중후한 클래식이 아닌, 화이트 톤의 경쾌하고 가벼운 클래식을 연출하기로 한 것이다. 이런 스타일을 살리기 위해 우선 벽은 전체적으로 화이트컬러의 친환경 페인트로 칠했으며, 알판 목재를 이용해 면을 분할하는 장식 효과를 주었다. 바닥은 다소 짙은 내추럴 브라운컬러의 마루로 마감해 벽면과 컬러 대비를 이루도록 했다. 또한, 수납장은 깔끔한 스타일의 화이트 도장으로 마감하고 천장까지 이어지도록 해 하나의 벽체처럼 보이도록 했다. 곳곳에 수납공간을 마련하면서도 전혀 산만한 느낌이 들지 않도록 했다.

146

왼쪽 페이지

1 공간 전체가 거의 화이트 톤이기 때문에 거실 한쪽 면에는 우아한 패턴이 새겨진 옅은 하늘색 벽지로 마감해 포인트를 주었다. 이 벽 반대편이 바로 주방. 벽에 창을 내 거실과 주방이 소통할 수 있도록 했다. 천장에는 클래식한 샹들리에를 달아 은은한 분위기를 살리고 그 주변에 LED 조명을 설치해 부족한 빛을 보완하도록 했다.
2 세미클래식 스타일이 잘 녹아 있는 주방. 기존의 다용도실을 없애고 확장하면서 거실을 향한 로맨틱한 창을 내고 은은한 느낌이 감도는 타일로 마감했다. 또 개수대를 두 개 마련해 효율적으로 작업할 수 있도록 했다.
3 주방의 한쪽 벽은 주방과 집 안의 다른 공간을 분리하는 역할을 한다. 은은한 광택이 흐르는 타일 바닥 또한 자연스럽게 주방과 다른 공간을 나눈다.

오른쪽 페이지

1 거실 쪽에서 바라본 다이닝룸 전경. 주방은 벽체로 가려져 있어 다이닝룸만 얼핏 보인다.
2 욕실로 연결되는 복도. 각각의 공간이 장식적이므로 복도는 최대한 단순하게 마감했다.
3 현관은 화이트컬러의 벽과 수납장, 짙은 브라운컬러의 도어를 매치했다. 거실과 주방 등 세미클래식을 강조한 공간보다는 간결하게 연출해 강약의 묘미를 살렸다.

147

주방 맞은편 공간에 마련한 다이닝룸. 투명하게 빛
나는 샹들리에와 클래식한 테이블, 의자가 어우러
져 한결 화사한 분위기를 자아낸다.

클래식을 들으며 요리하고 싶은 주방을 완성하다 이 집의 강렬한 포인트가 되는 공간은 바로 주방이다. 기존의 주방은 다용도실이 너무 많은 공간을 차지하고 있어 좁고 답답한 느낌이 들었다. 집주인은 다용도실을 없애고 대신 ㄷ자형의 길고 넓은 주방을 갖고 싶어 했다. 디자이너는 이를 적극 반영하는 한편, ㄷ자형의 구조를 보다 효율적으로 활용할 수 있도록 했다. 거실과 마주하는 벽에 창을 내고 그 아래에 싱크대를 설치해 부엌일을 하면서도 가족들과 소통할 수 있도록 했다. 주방가구는 깔끔하면서도 클래식한 디자인을 선택해 이 집의 콘셉트에 어울리도록 했다. 또한, 다이닝룸까지 수납장을 짜 넣어 수납 효과를 높이면서도 그 자체로 다이닝룸을 위한 멋진 장식이 되도록 했다. 덕분에 주방과 다이닝룸은 산뜻하면서도 독특한 디자인으로 다시 태어났다.

before

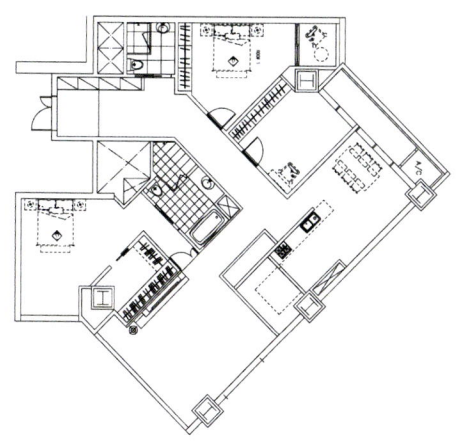

after

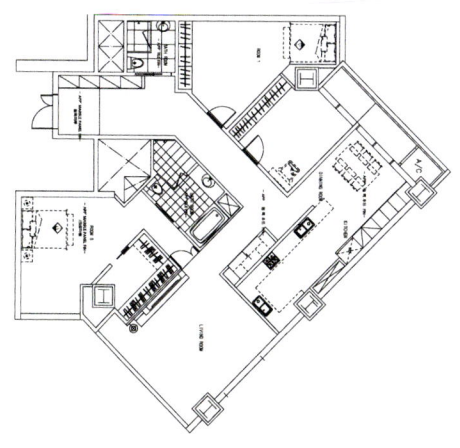

왼쪽 페이지

우아하면서도 로맨틱한 부부 침실. 기존에 사용하던 가구와 어울리도록 디자인했다. 벽면에는 하얀 몰딩과 화사한 꽃무늬 패턴이 새겨진 벽지를 매치해 은은한 분위기를 배가시켰다. 여기에 클래식한 스타일의 벽등을 달아 악센트를 주었다.

오른쪽 페이지

1 독특한 구소의 딸 방. 기존에는 좁고 특이한 구조로 공간을 효율적으로 이용하지 못했다. 중앙에 놓인 침대가 차지하는 면적이 넓어 나머지 공간 확보가 쉽지 않았기 때문. 베란다를 확장해 침실 공간을 확보하고 기존의 공간에는 서랍장과 책상을 배치했다. 이제는 오히려 독특한 구조 덕분에 침실 공간과 공부하는 공간이 자연스럽게 구분된다. 벽은 딸의 취향을 존중해 과감하게 가로 스트라이프 패턴의 벽지로 마감했다.
2 클래식하면서도 모던한 가족 욕실. 천장은 화이트컬러 바리솔로, 벽면은 자연스러운 무늬가 있는 타일로, 샤워부스 안은 히노끼 목재로 마감되어 한결 쾌적한 느낌이 든다. 눈부신 빛을 뿜어내는 조명과 클래식한 몰딩이 돋보이는 거울은 세미클래식을 위한 최소한의 장식이다.
3 부부 침실에 딸린 욕실. 옅은 컬러의 히노끼 목재, 그레이 톤 단색 타일, 블랙 바리솔 등으로 마감해 한층 모던하고 심플한 느낌으로 연출했다.

경기도 성남시
분당구 정자동 아이파크

63평 208m²

디자인 한성아이디

거실은 베란다를 터 더욱 넓은 공간을 확보했다.
바깥 창문과 실내 사이에는 단열 및 장식 효과를
주기 위해 접이문을 제작해 시공했다. 소파 뒤 벽
면은 웨인스코팅 몰딩으로 장식하고 벽등을 설치
했다. 모두 네오클래식한 감성을 품고 있어 우아하
지만 세련된 분위기를 연출한다. 맞은편 벽은 위
아래와 가운데의 높이를 달리해 입체감을 주고 간
접조명을 더해 갤러리의 전시 공간처럼 꾸몄다.

Neoclassic

라이프스타일을 반영한 색다른 공간 해석

부부만을 위한 맞춤형 공간 계획 디자이너가 집을 개조하기 위해 가장 먼저 고려하는 사항은 바로 그곳에 머물 사람들의 라이프스타일이다. 단지 낡은 것을 허물고 새로운 공간을 창조하는 것이 아니라 집주인의 취향과 라이프스타일을 공간에 구현해낸다. 이 집에서도 마찬가지였다. 60평대의 넓은 집이지만 부부가 단둘이 사는 데다 아내는 따로 사무실을 두지 않고 집에서 패브릭 사업을 하고 있었다. 그래서 부부의 생활공간을 편안하게 조성하는 것은 물론 아내를 위한 작업실과 응접실, 그리고 그녀가 만든 의류나 갖가지 소품들을 촬영할 수 있는 공간이 필요했다. 아내는 패브릭을 다루는 일을 하다 보니 자연스레 컬러감이 풍부하고 화려한 스타일을 선호했다.

디자이너는 부부의 라이프스타일과 취향에 맞는 공간을 만들기 위해 먼저 집의 구조를 분석했다. 지은 지 10여 년 된 아파트는 애초에 공간이 많이 나누어져 있었으며 네모반듯한 구조가 아니라 오각형에 가까운 구조여서 버려지는 공간도 많았다. 평수보다 공간을 쓸모있게 활용하지 못하는 구조였다. 이러한 단점을 개선하기 위해 디자이너는 우선 집을 크게 세 부분으로 나누었다. 거실과 주방, 다이닝룸, 미니 홈바, 게스트용 개수대, 게스트룸이 있는 가운데 공간을 리빙 존(living zone), 부부 침실과 욕실, 드레스룸 등 가장 구석진 곳에 있는 부부만을 위한 공간을 마스터 존(master zone), 현관 및 작업실이 있는 입구 쪽 공간을 엔트런스 존(entrance zone)이라 정했다. 이렇게 공간을 나눈 후 각 공간의 특색에 맞게 개조를 진행했다.

153

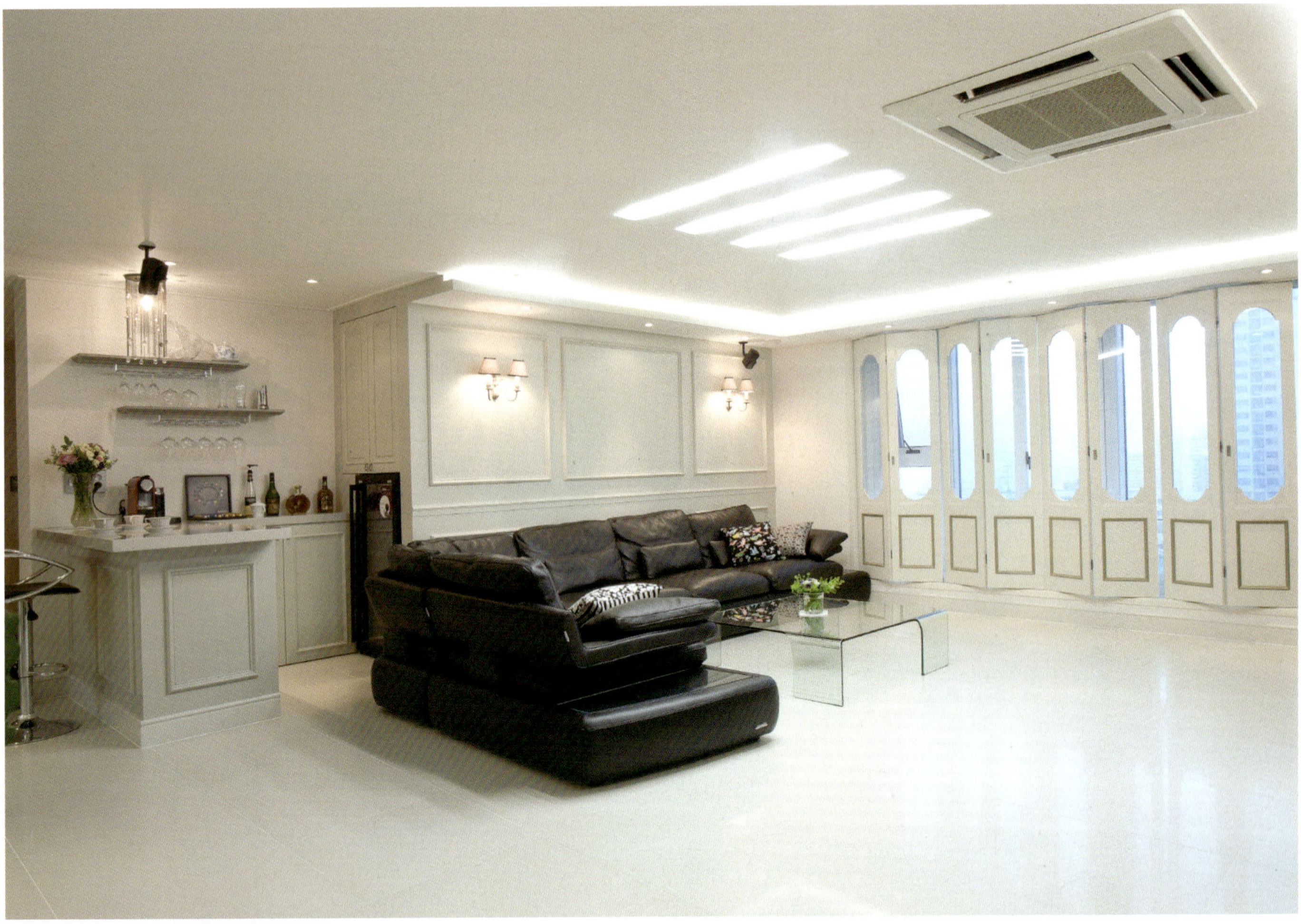

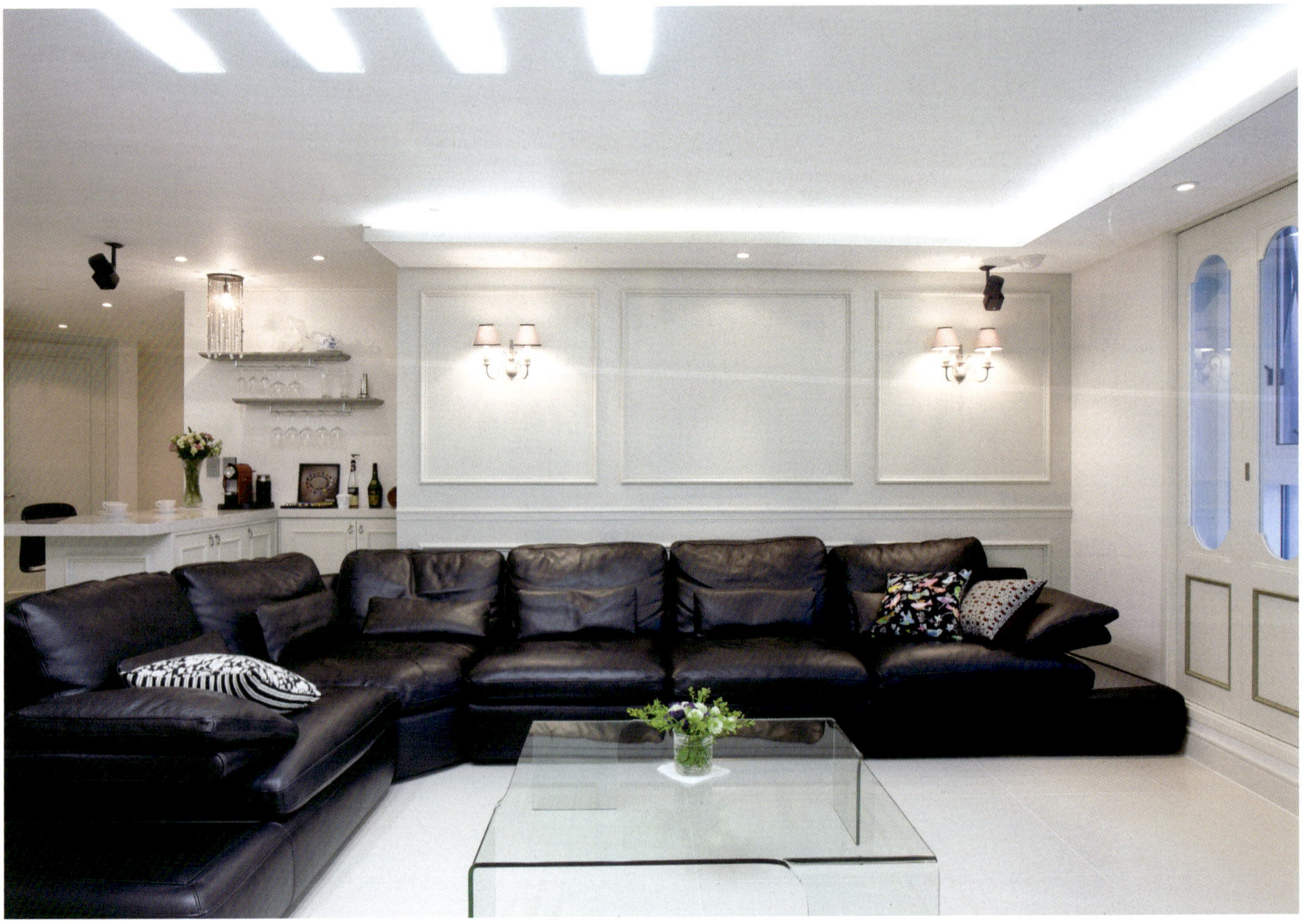

왼쪽 페이지

위 기존의 구조적인 단점을 장점으로 승화한 아이디어가 돋보인다. 기존의 거실 벽면 한쪽은 길쭉하게 뻗은 벽체로만 되어 있어 그 뒤 공간이 쓸모가 없었다. 그 벽체를 허물어 버려져 있던 공간을 거실과 연결한 후 미니 홈바를 조성했다. 홈바가 있어 거실이 더욱 감각적으로 느껴진다.
아래 벽면을 장식적으로 디자인했기 때문에 천장은 화이트컬러 도장으로 단순하게 마감했다. 조명 역시 간접조명과 매립등으로 심플하게 시공했으며 로맨틱한 디자인의 벽등으로 포인트를 주었다. 블랙컬러의 푹신한 소파는 공간에 무게감을 더해주고 유리 테이블은 무거움을 덜어준다. 강약의 묘미를 살린 배치가 감각적이다.

오른쪽 페이지

기존의 버려진 공간을 활용해 만든 미니 홈바. 차나 와인, 위스키 등을 즐길 수 있도록 간소하게 꾸몄다. 전체적으로 차분한 클래식 스타일을 유지하고 있기 때문에 자칫 심심할 수 있어 독특한 디자인의 조명으로 포인트를 주었다. 주인과 손님이 마주 앉을 수 있는 구조여서 부담 없이 대화를 나누기 좋다.

다이닝룸에서도 벽을 웨인스코팅 몰딩으로 장식해 우아한 이미지를 가미했다. 또 밝고 부드러운 아이보리컬러로 마감해 기존의 대리석 테이블과 자연스럽게 어우러지도록 했다. 여기에 현대적인 디자인의 펜던트 조명을 매치해 네오클래식한 분위기를 강조했다.

각 공간의 특성을 살린 디자인 리빙 존에서는 우선 기존의 답답한 느낌을 주던 벽들을 철거했다. 거실은 베란다를 확장해 더 넓은 공간을 확보하고 넉넉하고 편안한 응접실로 꾸몄다. 패브릭 사업을 하다 보니 손님이 방문하는 경우가 많았기 때문이다. 또 기존의 쓸모없는 벽을 허문 자리에는 미니 홈바를 만들고 간단하게 와인이나 다과를 즐길 수 있도록 했다. 주방과 다이닝룸은 기존의 벽과 중문을 철거해 거실과 이어지도록 했다. 기존에는 거실과 주방, 다이닝룸이 문을 사이에 두고 완전히 분리되어 있었다. 주방이 거의 ㅁ자에 가까운 구조라 주방과 다이닝룸이 복잡하고 좁은 느낌이 들었다. 이를 해결하기 위해 거실을 향해 열린 구조로 만든 것이다. 주방의 구조도 변경했다. 기존의 ㅁ자형에 가까운 구조를 덜어내 ㄱ자형으로 만들고 부족한 조리 공간은 아일랜드 식탁을 놓아 보완했다. 한편, 주방 옆에 있던 기존의 방은 응접실 겸 게스트룸으로 꾸몄다. 패브릭으로 만든 옷이나 소품을 촬영하는 공간으로도 이용할 수 있도록 바닥은 타일로 시공하고 붙박이장은 아트월로 보이도록 디자인했다.

부부만을 위한 공간인 마스터 존에는 또 하나의 중문을 설치해 완벽하게 프라이버시를 보장받을 수 있도록 했다. 중문 안쪽에는 바로 드레스룸과 파우더룸이 있고 왼쪽에는 침실이, 오른쪽에는 욕실과 서재가 있다. 부부 침실에는 가벽을 세워 그 안쪽으로 또 하나의 드레스룸을 만들었다. 또 베란다는 실내와 연결된 창을 철거하고 부부가 함께 차를 마실 수 있는 공간으로 꾸몄다. 욕실은 기존에 샤워부스가 없었기 때문에 욕조의 디자인과 위치를 변경하고 한쪽에는 샤워부스를 설치해 더 편리하게 이용할 수 있도록 했다. 남편이 주로 사용하는 서재는 베란다를 터 넓히고 기존의 문을 철거하고 게이트를 설치해 공간을 분리했다.

엔트런스 존에서는 현관은 좁고 복도는 긴 기존의 구조를 개선해 복도를 줄이고 현관을 확장했다. 이렇게 하니 현관은 한결 시원해 보였지만 ㄱ자형 구조여서 입구에서 들어서는 순간 수납장과 마주하게 되었다. 집의 첫인상을 결정짓는 것이 수납장이었던 것. 그래서 수납장 자체가 이미지월이 되도록 디자인했다. 작업실은 현관에서 바로 이어지도록 했다. 보통은 실내에 작업실을 만들기 마련이지만 디자이너는 집주인이 더 독립적인 작업 공간을 가질 수 있도록 현관 쪽에 만들어주었다. 중문을 닫으면 작업실은 그 누구의 방해도 받지 않고 온전히 작업에 몰두할 수 있는 공간이 된다.

왼쪽 페이지

1, 2 주방과 다이닝룸은 주부가 부엌일을 하면서도 가족들과 소통할 수 있도록 구조를 변경했다. 기존에는 주방가구 때문에 주방과 다이닝룸이 분리되어 있었는데 현재는 두 공간 사이를 가로막던 주방가구를 걷어내고 서로 통하도록 디자인했다. 또 아일랜드 조리대를 설치해 부족한 조리 공간을 확보했다. 대신 주방이 그대로 노출되기 때문에 주방가구는 전체 디자인과 조화를 이루는 디자인으로 선택하고 벽은 민트컬러의 타일로 마감해 경쾌한 이미지를 연출했다.
3 정면에 보이는 문을 지나면 보조 주방이 나온다. 재료를 다듬거나 음식 냄새가 나는 요리를 할 때는 이곳을 이용한다. 보조 주방의 문도 전체적인 분위기에 맞게 디자인했다.

오른쪽 페이지

1 다이닝룸의 벽 일부분에는 페치카를 설치하고 그 위는 선반을 달아 소품을 장식했다. 페치카에도 몰딩 장식을 해 벽과 자연스럽게 어우러지도록 했다. 밝은 아이보리컬러 벽에 산뜻한 블루컬러 소품을 매치하니 지중해풍 분위기가 난다.
2 천편 중문 옆에는 손님늘 위한 화장대 겸 개수대를 마련했다. 맞은편에 홈바가 있기 때문에 손님들이 욕실에 들어가지 않고도 실내에서 간단하게 손을 씻을 수 있도록 배려했다.
3 오픈 공간이기 때문에 더욱 디자인에 신경을 썼다. 베이지와 브라운 계열의 컬러가 섞인 모자이크 타일로 포인트를 주고 자연스러운 질감이 느껴지는 도기 수전과 클래식한 프레임의 거울, 은은한 빛을 뿜는 벽등을 매치해 로맨틱하면서도 럭셔리한 공간을 탄생시켰다.

로맨틱한 분위기가 흐르는 부부 침실. 벽에 섬세한 몰딩 장식을 더해 우아하고 단정하게 연출했다. 프레임 안을 민트컬러로 시공하고 벽등으로 포인트를 주어 더욱 개성 있는 벽으로 완성했다. 기존 베란다에는 테이블과 의자를 놓아 부부가 함께 차를 마실 수 있도록 했다. 이곳은 바닥에 타일을 시공해 공간이 분리되어 보이도록 했다.

우아하면서도 정연한 스타일, 네오클래식 이렇게 공간을 완성한 후 집주인의 취향에 맞는 스타일링이 필요했다. 디자이너가 선택한 스타일은 네오클래식. 집주인이 컬러풀하고 화려한 클래식을 선호했는데, 디자이너는 클래식한 취향을 반영하면서도 세련된 감성으로 접근할 수 있는 네오클래식으로 집을 단장했다. 네오클래식은 로코코나 바로크의 화려함 대신에 고대의 단순함을 추구하는 스타일. 클래식이지만 더욱 단아하고 정연한 느낌이 든다. 집을 세 개의 존으로 나누었기 때문에 전체적으로 조화를 이루려면 컬러감을 통일하고 클래식한 느낌을 자연스럽게 가미하는 것이 중요했다. 컬러는 화이트와 아이보리, 베이지, 민트 등 공간마다 조금씩 다르지만, 채도는 같게 해 전체적으로 통일감을 깃도록 했다. 또한, 벽이나 가구 등에는 섬세한 몰딩 장식을 더해 클래식한 분위기가 은은하게 흐르도록 했다. 집주인이 가지고 있던 가구들도 과하게 앤티크한 스타일이 아니었기 때문에 잘 어울렸다. 덕분에 고상하면서도 시크한 클래식 공간이 완성되었고, 나름의 개성을 지닌 각각의 공간이 네오클래식이라는 하나의 콘셉트 아래 자연스럽게 어우러졌다.

before

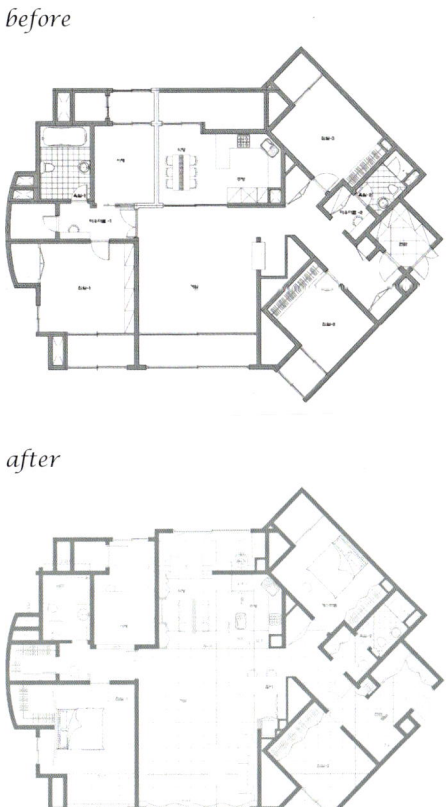

after

왼쪽 페이지

위 중문 안쪽에 부부 침실과 파우더룸이 보인다. 부부 침실은 두 개의 문 안쪽에 자리하고 있어 더욱 프라이빗하며, 파우더룸은 욕실과 드레스룸을 바로 곁에 두고 있어 활용도가 높다.
아래 부부만을 위한 공간으로 들어서는 입구에는 중문을 설치했다. 손님이 방문하는 일이 잦기 때문에 완전히 독립된 공간으로 만들어 프라이버시를 보장받을 수 있도록 했다.

오른쪽 페이지

1 남편을 위한 공간인 서재. 밝은 톤으로 마감하고 직선 라인의 가구들을 배치해 화사하면서도 은근하게 남성적인 분위기가 우러나도록 했다. 책상과 책장은 공간에 맞춰 디자인해 제작한 것들이다.
2 욕실은 모던하게 단장하고 클래식한 펜던트 조명으로 포인트를 주었다. 벽과 욕조 바닥 등을 같은 톤의 타일로 마감해 넓고 시원해 보이도록 했다. 거울과 세면대 역시 심플한 디자인을 선택해 깔끔한 느낌을 강조했다.
3 현관이 ㄱ자형 구조라 입구에서 들어서면 가장 먼저 수납장이 눈에 띈다. 집의 첫인상을 결정하는 만큼 섬세한 몰딩 장식이 돋보이는 문을 달아 그 자체로 이미지월이 되도록 했다. 일반 벽처럼 보이지만 터치 도어어서 몰딩을 누르면 문이 열린다. 오른쪽 수납장은 골드컬러의 몰딩으로 장식한 문을 달아 살짝 변화를 주었다. 실내와 현관 사이에는 카키컬러의 중문을 달아 공간을 구분하면서 하나의 디자인 요소가 되도록 했다.

경기도 성남시
분당구 정자동 파크뷰

63평 208m²

디자인 한성아이디

세미클래식한 분위기가 한껏 무르익은 거실. 배경을 단순하게 마감해 집주인이 소유한 클래식한 스타일의 가구들이 돋보이도록 했다. 아기자기한 소품들을 조화롭게 배치한 것에서 집주인의 세련된 감각을 엿볼 수 있다.

Semiclassic

살림의 즐거움을
담아낸 리노베이션

요리를 좋아하는 그녀를 배려한 주방과 현관 디자인 디자인이 감각적인 집은 살림의 즐거움을 배가시킨다. 예쁜 주방에서는 요리가 재밌고 세련된 거실에서는 가구나 소품을 매치하는 것이 흐뭇하다. 이 집의 집주인은 그런 살림의 즐거움을 아는 여자다. 그녀는 늘 남편을 내조하는 것이 행복하고 자식들 바라지하는 것이 설렌단다. 그래서 집을 고칠 때 그녀의 바람은 살림의 소소한 재미를 일깨워주는 집이었으면 한다는 것이었다. 나름의 안목으로 선택한 가구들이 돋보이는 마감, 군더더기 없지만 차갑지 않은 디자인으로 가족의 단란한 일상이 펼쳐지는 공간을 만들고 싶었다.

디자이너는 그녀의 바람을 이뤄주기 위해 무엇보다 주방에 신경을 썼다. 우선 기존의 ㄱ자형 주방의 구조를 ㄷ자형으로 바꿔 보다 효율적인 동선을 확보했다. 다이닝룸을 향해 하나의 조리대를 더 두고 그 위에 개수대를 설치해 설거지하면서도 가족과 마주 보며 대화를 나눌 수 있도록 했다. 기존의 보조 주방은 조리 공간을 줄여 여유 공간을 확보하고 냉장고 등 가전제품을 깔끔하게 수납했다. 디자이너는 요리하기 좋아하는 집주인을 위해 사수한 것 하나도 놓치지 않고 배려했다. 기존에 둘로 나누어져 있던 현관을 길게 터서 시원한 느낌이 들도록 한 대신 현관과 보조 주방 사이에 문을 만든 것. 집주인이 장을 보고 온 후 무거운 짐을 주방까지 가지고 가기란 여간 어려운 일이 아닐 터였다. 그래서 현관에서 바로 보조 주방으로 들어갈 수 있는 문을 만들어주었다. 대신 이 문은 다른 이들에게는 드러나지 않아야 하므로 슬라이딩도어를 설치하고 현관 벽과 같은 도장을 해 감쪽같이 숨겼다.

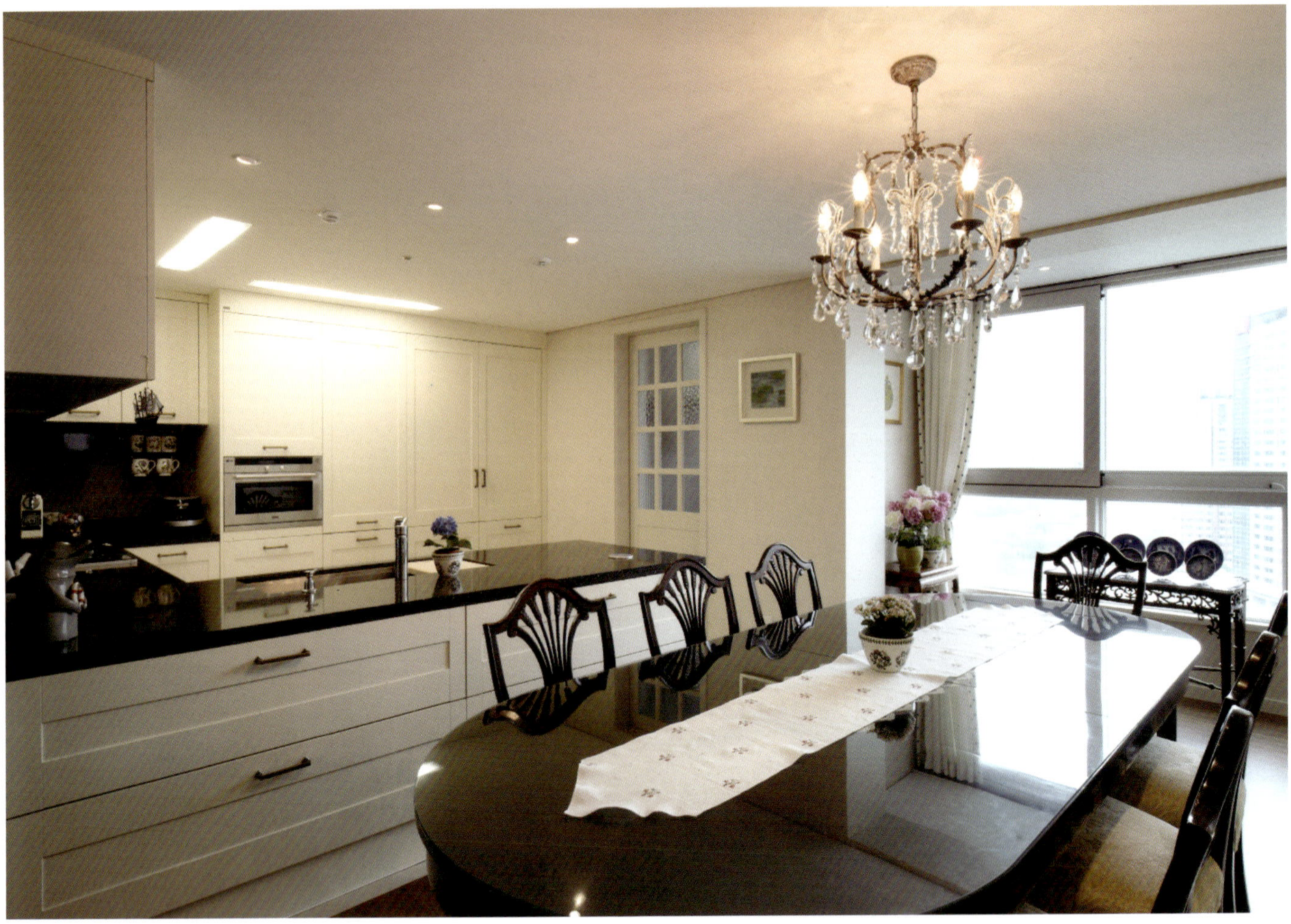

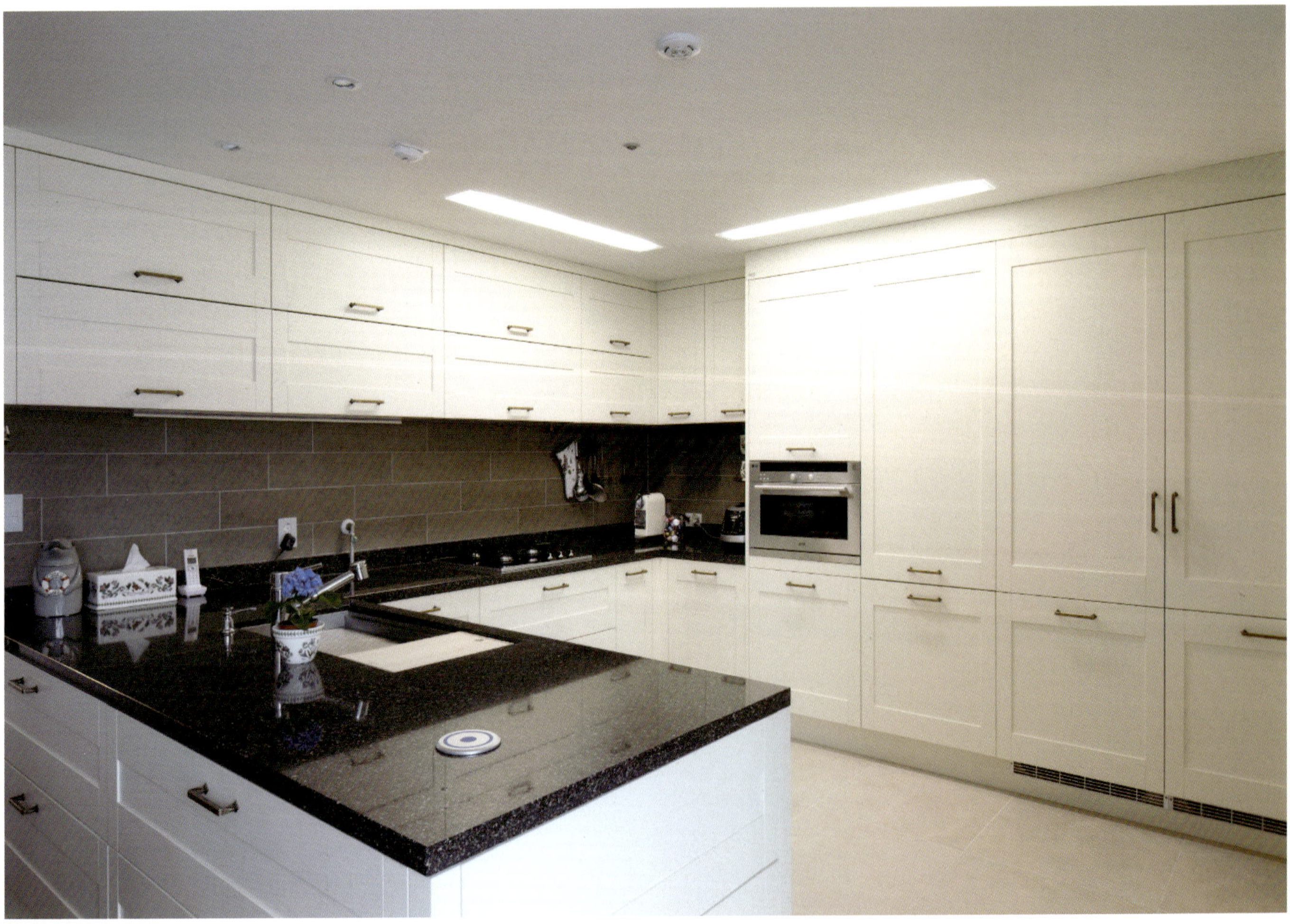

절제와 장식의 조화로 풀어낸 세미클래식 그녀가 살림의 즐거움을 느끼는 일은 요리뿐만이 아니었다. 자신의 취향이 깃든 가구와 소품이 서로 어우러지도록 데코레이션하는 것도 즐겼다. 그래서 새로운 공간에서는 자신이 모은 클래식한 스타일의 가구들이 자연스럽게 돋보이기를 원했다. 디자이너는 가구가 공간의 주인공이 되게 하려고 공간마다 장식성을 배제하고 최대한 모던하게 연출했다. 마감을 심플하게 하는 대신 차갑지 않고 따뜻한 느낌이 감도는 마감재를 선택했다. 거실과 부부 침실, 자녀 방 등 천장은 화이트컬러로 도장하고 벽은 실크벽지로 마감했다. 바닥은 짙은 브라운컬러의 가구들과 자연스럽게 어울리도록 짙은 컬러의 원목 마루로 시공했다. 그렇게 해서 모던하면서도 온화한 느낌이 머무는 공간들을 완성했다. 여기에 집주인이 자신만의 감성을 발휘해 가구들을 배치하고 아기자기한 소품들을 더하니 세미클래식한 분위기가 한껏 살아났다. 한편, 디자이너는 주방가구와 붙박이장, 문 등에는 기존 가구와 연결되는 세미클래식한 이미지를 부여했다. 클래식한 몰딩 장식을 과하지 않게 가미하고 그에 어울리는 손잡이를 달아 장식 효과를 주었다. 덕분에 세미클래식 스타일이 공간에 자연스럽게 흐르게 되었다.

왼쪽 페이지

위 간결함과 화려함이 대비를 이루는 주방과 다이닝룸. 주방은 몰딩 장식이 있는 화이트 톤의 주방가구를 더해 세련되게 연출했고, 다이닝룸은 상들리에와 클래식한 가구로 더욱 화사한 분위기를 조성했다. 기존의 주방의 ㄱ자형 구조를 ㄷ자형으로 바꿔 조리 공간을 여유 있게 확보하고 주부가 설거지를 하면서도 가족들과 대화를 나눌 수 있도록 했다. **아래** 살림살이가 유난히 많은 집주인을 위해 수납 공간이 넉넉한 주방을 완성했다. 주방가구는 몰딩 장식을 더해 세미클래식한 느낌이 나도록 했다. 요리를 많이 하는 공간인 만큼 실용성을 추구하기 위해 바닥은 타일로 시공했다.

오른쪽 페이지

위 거실 창가에는 클래식한 디자인의 패브릭 소파를 나란히 놓아 우아한 감성이 묻어나도록 연출했다. **아래** 부부 침실의 드레스룸에 마련된 파우더 공간. 섬세한 몰딩 장식이 있는 수납장 겸 화장대를 설치했다. 공간마다 수납장 손잡이의 디테일이 조금씩 다른데, 이 수납장에는 더욱 클래식한 디자인을 달았다. 거울과 벽등도 스타일을 통일해 전체적으로 클래식한 감성이 묻어나도록 했다.

클래식한 감성이 묻어나는 다이닝룸. 주방가구와 붙박이 수납장에 몰딩 장식을 가미해 세미클래식한 분위기를 완성했다. 여기에 우아한 디자인의 테이블과 의자를 놓고 화려한 상들리에를 달아 공간을 리듬감 있게 연출했다. 디자이너는 수납 가구의 손잡이 하나도 기존 가구와 어우러지는 것으로 골랐다.

수납공간에 대한 갖가지 아이디어 집주인은 주변에서 '수납의 달인'이라는 칭찬을 들을 정도로 수납에도 타고난 감각을 지니고 있었다. 집 안의 갖가지 생활용품은 물론 네 식구의 옷과 가방, 신발, 물건들을 적재적소에 분류하고 배치하는 일을 척척 해냈다. 아기자기한 소품을 모으기 좋아하다 보니 소품을 세련되게 장식하려면 다른 물건들을 철저하게 감춰야 했다. 그런 그녀를 위해 디자이너는 수납공간을 넉넉하게 마련해주었다. 다이닝룸에는 벽면 가득 긴 수납장을 짜 넣었다. 주방가구와 연결되는 우아한 디자인의 수납장을 설치해 수납공간을 충분히 확보하면서도 다이닝룸을 한층 분위기 있게 연출했다. 부부 침실은 기존에 잘 활용하지 않던 홈바를 없애고 공간을 넓힌 후 한쪽 벽면 가득 붙박이장을 짜 넣었다. 별도의 드레스룸이 있지만, 부부가 물건이 많은 편이라 수납공간을 여유 있게 마련했다. 부부 욕실에는 하부장뿐만 아니라 키 큰 수납장을 따로 설치했다. 유난히 옷이 많은 대학생 딸 방에는 붙박이장만으로는 해결되지 않아 드레스룸을 만들고 정리가 되지 않아도 눈에 띄지 않도록 문을 달아주었다. 현관에는 간이 창고 공간을 만들고 창고 문은 문처럼 보이지 않도록 거울이 달린 슬라이딩도어를 설치했다. 이렇게 해서 집은 갖가지 생활용품이 드러나지 않는 아름다운 살림 공간이 됐다.

before

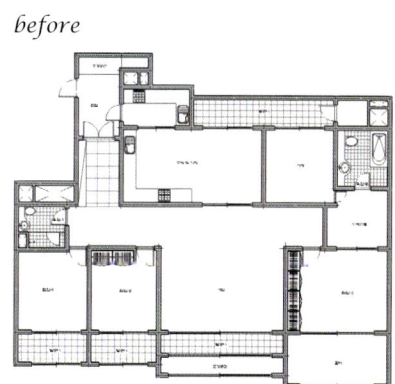

after

169

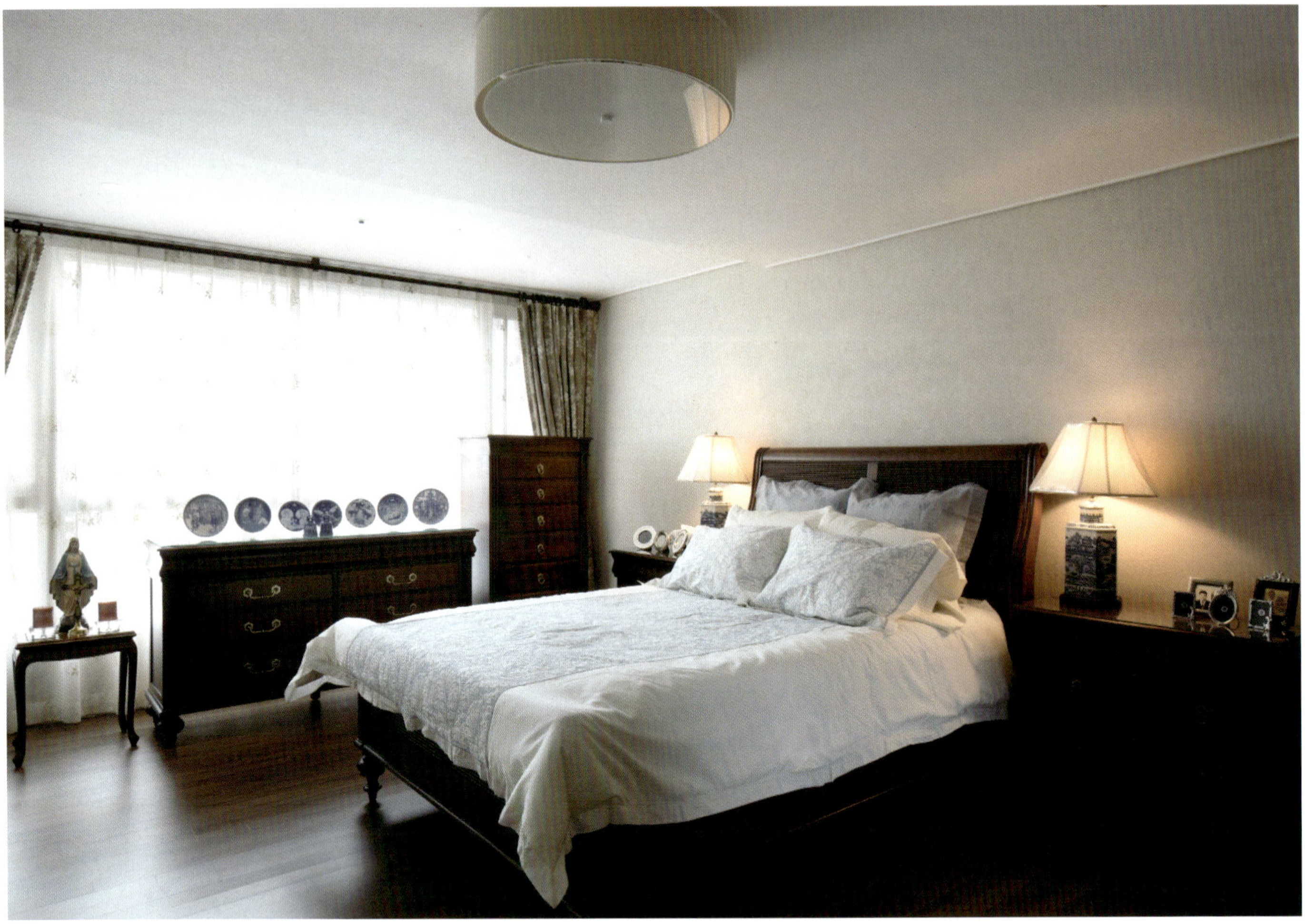

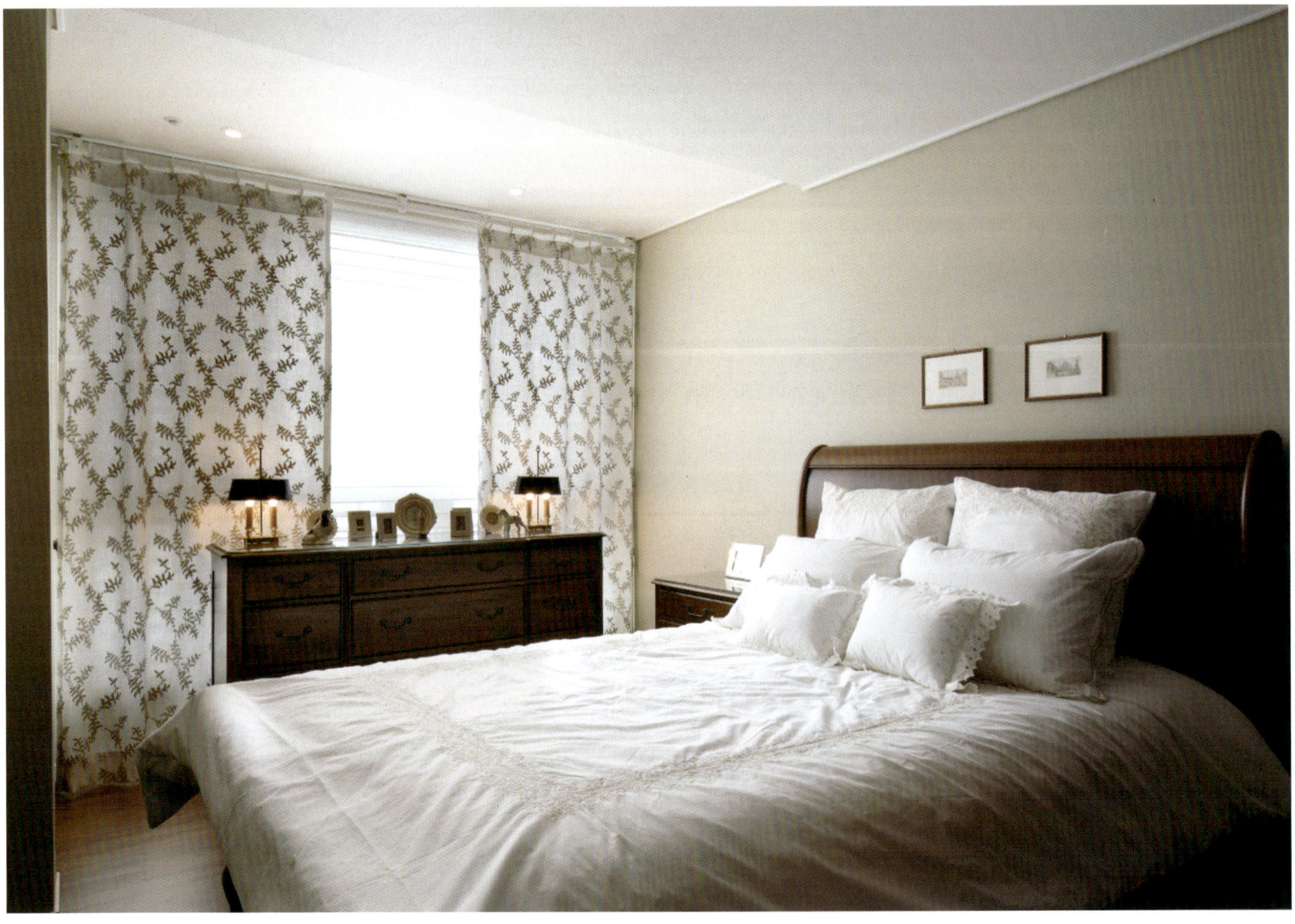

왼쪽 페이지

위 고전적인 디자인의 가구로 우아하게 연출한 부부 침실. 벽과 천장은 밝은 톤으로 깔끔하게 마감하고 바닥에는 짙은 월넛 컬러의 마루를 깔았다. 가구들과 비슷한 색감으로 마루를 시공했기 때문에 가구들이 튀지 않고 공간에 잘 어우러진다. 침대 맞은편에는 벽면 가득 붙박이장을 짜 넣었다. 클래식한 몰딩으로 장식된 아이보리컬러의 붙박이장을 설치해 다른 가구들을 돋보이게 하면서 조화를 이루도록 했다.

아래 대학생 딸 방은 클래식하면서도 젊은 감각이 돋보이도록 디자인했다. 패턴이 인상적인 커튼과 밝은 카키컬러의 벽지 등을 활용해 짙은 컬러의 가구가 자연스럽게 묻히도록 했다. 침대 위 벽에는 작은 액자를 걸어 경쾌한 느낌을 더했다.

오른쪽 페이지

위 세미클래식한 분위기로 연출한 부부 욕실. 자연스러운 질감이 느껴지는 밝은 톤의 타일로 깨끗하게 마감하고 거울과 수납장 등을 클래식한 디테일이 살아 있는 것으로 선택해 세련되게 연출했다. 샤워부스만 습식으로 만들고 나머지는 건식으로 사용할 수 있게 했다. 건식 공간에는 키 큰 수납장을 설치했다.

아래 한층 간결하고 깨끗한 분위기로 조성한 가족 욕실. 밝은 그레이 톤 타일로 마감해 깔끔한 분위기를 조성하고 거울과 수납장 등도 한층 단순한 디자인으로 선택해 정갈하게 연출했다.

171

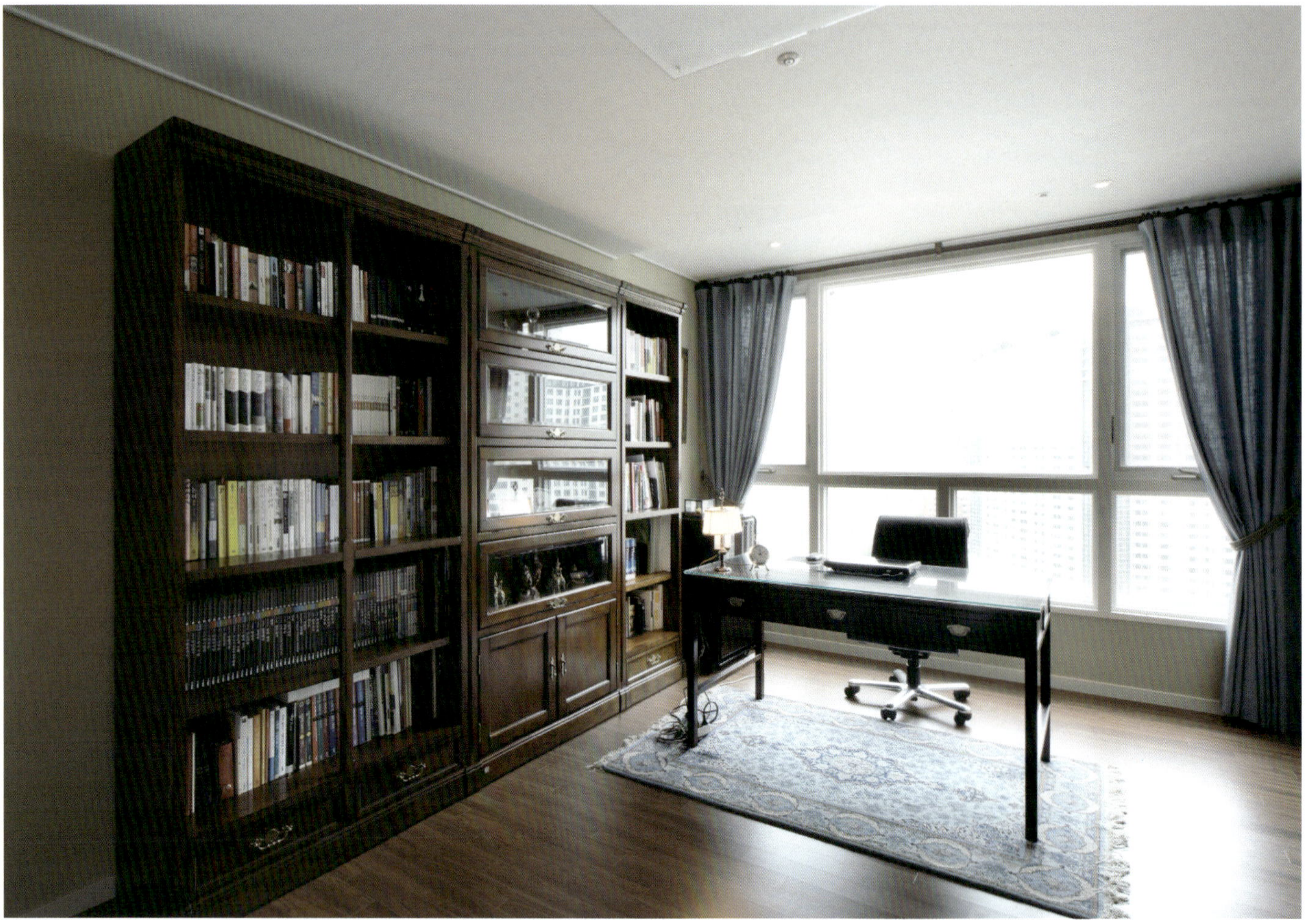

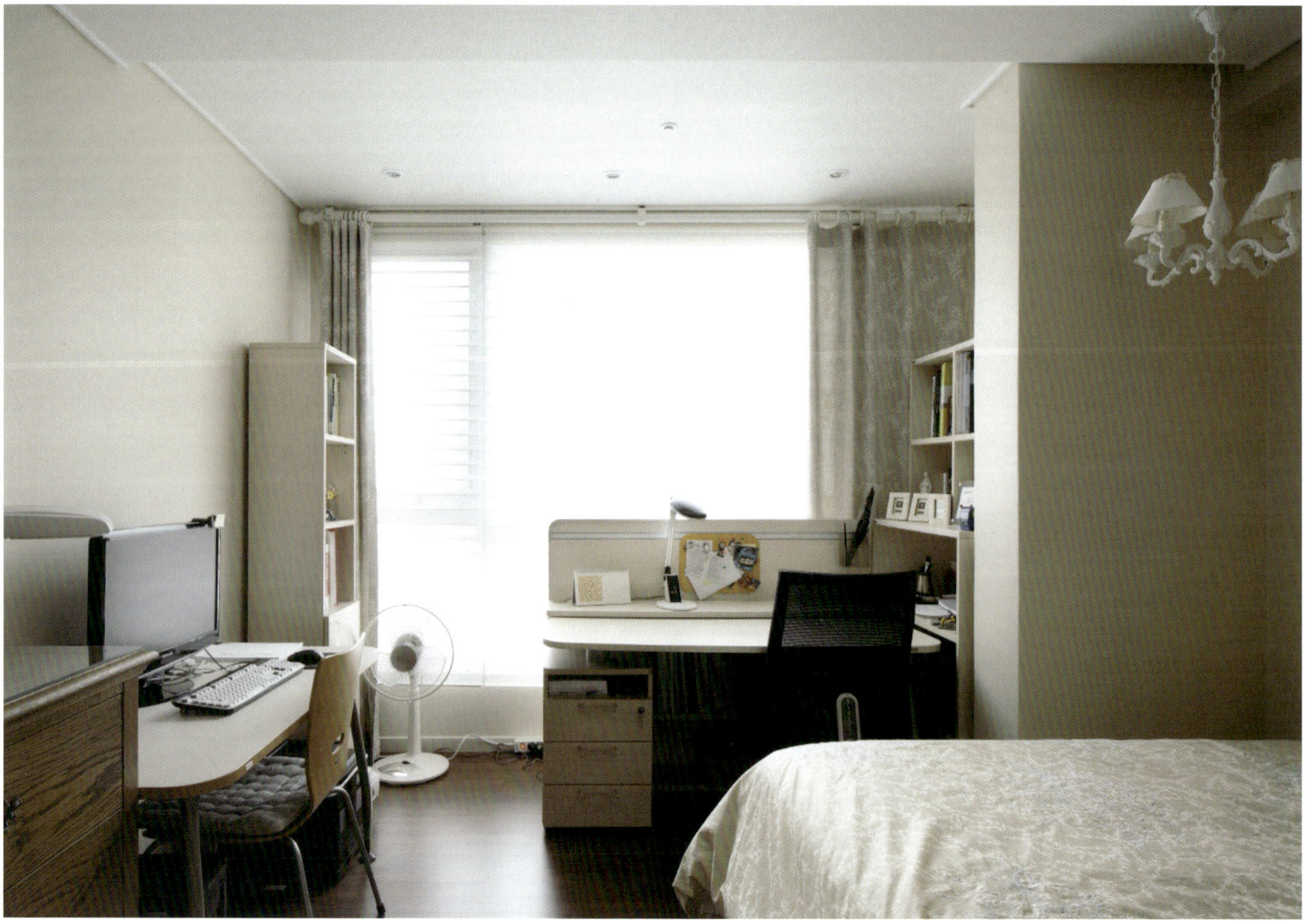

왼쪽 페이지

위 채광이 좋은 서재. 기존의 가구를 활용해 고전적인 분위기로 연출했다. 한쪽 벽면 가득 짙은 월넛 컬러의 책장이 있음에도 큰 창이 나 있고 공간에도 여유가 있어 전혀 답답한 느낌이 들지 않는다.
아래 학습 분위기 조성에 초점을 맞춘 고등학생 아들의 방. 아들은 외국에 나가 있는 경우가 많아 평소에는 대학생 딸이 주로 사용한다. 책상과 컴퓨터 등을 배치해 학습 공간으로 활용할 수 있게 했다.

오른쪽 페이지

위 긴 수납장 자체가 하나의 장식 요소가 되고 있는 현관. 기존의 둘로 나누어져 있던 공간을 하나로 이어 길고 시원하게 디자인했다. 한쪽은 수납장의 키를 낮추고 거울과 접시 등으로 장식해 현관이 길지만 지루한 느낌이 들지 않도록 했다. 거울로 된 슬라이딩도어 안쪽에는 간이 창고가 있다. 거울을 활용해 더욱 시원해 보이는 효과를 주었다.
아래 감성적인 디자인이 돋보이는 카키컬러의 현관 중문은 공간을 생기롭게 해주는 디자인 포인트이다. 벽에 걸린 그림도 밋밋한 벽을 개성 있게 연출한다.

서울시 양천구
목동13단지

55평 181m²

디자인 우효진/
위드디자인

우아한 분위기가 감도는 거실. 섬세한 장식이 돋보
이는 몰딩, 화려한 크리스털 조명으로 클래식한 감
성을 더했다. 소파 역시 클래식한 디자인이지만 밝
은 톤이라 무겁지 않고 아늑한 느낌이 든다.

Romantic classic

대화가 무르익는
소통의 공간

다다익선 소통 공간 사춘기 아이들을 둔 엄마는 아이들이 방에 콕 박혀 공부만 하기를 바라지 않았다. 그보다는 함께 대화를 나누고 소통하는 시간을 충분히 갖기를 원했다. 중학교와 고등학교에 다니는 아들 둘을 키우고 있는 엄마. 그녀는 집이 아이들을 포근하고 따사롭게 품어주는 공간이 되기를 바랐다. 리노베이션을 앞두고 그녀의 요구는 단순명료했다. 대화를 나눌 수 있는 공간과 넉넉한 수납공간이 있었으면 좋겠다는 것, 그리고 클래식하면서도 아늑한 분위기가 우러났으면 한다는 것이었다.

디자이너에게 주어진 첫 번째 과제는 지은 지 20년이 넘는 옛날식 구조의 낡고 허름한 아파트를 가족이 단란하게 머물며 소통할 수 있는 공간으로 만드는 것이었다. 그러기 위해서는 먼저 거실에 '가족이 모여 생활하는 공간'이라는 본연의 역할을 다시금 부여할 필요가 있었다. 거실을 서재로 꾸미고 가족이 함께 모여 책도 읽고 이야기도 나누는 일상적인 공간이 되도록 서재처럼 꾸몄다. 한쪽 벽면에는 TV 대신 책장을 들여놓고, 그 앞에는 각기 크기가 다른 소파를 정면은 물론 좌우까지 놓아 가족들이 앉으면 자연스럽게 모여드는 분위기가 되도록 했다. 한편, 거실에서 TV나 오디오를 즐기지 않는 대신 AV룸을 따로 마련했다. 아이들이 공부하는 시간에도 아이들을 방해하지 않고 부부가 영화나 음악을 즐길 수 있도록 했다.

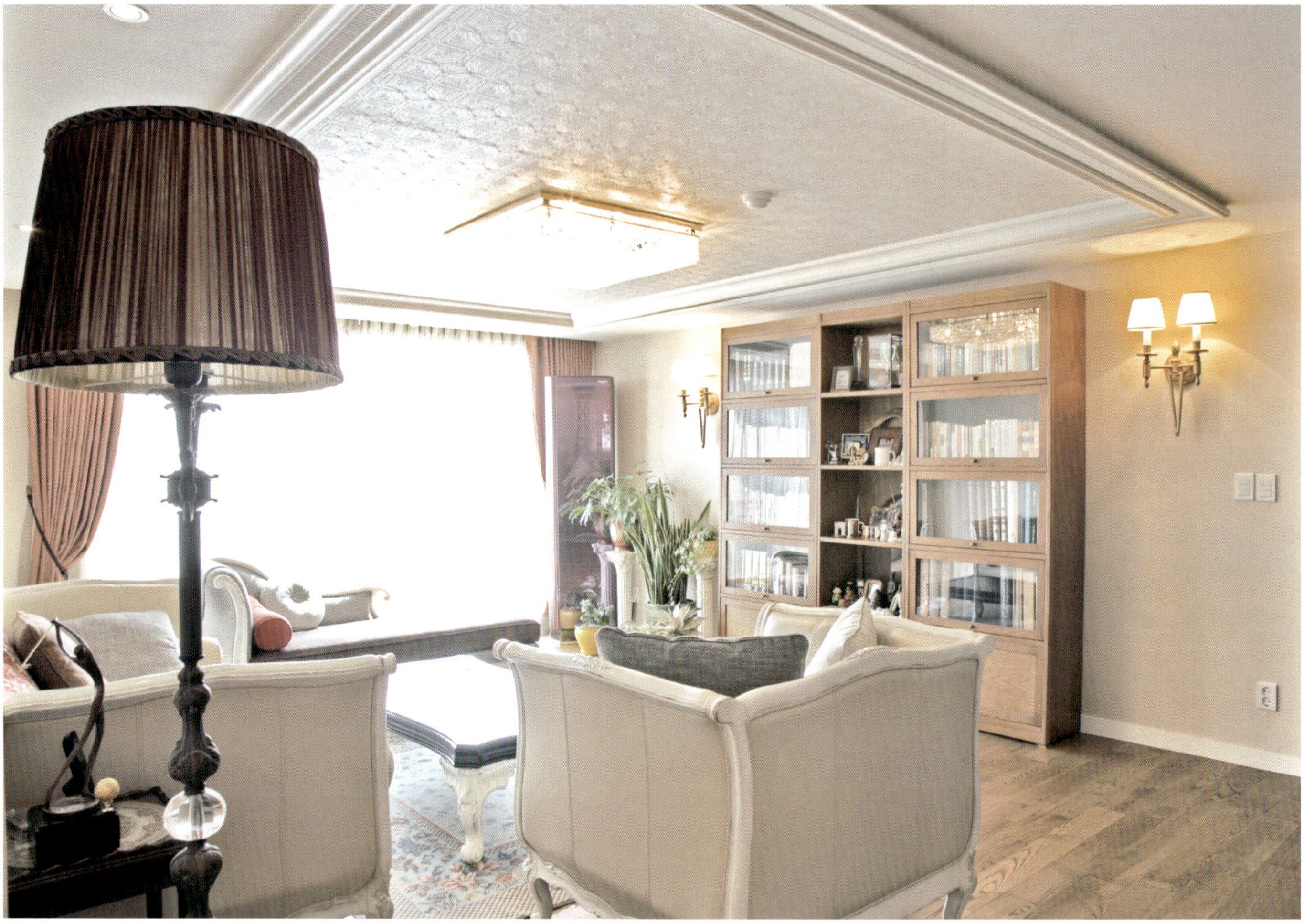

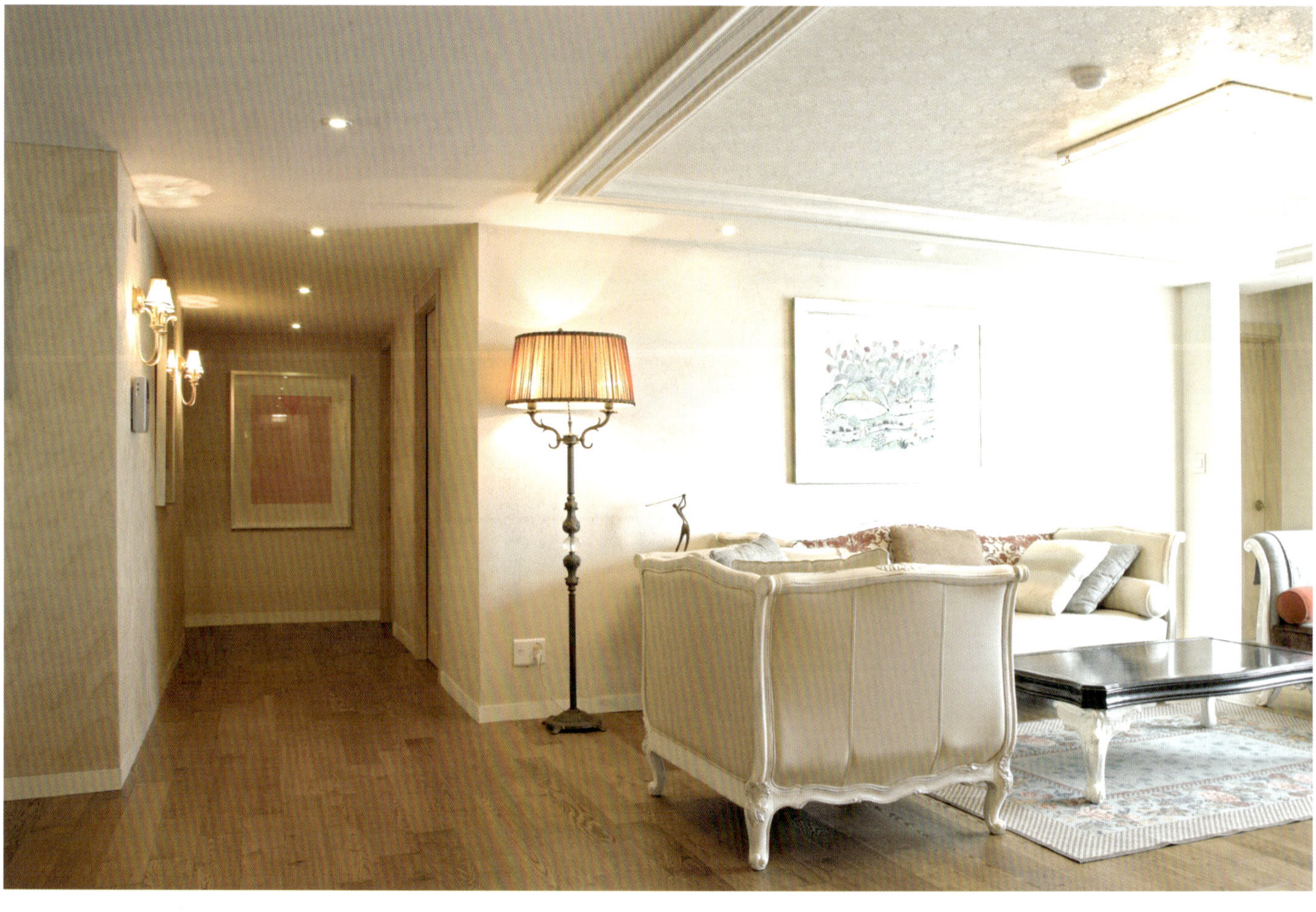

왼쪽 페이지

위 거실 한쪽 면에 책장을 놓아 서재로도 사용할 수 있게 했다. 일반적으로 거실에 책장을 놓으면 자칫 산만해질 수 있다. 유리 도어가 달린 내추럴한 디자인을 선택하고 양옆에 은근한 빛을 뿜는 벽등을 달아 산만해 보이지 않고 아늑한 느낌이 들도록 했다.

아래 현관에서 바라본 거실 전경. 거실은 클래식한 분위기가 가득하므로 복도는 그보다 단순하게 처리해 공간에 리듬감을 부여했다.

오른쪽 페이지

1 현관과 마주하는 정면에는 그림을 걸어 이미지월처럼 보이도록 했다. 다소 큰 그림을 선택한 것이 포인트. 왼쪽 벽에도 그림이 걸려 있는데 양쪽에 벽등을 달아 우아한 분위기를 연출했다.

2 문 하나를 사이로 다이닝룸과 주방이 나누어져 있다. 다이닝룸의 바닥에는 원목 마루를 깔고 주방 바닥에는 타일을 시공했다. 문이 있기 때문에 바깥에서 주방이 훤히 들여다보이지 않고 부엌살림도 그대로 드러나지 않는다.

3 주방은 가족의 일상적인 소통 공간이다. 기존의 주방을 넓혀 공간을 확보하고 아일랜드 식탁을 설치했다. 덕분에 주방은 간단한 식사를 즐기거나 잠깐씩 대화를 나누기 좋은 공간이 되었다. 여러 가지 스타일의 수납장을 충분히 짜 넣어 수납의 효율을 높인 것이 포인트이다.

고급스러우면서도 아늑한 느낌이 감도는 다이닝룸.
짙은 나무색 테이블과 의자, 앤티크 장식장 등이 고
전적인 분위기를 풍기는 가운데 갤러리 창과 화사한
조명이 아늑한 느낌을 더해준다.

주방 역시 가족이 함께 머무는 공간이 되도록 디자인했다. 기존에는 베란다와 다용도실 등이 차지하는 면적이 있어 주방이 좁고 답답했다. 그래서 베란다와 다용도실을 없애고 주방을 최대한 확장하여 공간을 확보했다. 여기에 넉넉한 크기의 아일랜드 식탁을 놓아 수납공간을 확보하는 한편, 엄마가 요리하는 동안에도 아이들과 잠깐씩 이야기를 나눌 수 있도록 했다. 또한, 넓은 창을 내 따사로운 햇살을 들임으로써 더욱 대화가 무르익도록 했다.

옛날 아파트라 평수에 비해 현관이 좁다. 벽은 은은한 질감이 느껴지는 타일로 마감하고 문과 신발장은 컬러와 패턴을 비슷한 톤으로 처리했다. 이러한 요소들이 자연스럽게 어우러져 보다 넓어 보인다.

클래식한 감성이 그대로 느껴지는 부부 침실. 금빛
실크벽지와 은은한 빛을 퍼뜨리는 조명, 앤티크한
침대와 장식장, 테이블과 의자 등이 어우러져 우아
하면서도 로맨틱한 분위기를 조성한다.

아늑함을 품은 클래식 두 번째 과제는 집주인의 취향대로 클래식을 표현하면서도 가족들이 함께 있기 좋도록 아늑한 분위기를 놓치지 않는 것. 디자이너는 여러 가지 요소를 활용하기보다 몰딩과 조명으로 포인트만 주기로 했다. 이미 가구에 클래식한 느낌이 충분히 깃들어 있었기 때문에 공간에서는 다소 힘을 뺄 필요가 있었다. 거실과 다이닝룸만 천장에 몰딩 장식을 넣고 화려한 조명을 달았다. 우아함 기품을 지니면서도 과하지 않도록 디자인했기 때문에 두 공간은 부담스럽지 않고 편안한 공간이 되었다. 한편, 부부 침실에는 집주인의 취향을 온전히 불어넣었다. 금빛 패턴이 있는 실크벽지에 로맨틱한 조명을 더해 한껏 클래식한 분위기를 고조시켰다. 덕분에 집주인이 소유하고 있던 앤티그 침대와 장식장, 테이블과 의자가 공간과 한데 어우러진다. 욕실에도 클래식한 디자인을 가미해 다른 공간들과 통일성을 갖도록 했다. 디자이너는 몇몇의 공간은 우아한 느낌을 강조하는 대신 나머지 복도와 AV룸, 아이들 방 등은 다소 단순하게 처리했다. 공간마다 강약의 리듬감을 부여해야 전체적으로 클래식한 스타일이 빛날 수 있기 때문이다. 그렇게 집은 기품을 지니면서도 편안함이 공존하는 공간이 되었다.

before

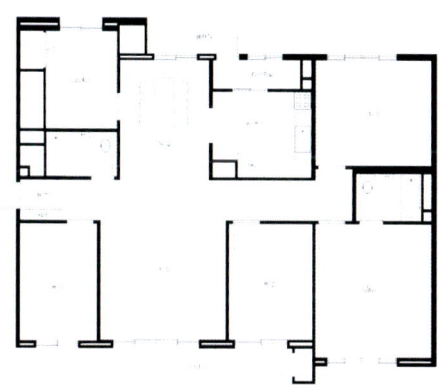

after

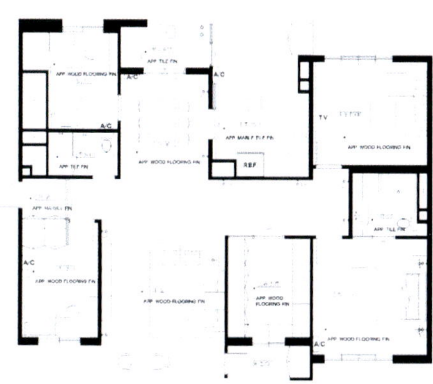

181

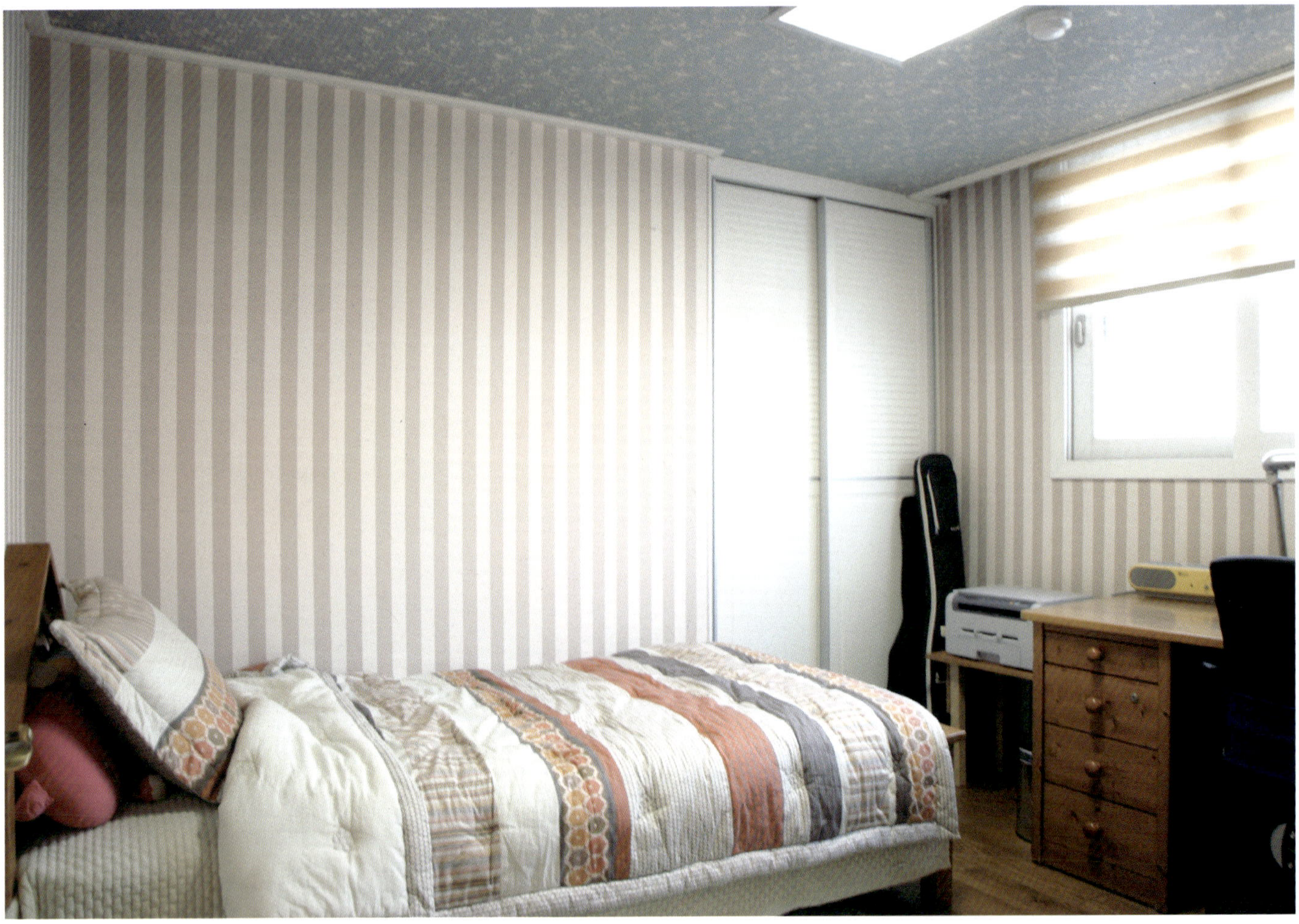

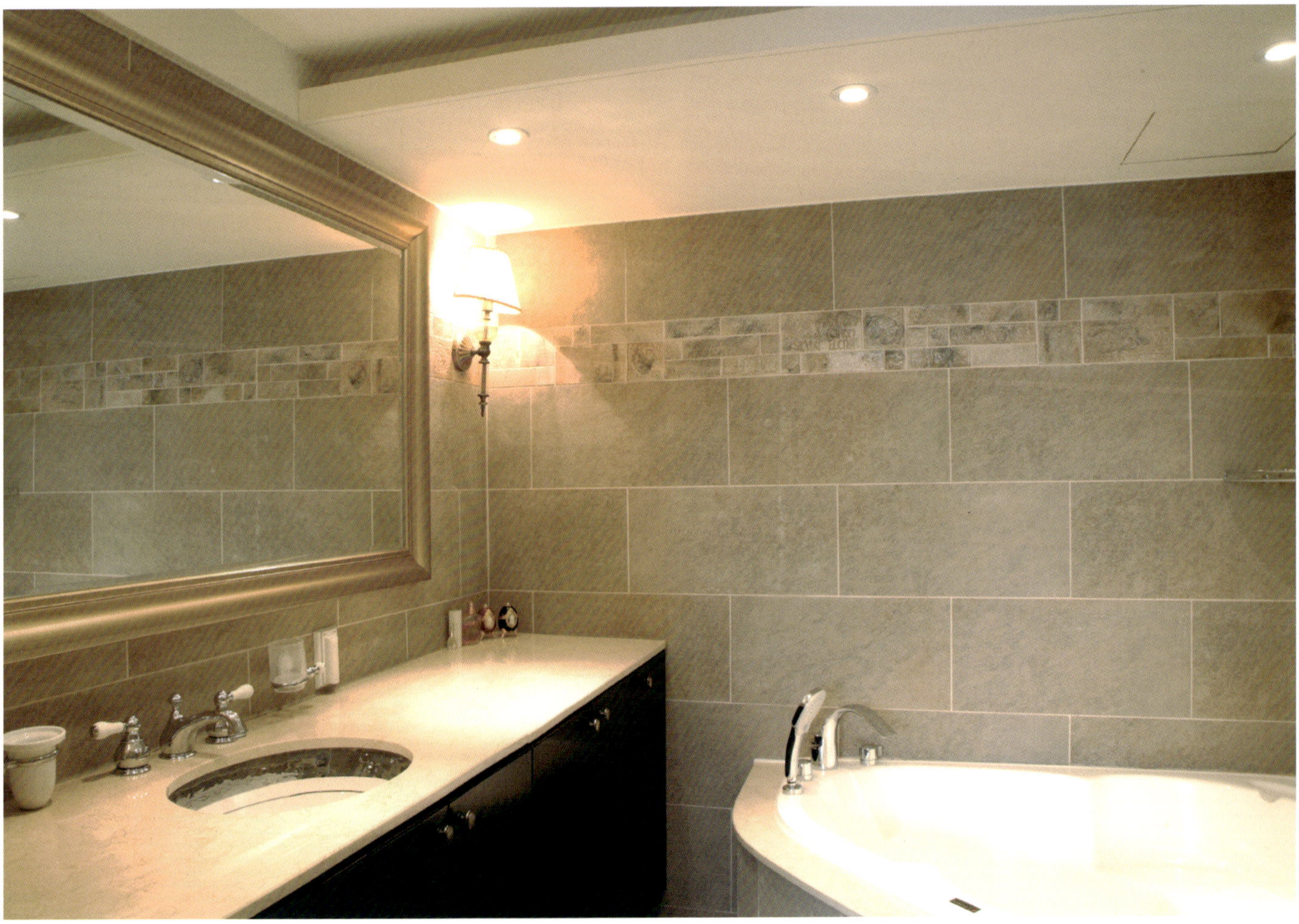

왼쪽 페이지

위 단정하면서도 밝은 느낌이 드는 아들 방. 천장과 벽에 패턴이 있는 벽지를 사용해 경쾌하게 연출했다. 한쪽에는 붙박이장을 설치해 수납을 효율적으로 할 수 있도록 했다.

아래 중후하면서 고급스러운 느낌이 묻어나는 부부 욕실. 수납장은 가로로 길게 제작해 욕실을 더욱 깔끔하게 사용할 수 있게 했으며, 월풀 욕조를 설치해 충분한 휴식을 즐길 수 있도록 했다.

오른쪽 페이지

위 AV룸에는 기존의 거실에 있던 TV와 오디오, 홈시어터를 배치하고 푹신한 소파를 놓았다. 아이들이 공부하는 시간에도 부부가 오붓하게 TV를 보거나 음악을 감상할 수 있다.

아래 클래식한 디자인을 가미해 포인트를 준 가족 욕실. 벽과 천장, 바닥을 자연스러운 느낌이 드는 소재로 깔끔하게 마감하고 금빛 수전과 프레임이 고전적인 거울 등 클래식한 디자인 요소를 더했다. 샤워부스 안에 수전을 설치한 구조가 독특하다.

경기도 성남시
분당구 구미동 GS아파트

49평 161m^2

디자인 은성블루아이디

사진 여태석/
은성블루아이디

아늑한 분위기가 감도는 거실. 메인 컬러를 화이트로 선택했지만 베란다 중문과 천장 등에 소소한 디테일이 살아 있어 차갑지 않고 따뜻한 느낌이 든다. 산뜻하고 우아한 디자인의 여닫이 중문을 달아 공간의 중심을 잡고 천장 중앙에 사각형 모양으로 천장고를 높이고 등박스를 설치해 포인트를 주었다. 덕분에 기존의 클래식한 스타일의 의자와 소파, 테이블, 스탠드 조명이 잘 어울린다.

Semiclassic

하얀 캔버스에 그린 우아하고 아늑한 스타일

배경은 심플하게 디테일은 강하게 머릿속에 그린 집을 실제로 만나게 된다면 어떨까? 신기하면서도 그 집에서 펼쳐질 행복한 나날들이 떠올라 마냥 뿌듯할 듯 하다. 이 집의 집주인이 그랬다. 예쁜 가구와 소품 모으기가 취미인 집주인은 그간 모은 가구와 소품을 놓아도 애초부터 함께였던 듯 잘 어울리는 집을 원했다. 요리 하는 것을 좋아하니 그 즐거움을 배가시켜줄 사랑스러운 주방이 갖고 싶었다. 여성스러우면서도 맑은 느낌이 묻어나는 집. 그녀가 상상한 집의 이미지였다.

디자이너는 그녀의 상상을 현실로 재현하기 위해 '디테일이 강한 세미클래식'을 선택했다. 무지의 캔버스에 그림을 그리듯 벽과 바닥은 화이트컬러와 베이지컬러, 연한 그레이컬러로 깨끗하게 마감하고 문과 창문에 디테일을 살리는 쪽으로 방향을 잡았다. 배경이 단순해야 그녀의 가구와 소품, 디테일이 살아 있는 문과 창문이 돋보일 테니까. 대신 단순한 배경은 클래식한 몰딩으로 생동감을 주었다.

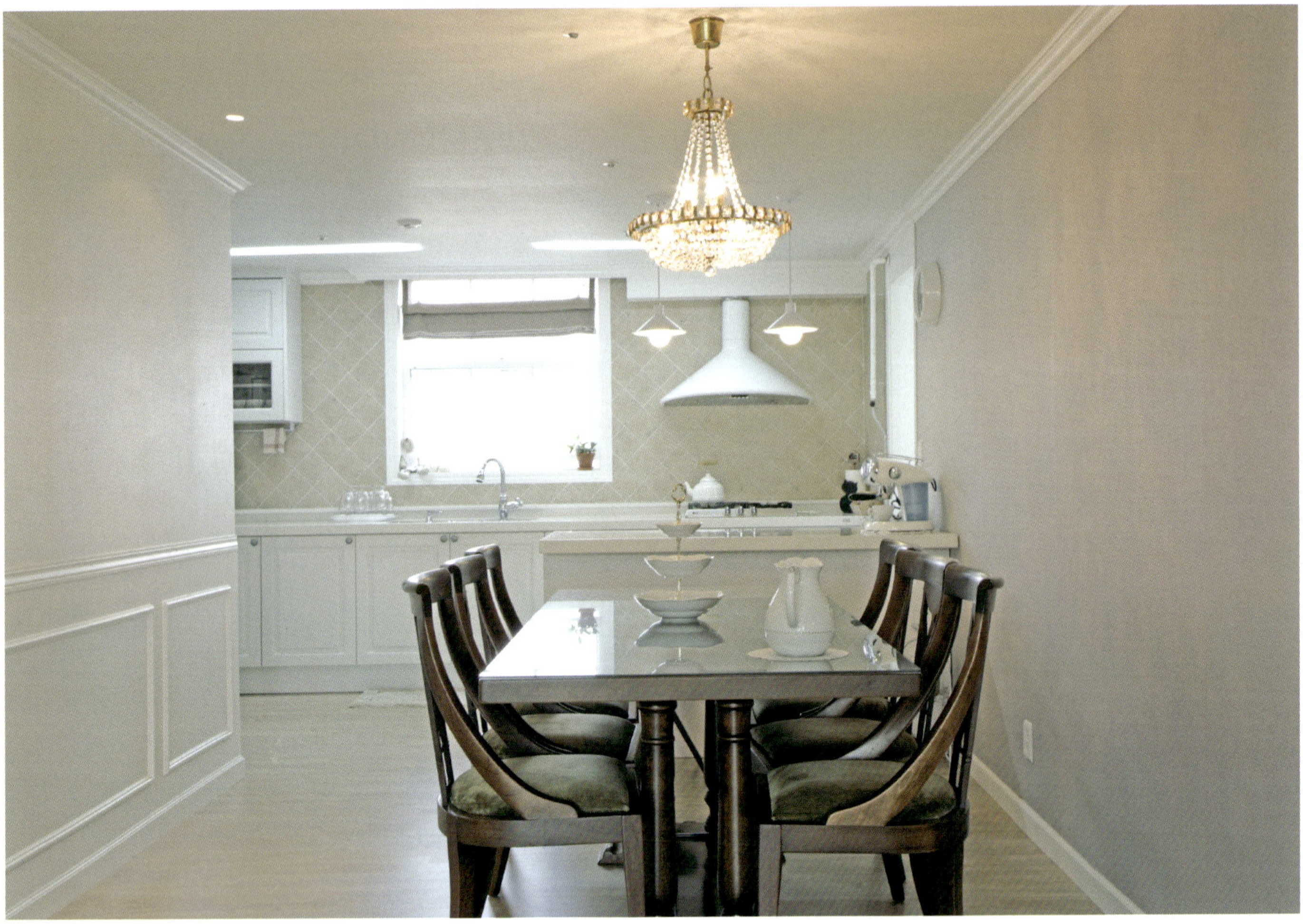

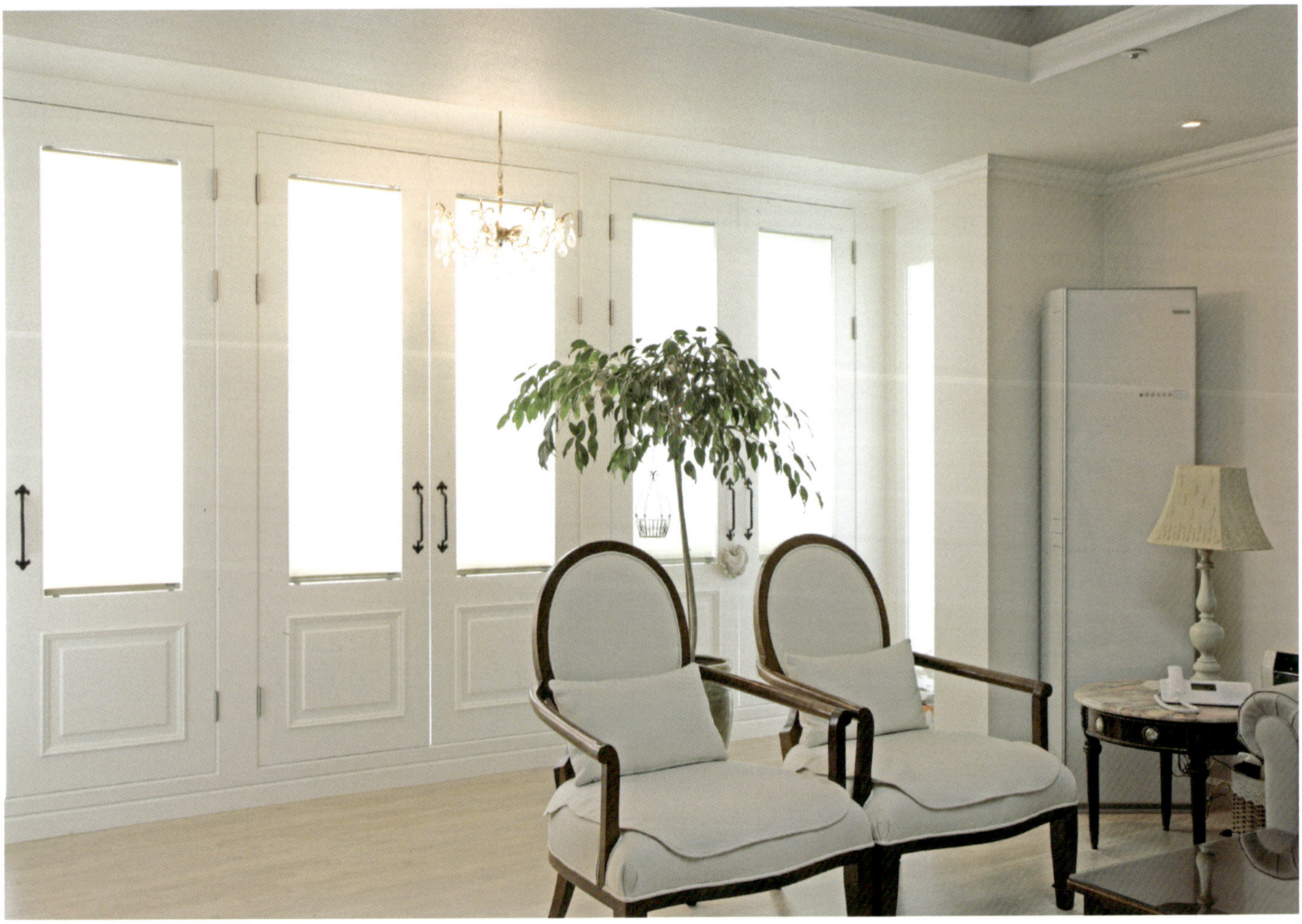

왼쪽 페이지

위 아메리칸 스타일 창문이 돋보이는 주방. 짙은 베이지컬러의 타일을 마름모꼴로 마감하고 여성스러운 디자인의 주방가구를 놓아 이국적인 분위기를 연출했다. 가전제품은 빌트인해 깔끔하게 처리하고 아일랜드 테이블을 설치해 동선의 편리함도 도모했다.

아래 베란다 중문 쪽 천장에 달린 화려한 샹들리에와 클래식한 디자인의 의자는 공간의 악센트가 된다. 에어컨과 전화기 등 가전제품은 화이트컬러의 심플한 디자인이어서 자연스럽게 묻힌다.

오른쪽 페이지

위 그린 빛이 도는 베이지 컬러의 중문이 인상적인 입구. 중문은 전체적으로 화이트컬러 비중이 높아 자칫 밋밋해 보일 수 있는 공간에 포인트가 된다. 은성블루아이디에서 디자인해 자체 제작한 것.

아래 다이닝룸에는 기존의 짙은 브라운컬러의 테이블과 의자를 놓았다. 천장에는 기존 가구와 자연스럽게 매치되도록 금빛 감도는 화려한 샹들리에를 달았다. 샹들리에는 부모님께서 물려주신 것이다.

before

after

187

로맨틱하면서 포근한 느낌이 드는 부부 침실. 기존의 중후한 스타일의 앤티크 가구와 전통 고가구가 공간과 잘 어우러진다. 디자인 감각이 돋보이는 베이윈도우에 작은 소품을 올려놓으니 주위 분위기와 더 잘 어울린다.

디자인 감각으로 새롭게 태어난 창과 문 문과 창문에 디테일을 살리기 위해서는 기존의 제품을 이용하는 것보다 자체 디자인으로 세미클래식한 감성을 더할 필요가 있었다. 우선 집 안 분위기를 좌우하는 거실. 기존의 밋밋한 디자인의 갈색 베란다 창은 집이 높은 층이어서 더욱 삭막해 보였다. 바깥 풍경으로 보이는 아파트 외관들이 지나치게 훤히 내다보였기 때문에 디자이너는 베란다를 확장하면서 바깥 창과 거실 사이에 클래식하면서도 단정한 디자인의 여닫이 중문을 달았다. 여닫이 중문은 창의 기능을 효율적으로 겸하면서도 거실을 아늑한 분위기로 연출하는 역할을 한다. 또한, 현관과 거실로 이어지는 복도 사이에는 그린 빛이 감도는 여닫이 중문을 달아 공간에 포인트를 주었다. 부부 침실에는 기존의 창문 크기를 줄이고 깊이감 있는 베이 윈도우를 제작해 설치했다. 격자무늬 창과 갤러리 창을 혼합한 디자인으로 안락한 느낌이 든다. 또한, 주방에는 아메리칸 스타일의 창문을 설치해 아늑함을 더하고, 대학생 자녀의 방에는 기존 창을 리폼해 달아 다른 창들의 디자인과 연결되면서 공간과 어우러지도록 했다.

공간의 포인트가 된 가구들 밑그림을 그린 후 공간에 생기를 불어넣는 힘은 가구에서 찾았다. 집주인의 우아한 취향이 그대로 묻어나는 가구들은 '클래식'이라는 큰 줄기 아래 각기 다른 개성을 갖고 있었다. 짙은 월넛 컬러의 웅장한 느낌이 드는 부부 침대와 식탁, 우아하면서 세련된 세미클래식을 보여주는 거실의 의자들, 자녀 방의 화이트 톤의 유럽풍 가구들. 이 모든 가구가 공간과 잘 어우러지는 것이 중요했다. 때문에 월넛 컬러의 가구들은 화이트 톤 공간에 중심을 잡아주는 역할을 하도록 했고 디자인이 감각적인 거실 의자는 자칫 단조로울 수 있는 공간에 예술적인 오브제가 되도록 했다. 자녀 방의 유럽풍 가구들은 공간에 아늑함을 더하는 디자인 요소가 되도록 했다. 덕분에 집은 하얀 캔버스에 그려진 아늑하면서 편안한 보금자리가 되었다.

1 부부 침실에 딸린 드레스룸에는 벽면 가득 화이트 컬러 수납장을 설치했다. 슬라이딩도어 안쪽에는 욕실이 있다.

2 부부 욕실은 전체적으로 그레이 톤 타일로 마감해 좁은 공간이 답답해 보이지 않도록 했다. 타일은 매트한 재질이어서 더욱 깔끔한 느낌을 준다. 상부에는 거울 수납장을 설치해 수납의 효율성을 높이는 한편 시각적으로 넓어 보이는 효과를 주었다.

3 경쾌한 느낌이 드는 가족 욕실. 샤워부스를 설치하고 수납장과 세면대의 부피를 줄여 좁은 공간을 효율적으로 사용할 수 있게 했다.

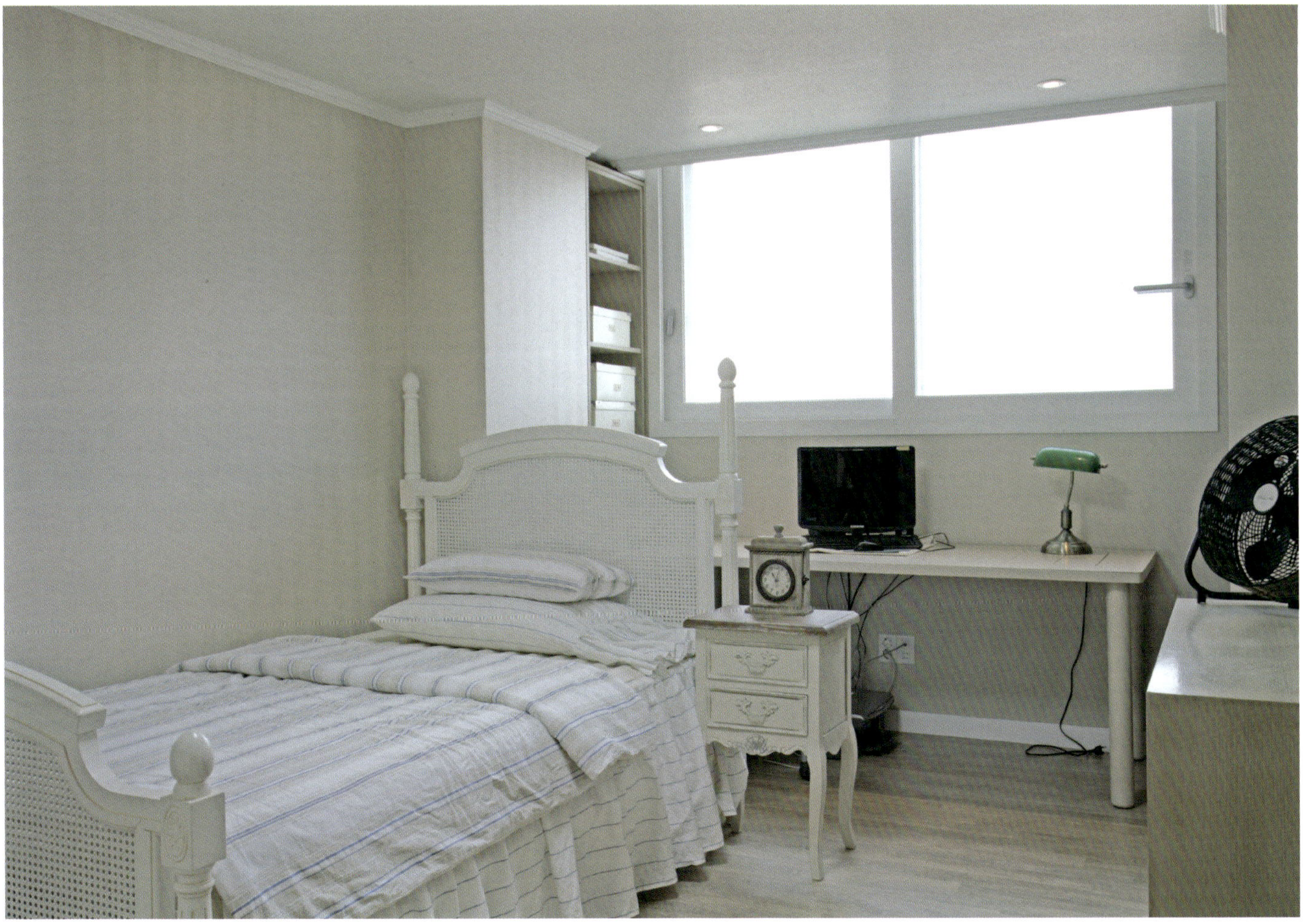

위 독특한 가구 배치가 눈길을 끄는 아들 방. 베란다 확장으로 생긴 독특한 구조의 벽에 수납장을 짜 넣고 그 옆에 책상을 놓아 공간을 효율적으로 활용할 수 있도록 했다.

아래 현관은 밝은 톤으로 깔끔하게 마감하고 화이트 컬러 수납장을 설치해 단정하게 연출했다. 여기에 격자무늬 중문, 디테일이 살아 있는 손잡이 등으로 클래식한 느낌을 더했다.

서울시 양천구
목동 3단지

35평 115m²

디자인 우효진,
위드디자인

세미클래식으로 산뜻하게 연출한 거실과 다이닝룸. 거실은 화이트 톤으로, 다이닝룸은 짙은 그레이 톤으로 마감해 리듬감을 부여했다. 여기에 천장을 높이고 섬세한 몰딩 장식과 화려한 조명을 더해 클래식한 느낌을 살렸다. 또한, 내추럴한 디자인의 가구를 들여 세련된 감성이 깃들도록 했다. 선명한 레드 컬러의 장식장은 생기를 더해주는 포인트이다.

Semiclassic

넓어 보이게 하는
디자인의 기술

자투리 공간을 실내로 들여 한층 넓어진 생활 공간 때론 기본으로 돌아가는 것이 목표에 이르는 지름길이다. 이런 법칙은 리노베이션에도 적용된다. 30평 대 아파트를 쾌적한 생활공간으로 만들기 위해서는 더 넓어 보이게 하면서 실용성을 강조하는 것이 기본이다. 이 아파트는 이러한 기본에 충실하게 리노베이션한 집이다. 맞벌이 부부와 아들이 함께 사는 35평 아파트. 집주인은 넓고 환한 느낌이 들면서도 실용성과 고급스러움을 갖춘 집을 원했다. 집에 돌아오면 아늑한 분위기에서 편안하게 쉴 수 있기를 바랐다.

이런 바람을 실현하기 위해 디자이너는 무엇보다 집이 넓어 보이면서 쓰임새를 갖추도록 하는 데 중점을 두었다. 기존의 거실과 주방은 베란다와 다용도실이 차지하는 비중이 커 상대적으로 좁았다. 이를 해결하기 위해 거실은 베란다를 확장해 넓히고, 주방은 다용도실을 없애고 조리 공간을 넉넉하게 확보했다. 주방에서 식당으로 나가는 동선이 더욱 길어졌기 때문에 주방에는 간단한 식사와 담소를 나눌 수 있도록 아일랜드 식탁을 설치했다. 아일랜드 식탁을 놓으니 조리 공간과 수납공간에 어유기 생겼고 동선도 편리해졌다. 한편, 책을 읽거나 흥미로운 분야에 대해 공부하기를 즐기는 부부를 위해 방 하나를 서재로 고쳤다. 서재에는 내추럴한 나무 소재의 책장을 설치해 편안하게 집중할 수 있는 분위기를 연출했다.

위 베란다 확장으로 더욱 넓어진 거실. 천장과 소파 쪽 벽은 화이트컬러로, TV가 놓이는 벽은 밝은 그레이 톤으로 마감해 자연스러운 컬러 매치를 시도했다. 왼쪽의 문 안쪽으로 서재와 욕실, 부부 침실이 위치한다.
아래 군더더기 없이 심플한 디자인이 돋보이는 주방. 기존의 다용도실을 없애고 공간을 확장해 주방 가구를 ㄷ자형으로 설치하고 가운데에는 아일랜드 식탁을 놓았다.

위 짙은 그레이 톤으로 단정하게 마감한 다이닝룸. 천장을 높여 섬세한 몰딩과 화사한 샹들리에로 장식하고 한쪽 벽에는 화이트컬러의 여닫이창을 설치했다. 클래식한 디자인 요소를 더하니 한층 고급스러우면서 세련된 분위기가 묻어난다.

아래 컬러 배색이 돈보이는 거실 전경. 화이트 톤을 베이스로 채도가 다른 그레이컬러를 매치해 넓고 환해 보이면서도 밋밋하지 않게 연출했다. 또한, 카키컬러의 현관문과 화이트 프레임 문, 레드컬러 장식장과 시계 등 컬러풀한 디자인 포인트로 생동감을 더했다.

195

부부 침실에는 드레스룸이 따로 없으므로 붙박이
장을 제작해 설치했다. 붙박이장이 공간을 차지하
면서 더욱 방이 좁아졌으므로 붙박이장은 화이트
컬러로 튀지 않게 디자인하고 창에는 화이트컬러
의 커튼을 달아 시각적으로나마 좁은 느낌을 덜어
주었다.

세미클래식으로 표현한 밝고 경쾌한 분위기

넓고 실용적인 집을 완성하기 위해 인테리어 콘셉트는 세미클래식으로 정했다. 세미클래식은 클래식에 현대적인 감각을 가미해 좀 더 가볍게 연출하는 인테리어 스타일이다. 집주인이 고급스럽고 우아한 스타일을 원했지만 그렇다고 클래식으로 치장하기엔 다소 무리가 있었다. 작은 평수의 집을 고전적이고 장식적으로 꾸미면 집이 더 좁아 보일 수 있기 때문이었다. 과하지 않은 클래식으로 깔끔하면서도 세련되게 연출할 필요가 있었다. 또한, 넓어 보이게 한다고 밝은 색상의 마감재만 사용한다면 자칫 단조로워질 수 있으므로 적당히 어두운 색상을 매치해 리듬감을 부여했다. 대신 어두운 컬러로 마감한 공간은 패턴을 단순화시켜 단아한 기품이 드러나도록 했다. 이와 함께 벽면은 장식을 절제해 더욱 넓어 보이게 하고, 천장은 층고를 높이고 몰딩으로 장식해 클래식한 감성을 드러냈다. 여기에 가구까지 클래식하면 분위기가 무거워질 수 있기 때문에 가구는 내추럴한 디자인으로 선택해 경쾌한 느낌을 살렸다.

before

after

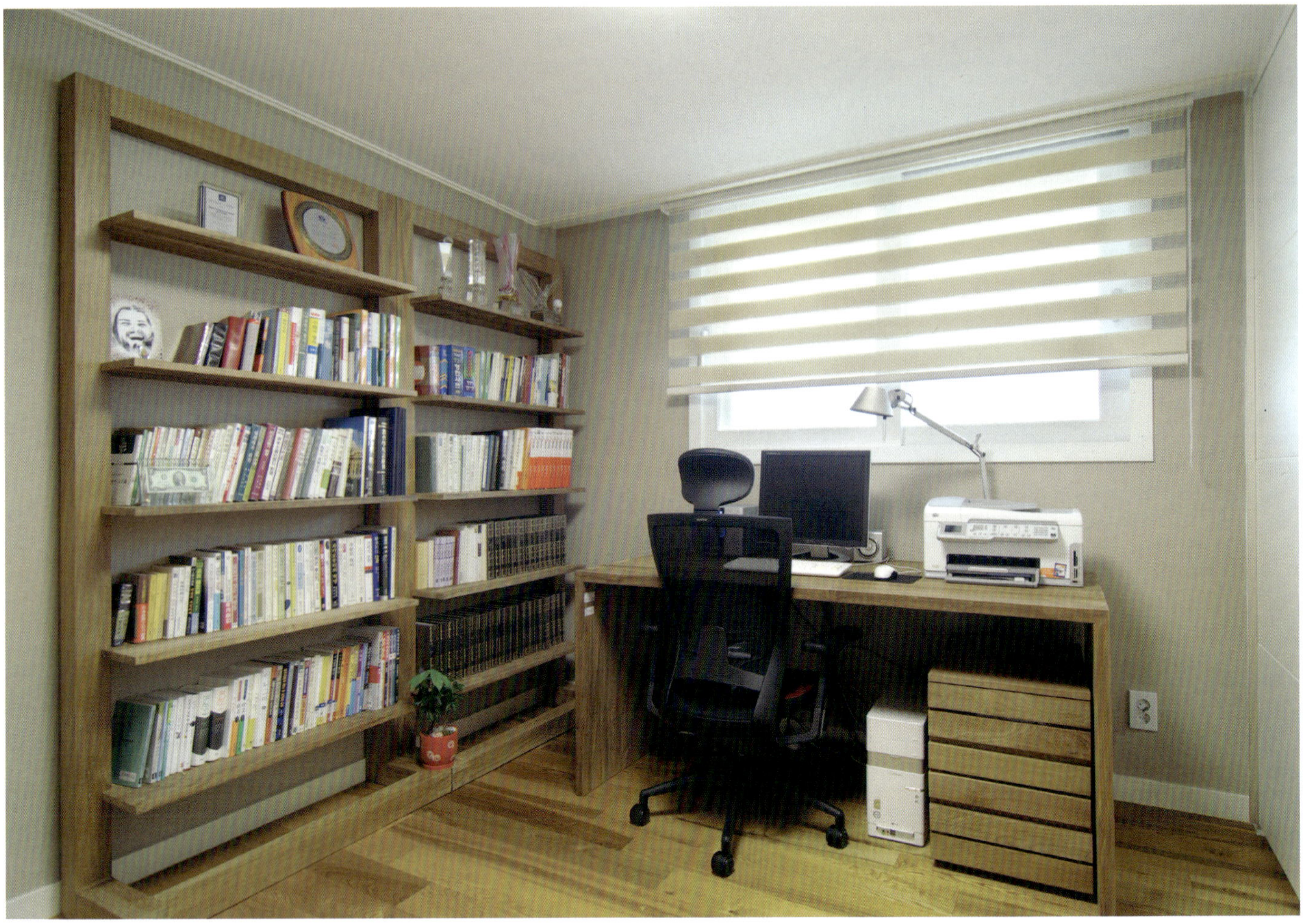

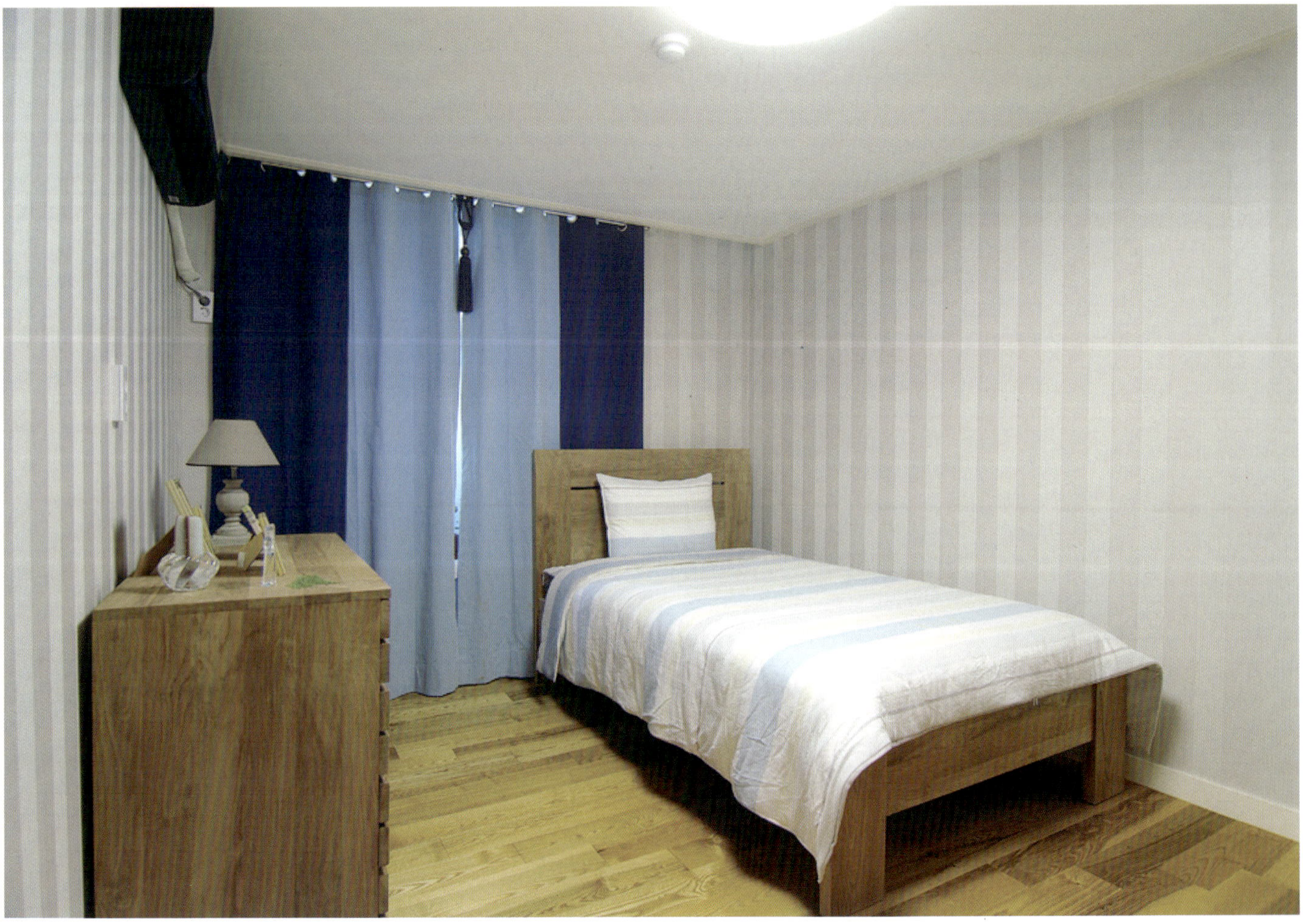

위 여가 시간에 독서를 즐기는 부부를 위해 남는 방은 서재로 꾸몄다. 단순하게 마감하고 내추럴한 디자인의 나무 가구를 들여 편안한 분위기로 연출했다.

아래 아담하게 꾸며진 아들 방. 밝은 톤의 스트라이프 패턴 벽지로 깔끔하게 마감하고 자연스러운 질감이 살아 있는 원목 가구를 매치했다.

오른쪽 페이지

1 욕실은 샤워부스 안을 습식으로, 그 바깥을 건식으로 개조했다. 샤워부스 안에 세면대를, 건식 공간에 화장대를 설치했다.

2 현관과 거실 사이에 중문을 달아 들어서는 순간 실내가 훤히 들여다보이지 않도록 했다. 거실에서도 현관이 가려져 정돈된 느낌이 든다.

3 현관에는 한쪽 벽면 가득 수납장을 설치했다. 좁고 긴 현관 복도를 활용해 수납공간을 넉넉하게 확보한 것. 자칫 좁아 보일 수 있기 때문에 도어는 밝은 컬러로 처리했다. 맞은편에는 하얀 프레임의 전신 거울을 달아 넓어 보이는 착시 효과를 주었다. 우아한 디자인의 벽등은 클래식한 분위기를 내는 포인트이다.

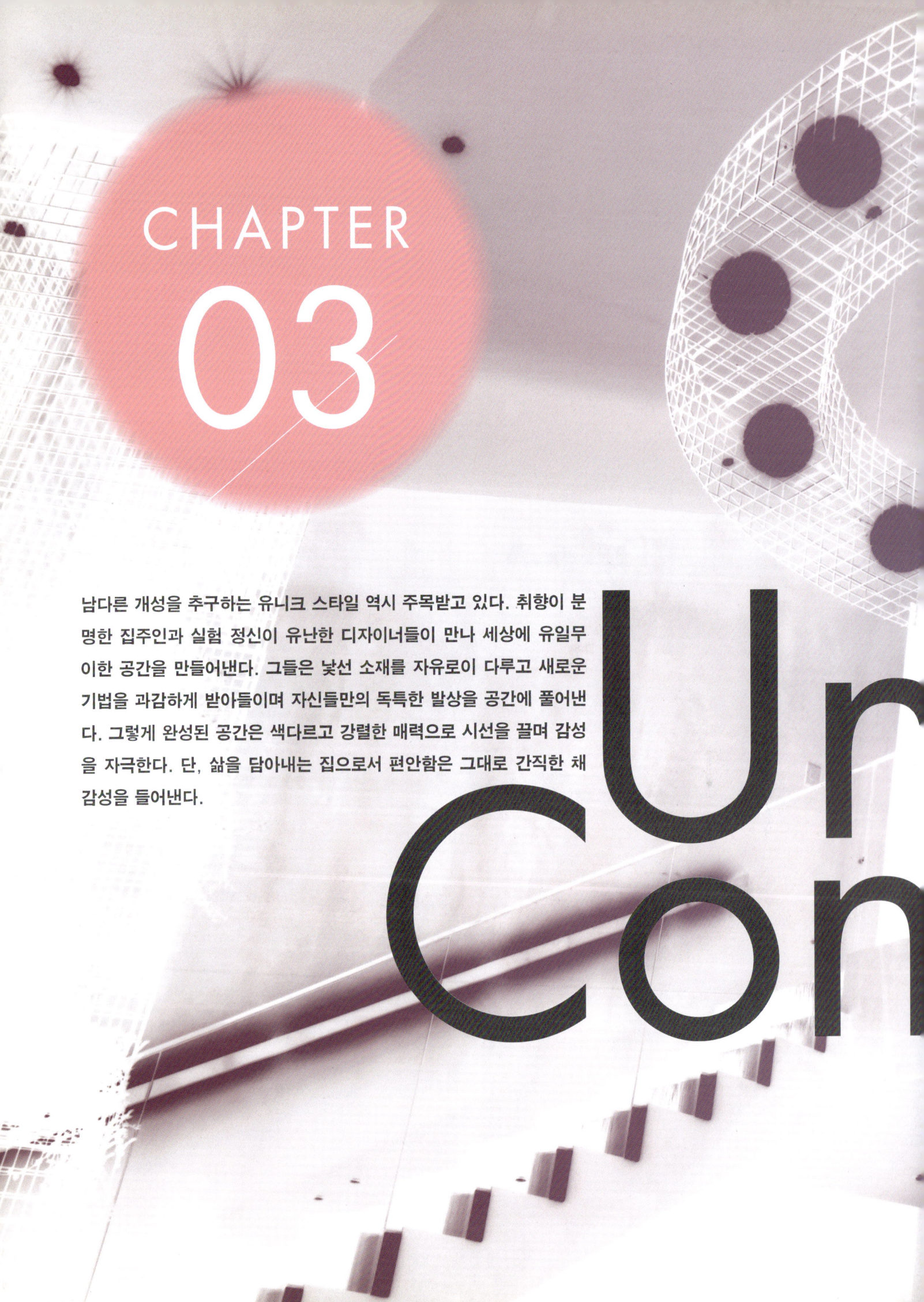

CHAPTER
03

남다른 개성을 추구하는 유니크 스타일 역시 주목받고 있다. 취향이 분명한 집주인과 실험 정신이 유난한 디자이너들이 만나 세상에 유일무이한 공간을 만들어낸다. 그들은 낯선 소재를 자유로이 다루고 새로운 기법을 과감하게 받아들이며 자신들만의 독특한 발상을 공간에 풀어낸다. 그렇게 완성된 공간은 색다르고 강렬한 매력으로 시선을 끌며 감성을 자극한다. 단, 삶을 담아내는 집으로서 편안함은 그대로 간직한 채 감성을 들어낸다.

Un
Con

ique
cept

서울시 서초구 방배동 윈저빌

100평 331m²

디자인 윤석민/
윤공간디자인

사진 윤공간디자인

유난히 많은 그릇을 수납하는 문제를 해결하기 위해 거실 한쪽 벽체를 붙박이장으로 만들었다. 가장 필요한 수납공간이지만 부각할 필요는 없었기 때문에 하나의 벽처럼 연출했다. 벽처럼 보이지만 리드미컬하게 장의 간격을 나누어 편리하게 여닫을 수 있도록 했다. 거실 천장에는 조각보를 덧댄 조명을 설치했다.

202

Pumpkin house

호박빛이 은은하게
흐르는 집

디자이너에게 색다른 실험을 허하다 들어서는
순간, 집에 대한 고정관념을 허무는 낯선 풍경이 펼쳐
진다. 돌의 거친 질감이 그대로 드러나는 수전 공간, 강
렬한 포인트가 되는 빨간 큐브, 와이어로 감싼 벽과 조
명이 독특한 분위기를 내는 주방, 모던하거나 클래식하
거나 하는 스타일로 규정할 수 없는 전혀 다른 스타일
이다. 고급 빌라 1층에 자리한 이 집은 독특한 마감재
와 구조로 어떤 공간과도 닮지 않은 고유한 개성을 지
닌다.

이렇듯 색다른 실험이 가능했던 것은 집주인이 디자이
너의 감각에 전적으로 의존했기 때문이다. 집주인은 실
내를 어둡지 않게 해달라는 것 외에는 별다른 요구를
하지 않았고 그 외에 모든 것은 디자이너에게 맡겼다.
평소 디자이너의 감각을 믿었던 터라 어떤 집이 나오든
받아들일 요량이었다. 디자이너는 단 하나뿐인 집주인
의 요구사항을 충실히 반영하면서 라이프스타일에 맞
는 개성 있는 디자인을 추구했다. 그리고 이 프로젝트
를 '호박이 넝쿨 채'라 이름 붙였다. '호박이 넝쿨째'라
는 익숙한 표현에 집을 세는 단위인 '채'를 더해 의미를
부여했다. 어두운 집에 호박빛이 은은하게 흐르게 하겠
다는 의지와 호박이 넝쿨째 굴러오듯 복이 굴러들어오
기를 바라는 마음을 담았다.

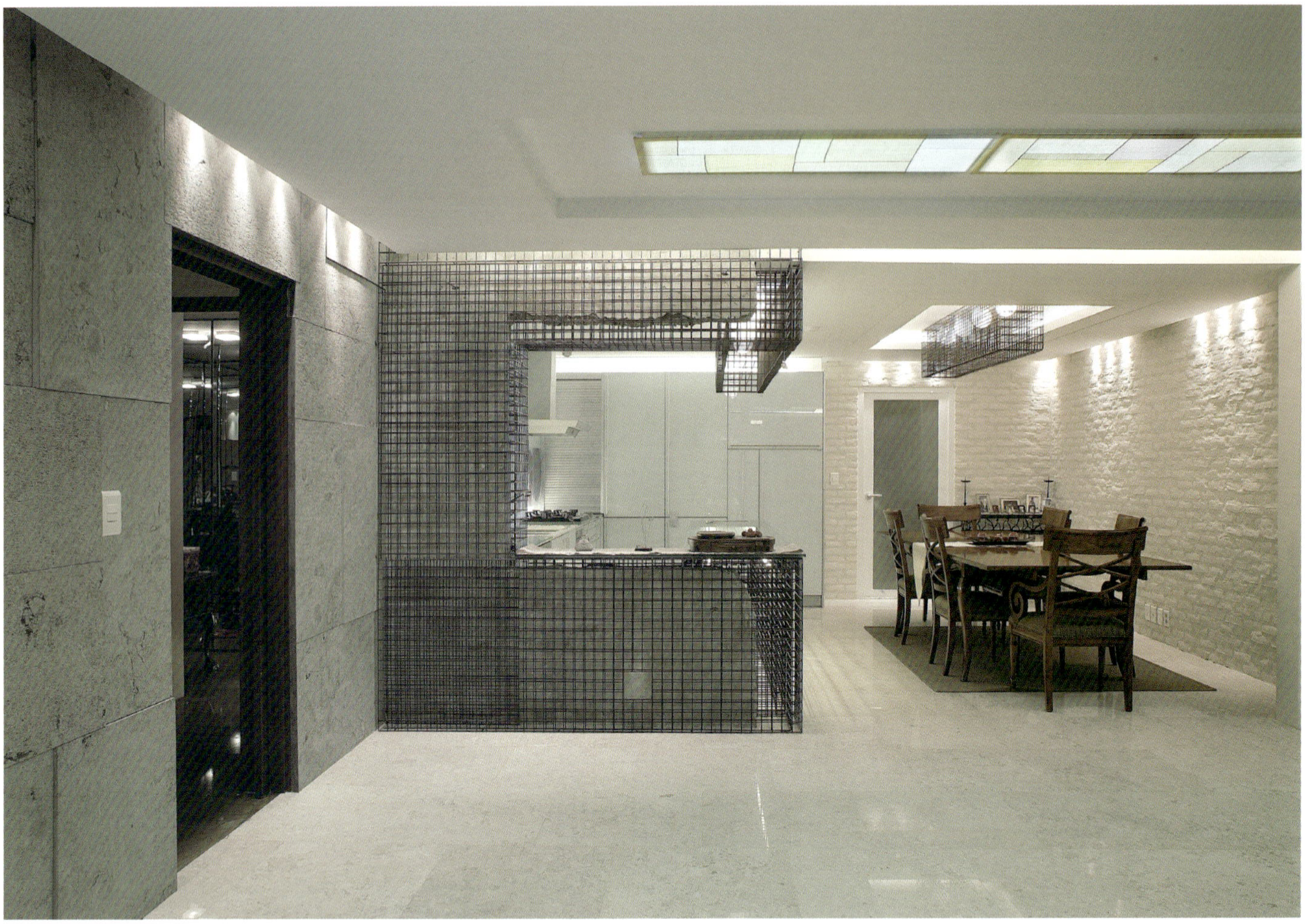

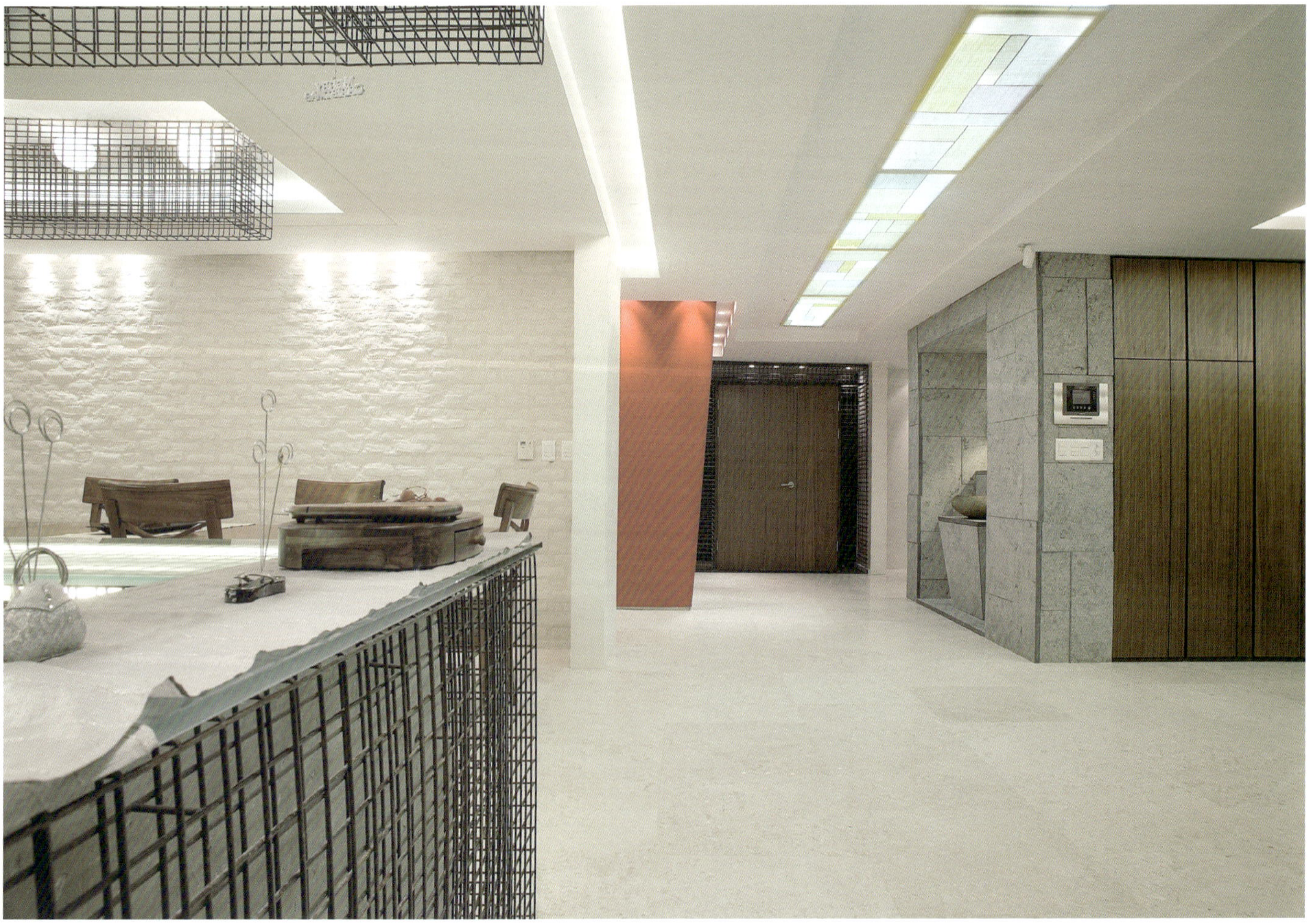

왼쪽 페이지

위 낯선 소재를 활용해 독특한 디자인으로 완성한 주방과 다이닝룸. 주방의 벽 일부를 허물고 남은 벽체는 와이어로 감쌌다. 열린 벽과 철망은 모두 소통을 뜻한다. 다이닝룸의 벽은 파벽돌로 마감하고 조명을 비춰 거친 질감이 돋보이도록 했다. 주방과 다이닝룸 모두 조명을 와이어로 둘러 디자인적인 연결 고리를 만들어냈다.

아래 구릿빛 와이어와 빨간 패브릭 느낌의 벽지, 돌의 질감이 느껴지는 블루 라임스톤, 거친 질감이 살아 있는 파벽돌, 짙은 브라운컬러의 나무 등 다채로운 마감재를 사용해 공간을 색다르고 개성 있게 디자인했다. 현관으로 들어서면 빨간 큐브와 수전 공간이 나오고 그곳을 지나면 주방과 다이닝룸, 거실이 펼쳐진다.

오른쪽 페이지

손님을 위해 마련한 수전 공간. 블루 라임스톤으로 마감된 입체적인 구조물이 원시적인 분위기를 자아낸다. 돌을 그대로 옮겨놓은 듯한 수전, 빨간 벽면이 비치는 거울, 은은한 빛이 나오는 조명 등이 어우러져 몽환적인 이미지를 연출한다.

철망 프레임이 인상적인 주방. 벽면에는 상부장을 걷어내고 에칭글라스 위에 화가의 파일 그림을 실사 프린트해 넣었다. 에칭 글라스 뒷면에는 조명을 설치해 작품을 보다 부각하고 전체 디자인 콘셉트에 맞게 따뜻한 호박빛이 흐르도록 했다.

마감재에 빛을 더해 환상적인 분위기를 내다

우선 빛의 문제를 해결하기 위해 마감재에 신경을 썼다. 집이 1층에 있다 보니 자연광이 거의 들지 않아 실내가 무척 어두웠다. 때문에 밝은 컬러의 마감재를 주로 사용해 전체적으로 환한 분위기가 감돌도록 했다. 거실과 주방, 서재의 바닥은 크림색의 천연 대리석으로, 부부의 독립 공간인 응접실과 부부 침실의 바닥은 에폭시수지로 마감해 밝은 느낌이 들도록 했다. 또 벽에는 살아 있는 마감재를 사용하고 그 위에 조명을 더해 빛이 질감을 강조하도록 했다. 거실 벽은 거친 질감이 있는 블루 라임스톤으로 단 차이를 내면서 마감하고 다이닝룸의 벽은 투박한 질감이 살아 있는 파벽돌로 시공했다. 그런 다음 천장에서 벽을 비추도록 간접조명을 설치해 거칠고 투박한 질감을 드러냄으로써 환상적인 분위기를 연출했다.

낯선 시도로 독특한 개성을 지닌 주방을 완성하다

전체적으로 환한 분위기를 조성한 다음에는 공간에 개성을 불어넣는 데 주력했다. 집주인이 식품영양학과 교수이기 때문에 무엇보다 주방이 돋보이도록 디자인했다. 손님을 초대해 만찬을 즐기는 만큼 주방이 소통의 중심 공간이 되도록 했다. 소통을 위해 주방 디자인에는 아이러니한 재미를 부여했다. 주방은 깔끔하고 모던한 디자인이 주류를 이루는 트렌드에서 벗어나 새로운 것과 이질적인 것이 조화를 이루는 색다른 디자인으로 완성했다. 콘크리트를 벽을 그대로 노출하고 그 벽을 철망으로 감싸는 낯선 실험을 통해 소통을 담아냈다. 거실을 향해 뚫린 벽과 공간과 공간을 어렴풋이 보이도록 연결하는 철망을 소통의 매개체로 활용했다. 자칫 산만해질 수 있어 주방가구가 놓이는 벽면은 상부장을 없애고 과일 그림으로 포인트를 주었다. 거실에는 유난히 많은 그릇을 소유한 집주인에게 필요한 수납장을 제작해 설치했다. 한쪽 벽면 자체를 붙박이장으로 세웠는데, 짙은 컬러의 나무 벽처럼 연출해 아트월 역할을 하면서 기존의 클래식한 가구와도 자연스럽게 어우러지도록 했다. 또 붙박이장과 닿는 벽 쪽에는 독특한 디자인의 수전 공간을 만들었다. 파티를 즐기는 터라 손님들이 욕실에 들르지 않고도 간편하게 손을 씻을 수 있도록 배려했다. 블루 라임스톤으로 구조를 만들고 간접조명을 더해 투박한 돌의 질감과 은은한 빛이 어우러져 몽환적인 분위기를 자아내도록 했다.

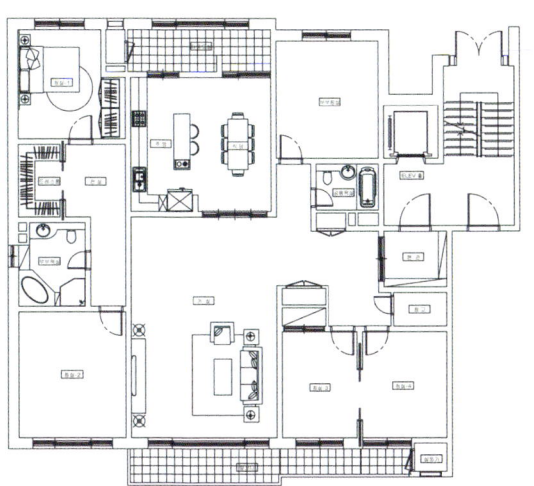

왼쪽 페이지

1 밝고 산뜻한 부부 침실. 화이트컬러로 깨끗하게 도장하고 한쪽 벽은 파벽돌로 마감해 자연스러운 느낌을 가미했다. 구조가 독특한데, 침대 헤드 쪽 벽 뒤에는 드레스룸이 있고 수납장이 설치된 벽면은 드레스룸까지 연결되어 있다. 화장대와 수전 등으로 활용하면서 수납도 할수 있는 독특한 디자인의 수납장은 디자이너가 직접 제작한 것이다.

2 현관에서 바라본 전경. 현대미술 작품처럼 강렬한 이미지를 내뿜고 있는 빨간 큐브와 원시적인 돌의 느낌이 그대로 살아 있는 수전이 이 집의 독특한 디자인을 예감하게 한다. 현관부터 부부의 공간까시 이어지는 천장에는 조각보를 덧댄 간접조명이 설치되어 있어 예술적인 감흥을 불러일으킨다.

3 빨간 큐브 안에는 가족 욕실이 있다. 강렬한 레드컬러의 바깥과 대비되도록 안은 화이트컬러 타일로 마감했다. 벽체를 세워 수전 공간과 샤워 공간을 구분하고 수납공간도 마련했다. 모서리를 둥글려 온화한 분위기를 강조하면서도 개성 있게 디자인했다. 타일 벽체로 모든 구성 요소를 완성한 디자인이 독특하다.

오른쪽 페이지

블랙 타일로 마감한 부부 욕실. 온통 블랙컬러타일로 마감해 독특하면서도 몽환적인 분위기가 난다. 작은 타일로 촘촘하게 마감했기 때문에 욕조와 수전은 화이트컬러의 깔끔한 디자인을 선택해 대비를 이루도록 했다. 공중에 거울을 설치한 것도 개성을 더하는 아이디어 중 하나이다.

왼쪽 페이지

침실의 벽 너머에는 드레스룸이 있고 한쪽 벽을 따라 수납장이 길게 이어져 있다. 드레스룸에는 삼면가득 거울이 달린 붙박이장이 설치되어 있으며, 드레스룸 쪽 수납장 위에는 보석과 액세서리를 보관하는 유리 진열장이 놓여 있다.

오른쪽 페이지

부부가 오붓하게 영화를 감상하거나 음악을 들을 수 있도록 마련해놓은 AV룸. 벽은 파벽돌로 마감하고 TV와 오디오 장은 철망으로 만들어 색다른 느낌을 살렸다. 의자 뒤편에는 벽처럼 보이지만 수납장을 짜 넣어 책과 CD 등을 깔끔하게 보관할 수 있도록 했다.

211

위, 오른쪽 블루 톤으로 차분한 이미지를 강조한
아이 방. 벽은 하늘색 벽지로 마감하고, 책상 앞 벽
면에는 마음껏 낙서하거나 지울 수 있는 컬러 글라
스를 시공했다. 방문 옆 벽에는 파란색 붙박이장을
설치했다.

대구시 달서구 진천동
포스코더샵

97평 320m²

디자인 윤석민/
윤공간디자인

사진 윤공간디자인

철망 벽에 조명이 더해져 몽환적인 느낌을 자아낸다. 거칠고 투박한 철망 사이로 새어나오는 빛이 따뜻하다. 왼쪽 문으로 들어서면 부부 침실이 나온다.

거친 소재에
예술적 감성을 더해
완성한
유니크 하우스

집 안에 흐르는 테마는 '소통' 프로젝트 명은 '달나라에 토끼가 사는 것처럼…'이다. 토끼에게 달나라는 어떤 곳일까? 아마 그 누구도 경험할 수 없는 신비로운 나라, 자신만이 온전히 누리는 색다른 주거 공간일 것이다. 디자이너는 일반적인 아파트의 펜트하우스를 달나라처럼 세상에 단 하나뿐인 유일무이한 공간으로 변신시켰다. 집주인은 여느 집과 다르게 노출 마감을 해주기를 원했고, 디자이너는 이런 요구를 트렌디한 감각으로 풀어냈다. 콘크리트를 노출하고 싶다는 희망 사항에 '소통'이라는 의미를 부여해 가족이 함께 살아가는 집으로 손색없는 독특한 공간을 탄생시켰다.

일반적인 아파트와 달리 복층 구조를 지닌 집. 디자이너는 이곳을 자연스럽게 소통하는 집이 되도록 공간과 공간을 연결하고 시선이 자연스럽게 흐를 수 있도록 했다. 1층과 2층은 계단으로 연결하고 1층과 2층 안에서 각각의 공간을 이어 자연스러운 동선을 만들어냈다. 또한, 공간과 공간의 연결성은 마감재와 조명을 활용해 더욱 극대화했다. 노출콘크리트로 군더더기 없는 절제된 마감을 시도하고 여기에 부분적으로 와이어망을 둘러 매스감을 더했으며 조명을 활용해 절제된 공간에 리듬감을 가미했다. 이러한 전체적인 틀 안에서 디자이너는 복층 구조를 효율적으로 활용할 수 있도록 1층과 2층을 명확하게 나누었다. 1층에는 거실과 주방, 부부 침실과 응접실을 두어 부부와 손님을 위한 공간으로 사용할 수 있게 하고, 2층에는 자녀 방과 AV룸, 테라스를 마련해 자녀의 프라이버시를 보장해주고 가족들이 오붓하게 취미를 즐길 수 있도록 했다.

왼쪽 페이지

1층에서 내려다본 거실 전경. 층고가 높아 넓지 않음에도 웅장한 멋이 느껴진다. 천장부터 내려온 펜던트 조명을 원형으로 감싸 거대한 조형물로 만들었다. 거친 철망으로 마감한 벽면과 어우러져 환상적인 분위기를 자아낸다. 레드컬러 카펫을 깔아 강렬한 포인트를 준 것도 감각적이다.

오른쪽 페이지

전체적으로 노출콘크리트로 마감한 가운데 한쪽 벽면을 철망으로 덧씌워 거친 느낌을 강조했다. 같은 소재로 조명을 감싸 디자인적으로 통일감을 주면서도 은은한 분위기가 감돌도록 했다. 마감이 독특한 만큼 가구는 심플한 디자인을 선택했다.

위 철망은 장식과 수납 기능을 겸한다. 벽에는 TV를 걸 수 있으며 하단에는 선반이 있어 작은 소품들을 장식할 수 있다.

아래 1층에서 2층으로 이어지는 계단. 벽면이 밋밋해지지 않도록 핸드레일을 사선으로 설치하고 그 라인을 따라 조명을 넣었다. 계단 바닥에는 2층으로 올라가는 동선을 유도하는 조명을 넣어 2층에 대한 기대감을 고조시켰다.

before

2층 평면도

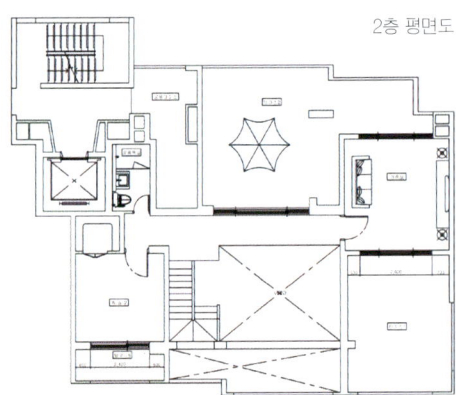

before

1층 평면도

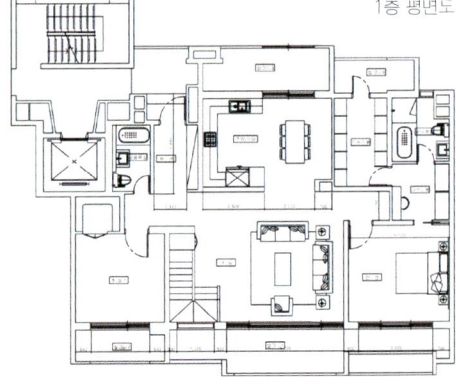

위 부부 침실 역시 노출콘크리트로 마감했다. 그 안에 집주인이 소유하고 있던 육중한 자개장만을 놓았을 뿐인데 묘하게 어우러진다. 침실과 파우더룸 사이를 유리로 마감해 훤히 들여다보이게 함으로써 몽환적인 분위기가 우러나도록 했다.

아래 부부 침실 안에 있는 파우더룸. 독특한 디자인의 수전과 화장대를 만들고 그 위에 일자로 거울을 설치했다. 상판과 거울의 가장자리를 따라 간접조명이 흘러나와 입체감을 강조하면서도 환상적인 분위기를 자아낸다.

주방은 산뜻하고 경쾌한 디자인으로 연출했다. 어두운 컬러로 다른 공간들을 마감했기 때문에 주방에는 밝은 컬러를 입혔다. 실사로 프린트된 벽지로 벽을 마감하고 그 위에 유리를 더해 글로시한 느낌을 살렸다. 여기에 스폿 조명을 나란히 넣어 아트적인 벽을 강조했다. 메인 조명에는 철망을 씌워 전체 디자인과 통일감을 지니도록 했다. 인테리어에 맞게 가구도 캐주얼한 디자인으로 골랐다.

색다른 실험으로 만든 환상적인 공간 입구에 들어서면 먼저 유난히 층고가 높은 거실이 눈에 들어온다. 거실은 집 안의 중심이 되는 공간이다. 디자이너는 이곳에 파격적인 실험을 감행했다. 한쪽 벽면의 노출콘크리트 위에 철망을 씌워 이미지월로 만들고 기둥에도 철망을 둘러 하나의 오브제로 기능할 수 있도록 했다. 거칠고 차갑기만 한 소재를 사용했음에도 예술적인 감성이 흐르는 것은 조명 덕분이다. 천장에서 떨어뜨린 여러 개의 펜던트 조명을 철망으로 둘러서 도넛 모양을 만들어 공간에 중심을 잡아주었으며, 이미지월에도 조명을 설치해 환상적인 느낌이 들도록 했다. 부부 침실에서는 노출 마감에 화려한 자개장을 매치시켜 색다른 조화를 창조해냈다. 독특한 디자인의 파우더룸과 침실 사이에는 유리벽을 세워 더욱 몽환적인 분위기가 우러나도록 했다. 다른 공간들이 다소 무거운 느낌이 들기 때문에 주방은 산뜻하고 경쾌하게 디자인했다. 실사로 프린트한 벽지로 벽을 마감하고 그 위에 투명 글라스를 덧씌웠다. 주방가구는 상부장을 없애고 하부장만 두고 부족한 수납공간은 한쪽에 레드컬러의 붙박이장을 설치해 확보했다.

복층, 그 구조적 재미 1층과 2층을 이어주는 것은 기둥 옆 계단. 역시 같은 노출 마감이라 자칫 지루해질 수 있는 점을 고려해 벽에는 핸드레일을 사선으로 설치해 포인트를 주었고 사선을 따라 조명을 넣어 자연스럽게 2층으로 이어지도록 동선을 유도했다. 2층으로 올라가면 좁은 복도를 따라 AV룸과 딸 방이 나온다. AV룸과 딸 방에서는 꼭대기 층만이 보여줄 수 있는 독특한 천장과 벽면의 형태가 눈길을 사로잡는다. 디자이너는 이곳 역시 노출해 특유의 형태를 자연스럽게 드러냈다. 또 AV룸에는 시멘트로 긴 의자를 만들어 구조적인 재미를 불어넣었고, 딸 방에는 영롱한 블랙을 띠는 우레탄 에폭시로 바닥을 마감해 그 자체로 디자인 포인트가 되도록 했다.
이 집은 시간에 따라 실내로 들어오는 햇빛의 방향과 양이 다르다. 이 때문에 해가 뜨고 기우는 여정에서서 공간의 느낌 또한 조금씩 달라진다. 그 미묘하게 변하는 공간의 분위기를 느껴볼 수 있다는 것은 이 집만이 지닌 매력이다. 자연의 빛과 인공조명의 어우러짐을 감지하는 것 또한 특별한 재미가 있다.

221

왼쪽 페이지

1 1층에서 바라본 계단과 2층 복도의 측면. 천장에 매달린 거대한 원형 조형물은 어디에서나 이 집의 중심이 된다. 1층의 기둥은 철망으로 감싸 하나의 오브제가 되도록 했다. 철망으로 화분을 놓을 자리도 만들어놓았다. 계단부터 복도까지 통로가 좁으므로 난간은 유리로 마감해 답답해 보이지 않도록 했다.

2, 3 2층 복도의 양쪽 전경. 한쪽은 콘크리트를 그대로 노출하고 한쪽은 철망을 씌워 색다른 조화를 이루도록 했다. 난간의 윗부분은 유리로 마감해 1층으로 향하는 시야를 확보하고 좁은 통로의 답답한 느낌을 해결했다.

오른쪽 페이지

위 입체적인 구조가 돋보이는 딸 방. 천장과 벽은 노출 마감을 하고 바닥은 광택이 있는 블랙 에폭시 수지로 마감했다. 그레이와 블랙이 묘한 대비를 이루며 공간에 더욱 독특한 분위기를 부여한다. 무채색 공간에 디테일이 살아 있는 수납장과 화장대, 강렬한 레드컬러의 의자의 블라인드 등을 더해 너욱 감각적으로 꾸몄다.

아래 대형 스크린이 설치된 AV룸. 가족들의 취미 공간인 이곳은 오디오와 비디오를 설치하고 단출하게 꾸몄다. 시멘트로 의자를 만들어 벽과 연결해 재미를 더했다. 의자 위에는 빨간색 쿠션으로 포인트를 주었다.

서울시 강남구 압구정동
현대아파트

54평 179㎡

디자인 김혜원

하나로 연결된 거실과 다이닝룸. 넓고 푹신한 소파
와 긴 다이닝테이블 등이 효율적으로 배치되어 있
어 파티를 열기 좋다. 베란다를 확장하고 방 하나
를 터서 거실과 다이닝룸을 여유롭게 조성했다. 거
실 창 안쪽에는 기존의 넓은 기둥을 활용해 시각적
으로나 정서적으로 안정되어 보이도록 했다. 왼쪽
의 문 안에는 가족실과 부부 침실이 있다.

224

생활에서
발견한 테마는
'공간과 가족의
넘나듦'

편견을 버린 리노베이션 과정 살아보고 나서 집을 고친다면? 가족의 생활에 꼭 맞는 집은 어떤 공간인지, 살면서 어떤 점이 불편한지 등을 꼼꼼히 체크해본 후 리노베이션을 할 수 있을 것이다. 그렇다면 결과는 대단히 만족스러울 테고, 가족은 그들의 라이프스타일이 녹아 있는 집을 소유하게 될 것이다. 하지만 실행에 옮기기는 쉽지 않은 일이다. 오랜 기간 미완성 공간에서 불편을 감수해야 하기 때문이다. 그런데 이를 감행한 이가 있다. 바로 인테리어 디자이너 김혜원 씨이다. 그녀는 일본에서 4년 반을 살다 이곳으로 이사 오면서 곧바로 리노베이션에 들어가지 않았다. 실제로 생활해보면서 가족에게 어떤 구조와 공간이 필요한지 파악한 후 그것을 반영하기 위해서였다. 일본에서 쓰던 살림살이를 다 버리고 왔기에 1년간 별다른 가구도 없이 지내며 몇 번의 수정을 거쳤고, 그 결과 지금의 집을 완성했다.
이곳에서 생활하면서 그녀가 가장 중요하게 생각하게 된 것은 열린 구조였다. 초등학생, 중학생인 두 아이가 하루가 다르게 커나가는 걸 지켜보면서 이 집에서 아이들과 함께 지낼 날들이 많지 않다는 생각이 들었다. 그래서 하루하루 소중하기만 한 일상을 함께할 수 있는 집을 만들고 싶었다. 집에서 아이들을 살뜰히 보살피면서도 일하는 엄마로서의 당당함도 잃지 않기를 바랐다.

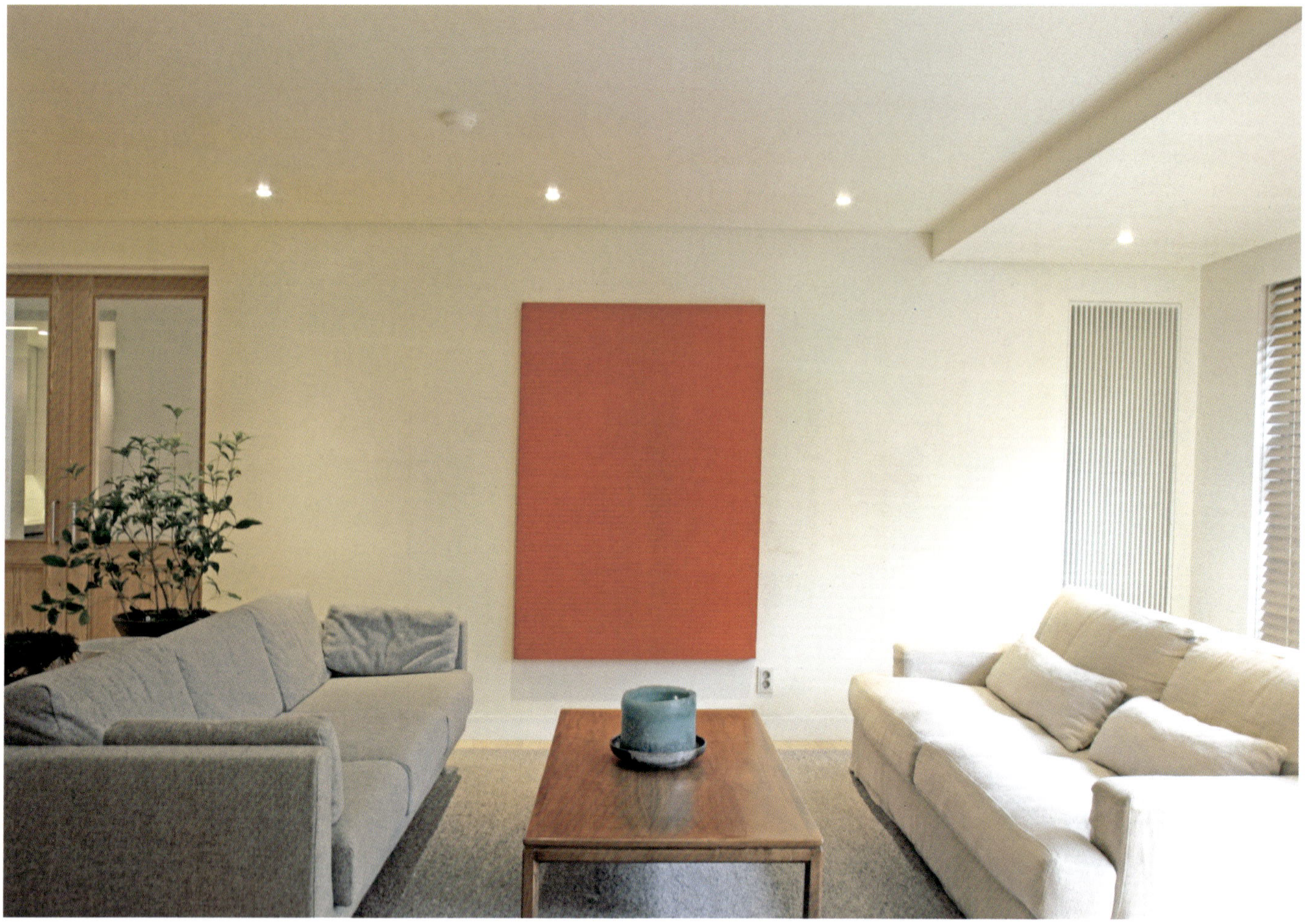

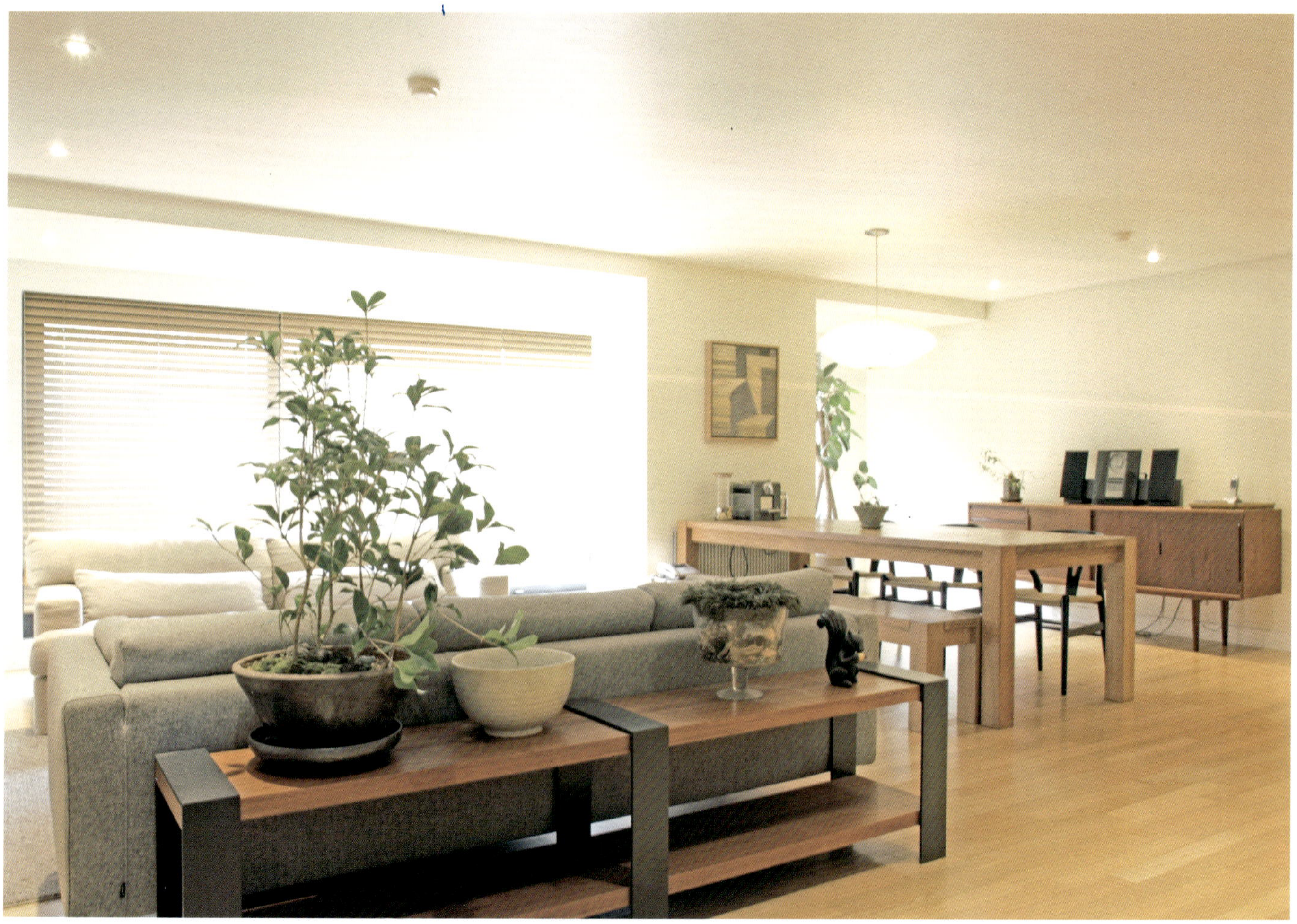

왼쪽 페이지

위 거실에는 그레이컬러와 화이트컬러의 패브릭 소파를 마주 보이게 배치하고 그 사이에 테이블을 놓았다. 단정하고 아늑한 분위기가 우러나는 가운데 하얀 벽에 선명한 레드컬러의 예술 작품을 걸어 산뜻한 포인트를 주었다. 여기에 조명은 작은 매입 등을 나란히 설치함으로써 간결한 느낌을 더했다. **아래** 내추럴한 스타일의 거실과 다이닝룸. 자연스러운 나뭇결이 살아 있는 원목 가구들이 놓여 있어 편안한 분위기가 감돈다. 거실은 소파 두 개가 마주 보게 배치되어 있고 그 앞에 선반과 화분이 자리하고 있어 더욱 아늑한 느낌이 든다.

오른쪽 페이지

위 서재 겸 인테리어 디자이너인 엄마의 작업실은 베란다 옆에 있어 운치가 남다르다. 벽면 가득 매입식 책장을 설치해 깔끔한 느낌을 강조하고 스틸 소재의 간이 테이블을 두어 밝고 가벼운 분위기로 연출했다. **아래** 핑크컬러를 더해 발랄하게 연출한 딸 방. 기존의 방 두 개를 터서 하나로 만들었기 때문에 채광이 좋다. 가구와 패브릭은 내추럴한 톤으로 선택해 오래도록 사용할 수 있도록 했고, 여기에 독특한 디자인의 펜던트 조명과 핑크컬러의 의자와 쿠션 등을 매치해 산뜻함을 부여했다.

주방은 사방으로 트여 있는 열린 구조다. 길이 3m
가 넘는 기다란 아일랜드테이블을 설치해 기능성
을 더했다. 요리나 설거지를 하면서도 아이들을 살
피거나 쉽게 이야기를 건넬 수 있다. 벽은 가전제
품을 빌트인해 깨끗하게 마감하고 아일랜드테이블
아래 수납장을 마련했다. 주방 맞은편에는 서재를
만들고 간이 테이블을 두었다.

아이들과 함께 소통하는 열린 구조 열린 구조를 만들기 위해서는 무엇보다 30년 가까이 된 낡은 아파트의 답답한 구조를 바꿀 필요가 있었다. 6개의 방을 4개로 줄이고 가족이 함께하는 공간인 주방과 거실, 다이닝룸에 더 많은 공간을 할애했다. 기존의 주방은 주부가 들어가서 요리나 설거지를 하면 고립되는 사방이 막혀 있는 구조였다. 벽을 허물어 오픈시키고 기다란 아일랜드 테이블을 두어 주부가 살림하면서도 가족과 소통할 수 있도록 했다. 기존의 다이닝룸이 있던 자리에는 서재를 만들어 주방과 서재가 마주하도록 했다. 서재는 가족이 책을 읽거나 컴퓨터 작업을 하는 공간이기도 하지만 인테리어 디자이너인 엄마의 작업실이기도 하다. 주방과 마찬가지로 이곳에서도 일하면서 딸아이가 공부하는 모습을 들여다볼 수 있다. 다이닝룸은 기존의 방 하나를 없애고 그 자리에 마련해 거실과 이어지도록 했다. 그런 다음 커다란 티크 다이닝테이블을 놓아 가족이 모여 식사하는 것은 물론 책을 읽거나 손님을 초대하기 좋도록 꾸몄다. 거실에는 TV를 두지 않고 소파와 테이블만 두었다. 화이트컬러와 그레이컬러의 푹신한 소파를 마주하도록 배치해 가족이 편안하게 기대 휴식을 취하거나 대화를 나눌 수 있도록 했다. 주방과 서재, 다이닝룸과 거실 사이에는 이동식 파티션을 설치해 때에 따라 닫히거나 열린 구조를 만들어내도록 했다. 한편, 거실의 단정한 분위기를 유지하고 싶었기 때문에 따로 가족실을 만들고 그곳에 TV를 설치했다. 이곳은 좀 어질러져도 허용되는 공간이다. 간식을 먹으며 편하게 TV를 보거나 음악을 들어도 문만 닫으면 정갈한 집 안 분위기를 해치지 않는다.

절제미가 돋보이는 공간 디자인 인테리어는 징갈하게 연출했다. 절제미가 돋보이는 내추럴 모던 스타일. 몰딩을 걷어내고 벽은 화이트컬러로 칠하고 바닥에는 밝은 톤의 나무 마루를 깔았다. 부분적으로 도배하더라도 벽지는 무늬가 없는 것을 선택했다. 여기에 거실에는 원목 가구와 패브릭 소파를 매치해 내추럴한 분위기를 살리고, 주방과 서재에는 블루컬러의 아일랜드 테이블과 스틸로 된 간이 테이블을 두어 감각적인 느낌을 더했다. 아이들 방에도 차분한 톤의 가구와 패브릭을 매치해 오래 사용해도 싫증이 나지 않도록 배려했다. 단, 딸 방에는 컬러풀한 조명과 의자, 소품 등을 더해 산뜻한 느낌이 들도록 했다.

침대 공간과 학습 공간을 효율적으로 배치했다. 책상에 앉으면 침대 공간이 등 뒤에 있는 구조여서 공부에 집중할 수 있다. 한쪽 벽에는 붙박이장을 가득 설치해 수납 문제도 효과적으로 해결했다.

오른쪽 페이지

1 심플한 디자인의 아들 방. 베란다를 확장해 공간을 넓히고 창가에는 침대 공간을, 그 앞에는 학습 공간을 조성했다. 침대 공간을 간소하게 연출했기 때문에 책상을 그 앞에 두어도 그다지 공부에 방해되지 않는다.
2 베이지 톤 타일로 마감된 부부 욕실은 깨끗하면서도 부드러운 느낌이 든다. 스틸 소재의 수납장과 거울 수납장 등이 모던한 분위기를 자아낸다. 세면대 맞은편에는 욕조가 있다.
3 아담한 가족 욕실. 좁은 공간이지만 샤워부스와 세면대 등을 효율적으로 배치해 사용하기 불편하지 않도록 했다. 입자가 작은 인디언핑크 톤의 타일로 마감해 아기자기하면서도 깔끔한 느낌을 살렸으며, 세면대 아래 수납장의 높이를 낮춰 답답해 보이지 않도록 했다.

before

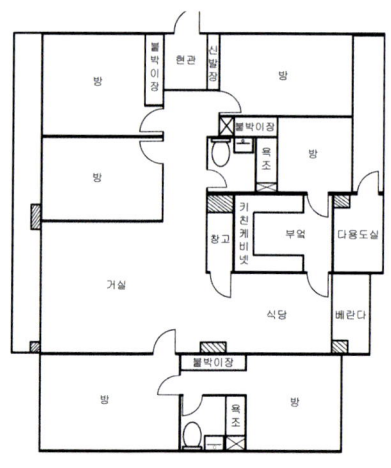

after

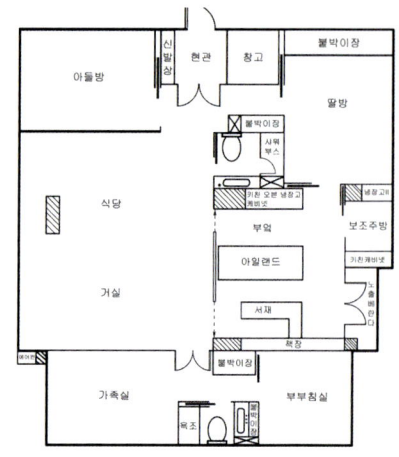

한옥을 아름답게 하는 요소인 마당을 거실에 들였다. 현대적으로 해석한 거실은 툇마루, 불발기창, 연등천장이 어우러져 전통미가 살아 있는 아늑한 소통 공간이 되었다.

고유한
주거 문화의 가치를
실현한 공간

아파트에 한옥을 짓다 최근에 우리 고유의 주거 형태인 한옥이 친환경 주거 공간으로 주목받으면서 그 가치가 재평가되고 있으며, 사람들의 관심 또한 날로 높아져가고 있다. 그런 가운데 이 집은 아파트에 한옥을 통째로 들여놓아 호기심을 끈다.

50대 중반인 집주인은 노부모를 모시고 있으며 출가할 자녀를 두고 있다. 평소 한옥에 살기를 원했지만, 생활 여건상 주거지가 아파트일 수밖에는 없었다. 그래서 이상과 현실을 접목해 한옥 인테리어에 도전해보기로 했다. 집주인은 전통 한옥의 기둥·보 방식을 적용해 고유의 비례가 돋보이는 실내를 조성하고, 적삼목과 히노끼 등 목재와 전통 창호, 전통 한지 등을 사용해 집을 새롭게 단장하기를 바랐다. 시공 업체인 태원목재는 실내를 구조변경하기 어려운 현실을 고려하여 북촌 한옥의 민도리 소로수장집을 기준으로 목재 사용 면적을 6㎡ 늘리기로 했다. 이렇게 하면 전통의 멋을 살려내면서 유해 물질을 차단하는 효과까지 거둘 수 있다고 판단했다. 한옥에 쓰이는 목재는 톤당 0.25톤의 탄산가스를 저장하니 6㎡는 1.5톤의 탄산가스를 저장한다. 그야말로 친환경 리노베이션이라고 할 수 있다.

그간 일일이 사람 손을 거쳐야 했기에 시공비가 비쌀 수밖에 없던 한옥 인테리어를 아파트에 실현할 수 있었던 것은 모든 자재를 공장에서 가공하고 현장에서는 조립만 하면 되는 표준화된 자동화 시스템을 갖추고 있었기 때문이다. 덕분에 인건비가 낮아져 시공비를 절감할 수 있었고, 비용을 절감한 만큼 목재 사용량을 늘려 한옥의 느낌을 더욱 살릴 수 있었다.

234

만남과 화합이 이루어지는 소통 공간을 들이다

대부분 아파트의 문을 들어서면 먼저 거실과 만나고 한옥의 대문을 들어서면 제일 먼저 마당과 만난다. 아파트의 거실과 한옥의 마당은 소통 공간이다. 한옥의 마당은 채와 채가 저만치 떨어져 서로 바라보는 관계 속에서 공간이 형성된다. 빈 마당은 건너편 방과 소통하고 싶은 마음을 불러일으키는 안과 밖의 소통 공간이다. 이곳에서는 한옥을 아름답게 하는 중요한 요소인 마당을 거실에 들였다. 거실은 안과 밖의 중간 지대로서 전통미가 살아 있으며 만남과 화합이 이루어지는 아늑한 소통 공간이 되었다. 여기에 대들보와 서까래, 툇마루, 연등천장, 아트월, 등박스, 벽체 패널, 문, 중문, 미서기 등을 들여 한옥의 디테일을 완성했다. 특히 거실의 천장은 100mm 단차를 두고 서까래를 걸쳐 아늑한 느낌이 들도록 했으며, 아트월은 음이온이 방출되는 목재를 사용해 TV나 컴퓨터에서 나오는 양이온을 차단하도록 했다. 또한, 한식 이중창을 설치해 소음을 차단하고 단열이 잘되게 했다.

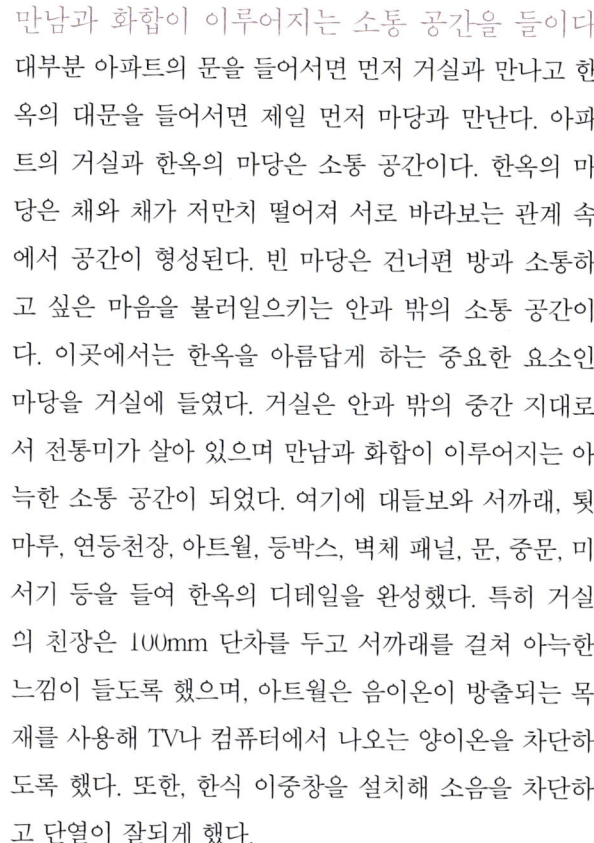

왼쪽 페이지

위 TV가 놓이는 곳은 적삼목으로 머름이 있는 아트월을 설치했다. 한옥의 멋이 돋보이는 머름 위로 가운데 4짝의 세살분합문을 설치하고 좌·우측에는 빗살 여닫이창을 달았다. 세살창은 조선시대 가장 많이 사용되던 살창으로 세로살을 문울거미 안에 꽉 채우고 가로살은 위아래와 중간에 3~4가닥을 보낸다. 살이 촘촘할수록 고급스러운 창이라 할 수 있다.
아래 한옥은 앉아서 생활하는 방과 일어서서 활동하는 대청의 천장 높이가 다르다. 방은 앉아서는 아늑하고 누워서는 포근해야 한다. 거실 천장은 100mm 단차를 두고 서까래를 걸쳐 전통미를 살렸다.

오른쪽 페이지

위, 아래 전통 마을의 골목길을 연상케 하는 복도. 호두나무 원목으로 길게 이어지는 마루와 가문비 목재 패널로 장식된 벽의 하단부가 홍송을 이용한 천장의 홀처마 서까래와 화이트 톤의 한지와 어우러져 조화를 이룬다. 조명은 간접조명을 설치해 은은한 분위기를 살렸다.

불발기창과 완자살 미서기 창을 통해 은은한 빛이
머무는 툇마루를 적삼목으로 만들었다. 툇마루는 소
통의 공간이자 들고날 때 한숨 돌리고 쉴 수 있는
공간이기도 하다. 이곳 역시 집안에서 한가로이 여
유를 만끽할 수 있는 비어 있는 공간이다. 천장에는
현대적인 시스템에어컨을 설치했다.

목재로 자연이 숨 쉬는 공간을 만들다 태원목재는 목재를 충분히 사용해 자연 속에서 살아 숨 쉬는 듯한 친환경적인 공간을 만들고자 했다. 목재는 90mm, 110mm 두께의 큰 부재를 주로 사용해 콘크리트의 유해성을 차단하고 실내 공기를 쾌적하게 유지하면서 습도 조절 기능까지 갖추도록 했다. 목재는 콘크리트에서 나오는 유해 물질을 거르고 피톤치드를 내뿜어 공기를 상쾌하게 바꿔주며 습도를 조절해 더욱 쾌적한 환경을 조성한다. 특히 습도 조절은 큰 목재를 사용해야 효과를 볼 수 있다. 대개 두께가 10~16mm인 목재도 습도 조절 기능이 있지만, 효과가 지속되는 기간이 매우 짧다. 1년 주기로 습도 변화가 큰 상황에서는 적어도 두께가 57mm는 되어야 그 효과가 지속된다. 목재의 결구는 전통 짜맞춤 공법을 적용해 집 전체가 호흡할 수 있도록 함으로써 실내에 습기가 가득 차거나 건조해지지 않도록 했다. 한편, 아트월은 치수 안정성이 뛰어나며 향기가 좋은 북미산 적삼목(Red cedar)을, 벽체에는 목재 중 피톤치드가 가장 많이 나오는 편백(Hinoki)을, 천장에는 높아 보이도록 밝은 색상의 목재인 가문비나무(Spruce)를, 창에는 수수한 아름다움이 돋보이는 솔송나무(Hemlock)를, 포인트 벽에는 침엽수의 가벼움을 안정시키기 위해 브라질산 이페(Ipe)를 사용했다. 이러한 목재들을 목시율(木視率 : 목재가 보이는 비율)이 좋도록 효과적으로 사용해 실내를 편안한 공간으로 연출했다.

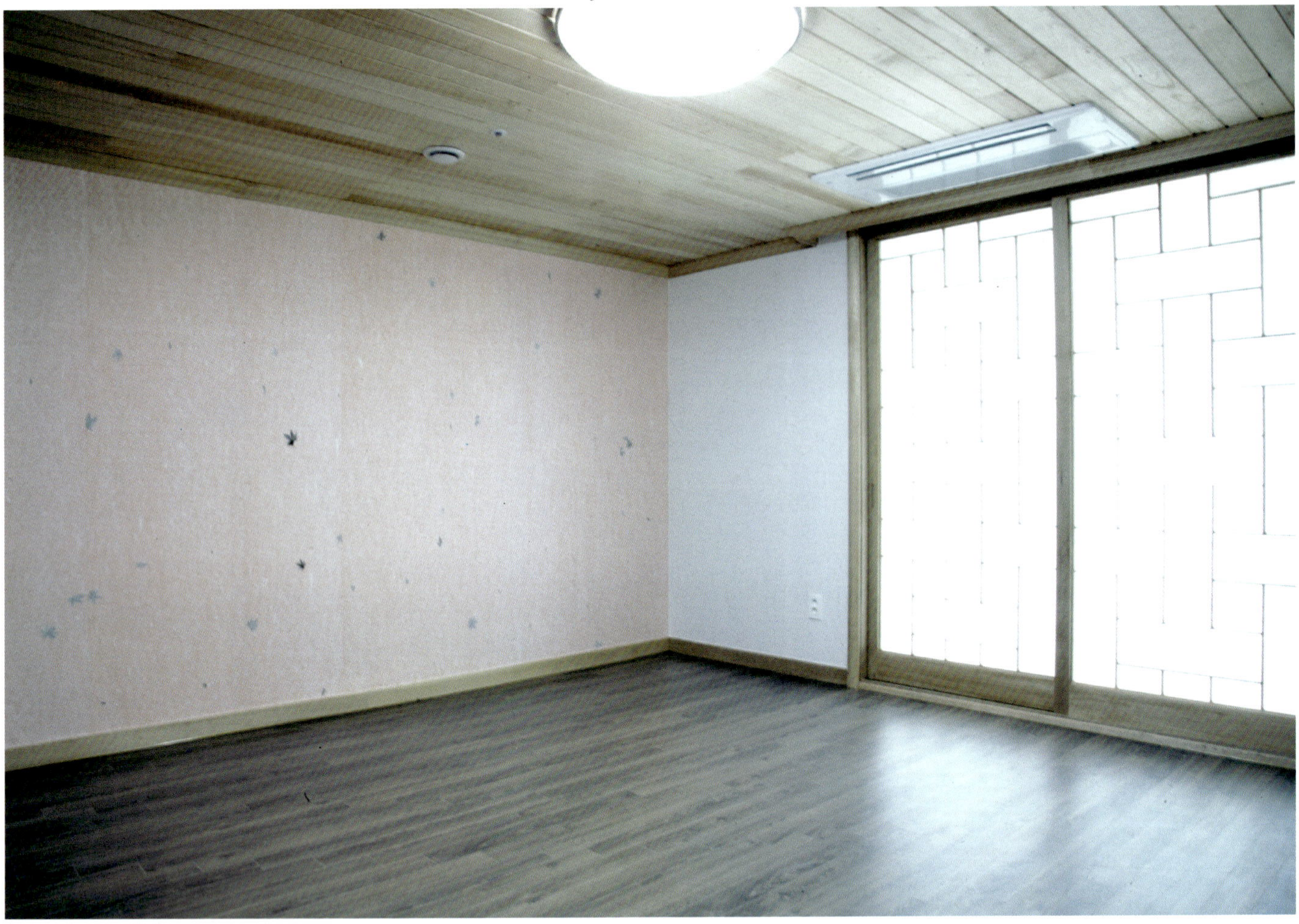

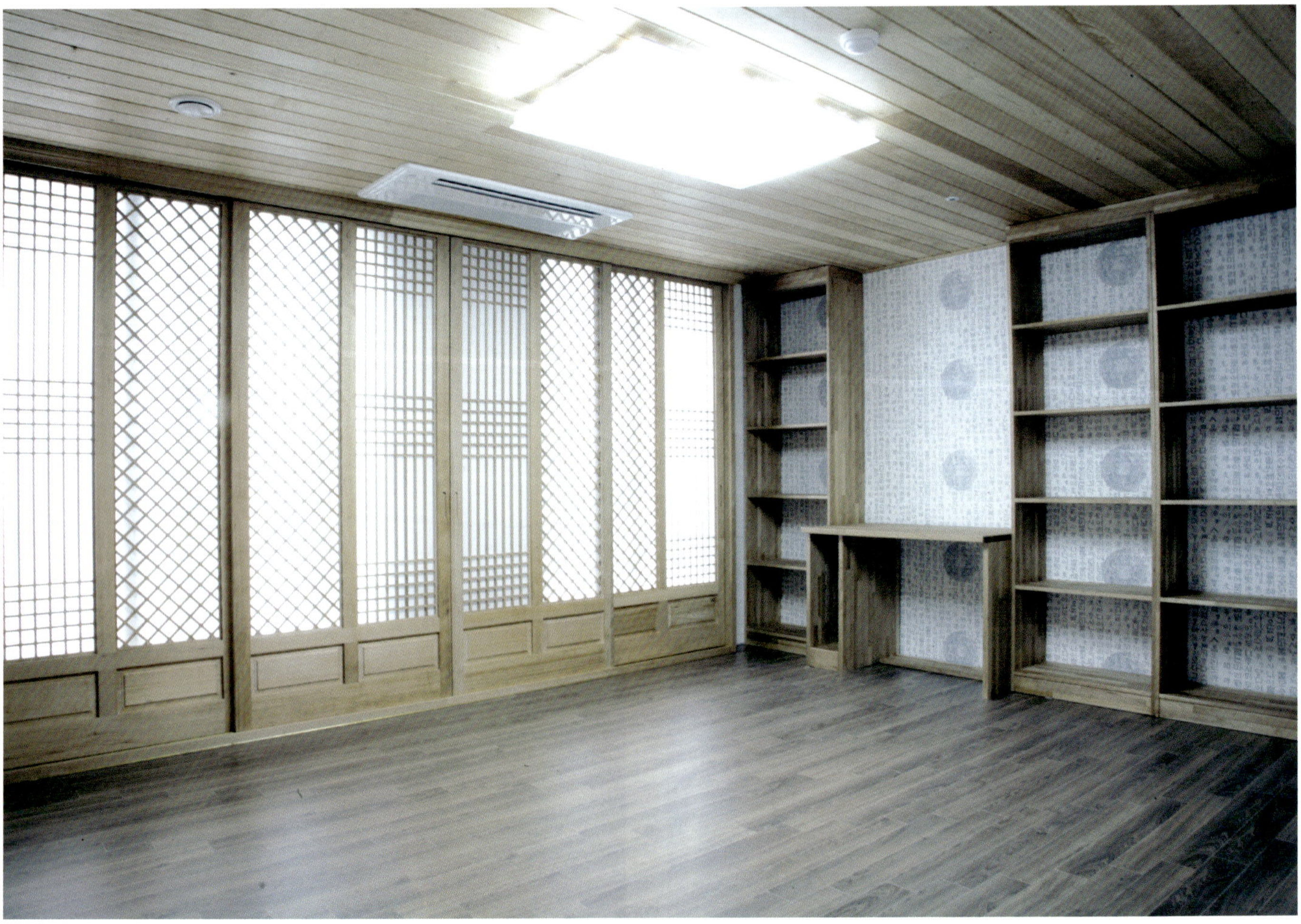

왼쪽 페이지

위 벽은 전통 한지를 바르고 천장은 가문비 목재 패널로 마감했으며, 창에는 솔송나무 숫대살 미서기를 설치했다. 전통 한지는 빛과 바람을 통파시키면서 은은함을 선물한다. 숫대살은 수효를 셈하는 데 쓰던 산가지를 놓은 모양으로 짠 문살로 전통미가 돋보인다.

아래 방 하나를 서재로 꾸몄다. 한쪽에는 솔송나무로 책장을 제작해 설치하고 한쪽에는 이중창을 달아 소음 차단과 단열에 신경을 썼다. 이중창은 청판 위의 미닫이 문짝이 한 짝인데 세살과 빗살을 같이 제작하여 두 짝처럼 보이게 구성한 아이디어 상품이다. 반복적으로 배치한 빗살은 붙박이로 보이고 세살은 문으로 보이는 착시가 일어나지만 거부감은 들지 않는다.

오른쪽 페이지

위 전통 문양의 세살과 빗살이 어우러져 이것만으로도 하나의 디자인이 완성되었다. 가운데 세살창 아래 청판을 붙여 세살청판문이라 하고 좌·우측 살대를 45도 만살로 건 빗살 아래 청판을 붙여 빗살청판문이라 한다.

아래 샤워공간은 습식으로, 화장실과 세면대는 건식으로 사용할 수 있도록 했다. 대부분 바닥과 벽체는 모자이크 타일로 마감하고, 샤워 공간의 한 벽체는 불규칙한 문양의 타일을 배치해 단순해 보일 수 있는 공간에 색다른 공간감을 부여했다.

239

서울시 관악구 봉천동
벽산블루밍아파트

40평 132m²

디자인 성진용/
게바환경디자인연구소

박물관 전시공간처럼 꾸민 거실. 소파 뒤 벽면과
TV가 놓이는 벽면에 모두 유리 진열장을 설치했
다. 진열장 높이를 달리해 다양한 크기의 작품을
전시할 수 있도록 했다. 진열장 사이사이에는 LED
조명을 넣어 더욱 환상적인 느낌이 들도록 했다.
소파 테이블도 유리로 만들어 작품을 전시하듯 넣
어둘 수 있게 했다.

피규어 컬렉터를
위한 사이버틱한
박물관

미래의 가상 공간을 들여놓다 문을 열고 들어서
는 순간 사이버틱한 세계가 펼쳐진다. 복도 끝까지 천
장에 길게 뻗은 나무 조형물은 스타워즈 광선을 연상
케 하고 거실은 박물관의 전시 공간을 옮겨놓은 듯하
다. 이 집의 주인은 피규어 마니아다. 그가 리노베이션
을 결심한 것은 자신의 분신 같은 애장품들을 전시할
공간을 마련하기 위해서였다. 오랜 세월 모아온 수백
점에 달하는 작품들을 전시하기 위해서는 집의 어느
한 공간이 아니라 집 전체를 새롭게 변화시켜야 했다.
그의 바람은 신선하고 도전적인 작업을 흔쾌히 여기는
디자이너를 만나 현실로 이루어졌다. 디자이너는 집 자
체를 하나의 거대한 박물관으로 만들기로 하고 대영박
물관의 전시 공간을 모티프로 구체적인 개조 방안을
마련했다.
우선 현관에서 들어서는 순간 사이버틱한 분위기를 느
낄 수 있도록 현관에서 정면의 욕실 앞까지 천장에 긴
나무를 스타워즈 광선처럼 배열했다. 쭉쭉 뻗어 나간
나무 사이로 작은 조명을 설치해 더 환상적인 느낌이
들도록 연출했다. 거실은 그대로 전시 공간이 되도록
꾸몄다. 양쪽 벽면 가득 유리로 된 진열장을 제작해 설
치하고 유리 진열장의 위아래에는 블랙 프레임을 둘러
커다란 진열장이 거대한 액자처럼 느껴지도록 했다. 진
열장 사이사이에는 LED 조명을 넣어 작품들이 돋보이
도록 했다. 또 복도의 한쪽 벽면은 블랙 타일로 마감하
고 기다란 진열장 두 개를 설치해 디자인 포인트가 되
도록 했다. 다이닝룸의 한쪽 벽면과 현관에서 바로 옆
방으로 이어지는 복도 벽면에도 진열장을 설치해 더
많은 전시 공간을 확보했다.

왼쪽 페이지

입구에서 바라본 실내 전경. 왼쪽은 거실로, 오른쪽은 다이닝룸과 주방으로 연결된다. 정면 벽체에도 유리 진열장을 짜 넣어 이미지월이 되도록 했다.

오른쪽 페이지

위 주방에서 바라본 다이닝룸과 거실 전경. 다이닝룸의 한쪽 벽에도 유리 진열장을 설치하고 피규어들을 나란히 전시해놓았다. 펜던트 조명도 사이버틱한 느낌이 나는 디자인을 선택했다.
아래 곳곳에 유리 진열장이 있어 자칫 산만한 느낌이 들 수 있기 때문에 복도 벽면은 무게감 있게 연출했다. 블랙 타일로 마감하고 진열장은 부분적으로 설치해 벽 자체가 집 안의 디자인 포인트가 되도록 했다.

스타워즈의 이미지와 연결되도록 주방에는 하이테
크적인 디자인을 적용했다. 주방가구를 화이트컬
러 하이그로시 소재로 짜 넣고 블랙컬러로 포인트
를 주었다. 모든 가전제품은 빌트인하고 냉장고 외
에 가전제품은 밖으로 드러나지 않도록 셔터를 달
아 감추었다.

주방과 욕실에는 아내의 취향을 담아내다 집 안의 많은 공간을 박물관처럼 연출했기 때문에 주방과 욕실은 아내의 취향에 맞췄다. 아내는 주방은 모던하고 깔끔하게, 욕실은 여성스러운 감성으로 꾸미기를 원했다. 디자이너는 주방에 하이테크적인 이미지를 부여했다. 거실, 다이닝룸, 복도와 어우러지도록 하면서 아내의 의견을 반영하기 위해서였다. 주방가구는 화이트컬러 하이그로시로 마감하고 블랙컬러로 포인트를 주었다. 냉장고, 전자레인지, 쌀통 등 모든 가전제품은 빌트인하고 스틸로 된 셔터를 달아 냉장고 이외의 가전제품은 모두 보이지 않도록 했다. 하이테크적인 분위기를 강조하기 위해 주방 같지 않은 주방을 완성한 것이 포인트이다. 욕실에는 화사한 분위기를 살리기 위해 컬러풀한 모자이크 타일을 활용했다. 샤워부스의 전체 벽면을 모자이크 타일로 감싸고 세면대 쪽에도 모자이크 타일로 포인트를 주었다.

이 집에서는 집을 박물관처럼 꾸며놓은 것도 신기하지만, 아내가 남편의 마니아적인 취미를 존중해주고 있다는 것이 감탄스럽기만 하다. 대부분 공간을 남편의 애장품을 위해 내준 아내의 배려에서 이 집에 평온한 행복이 깃들어 있음을 읽을 수 있다.

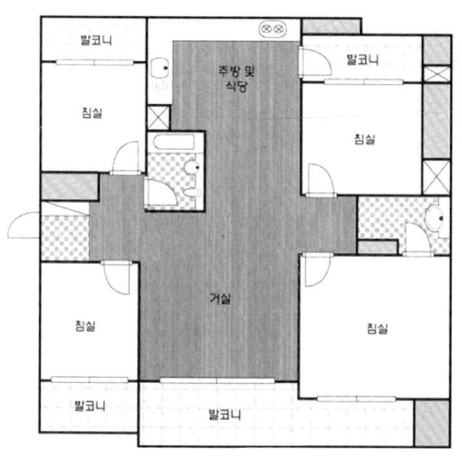

왼쪽 페이지

또 하나의 전시 공간인 작업실. 피규어를 제작하고 조립하기 위해 별도로 마련한 작업 공간이다. 자연스러운 시멘트 벽돌 느낌의 벽지로 마감하고 진열장을 벽처럼 만들거나 이동식으로 제작하는 등 변화를 주어 재미있게 연출했다.

오른쪽 페이지

왼쪽 거실 베란다 벽면에도 유리 진열장을 설치했다. 창에는 우드 블라인드를 설치해 천장의 나무 장식과 이미지가 연결되도록 했다.
오른쪽 한쪽 베란다는 산뜻한 분위기로 연출했다. 벽을 하늘색 스트라이프 패턴 벽지로 마감하고 작은 선반을 나란히 설치했다. 작은 소품들을 올려 장식 효과를 내기에 안성맞춤이다. 블라인드 역시 하늘색 톤으로 선택해 통일감을 주었다.

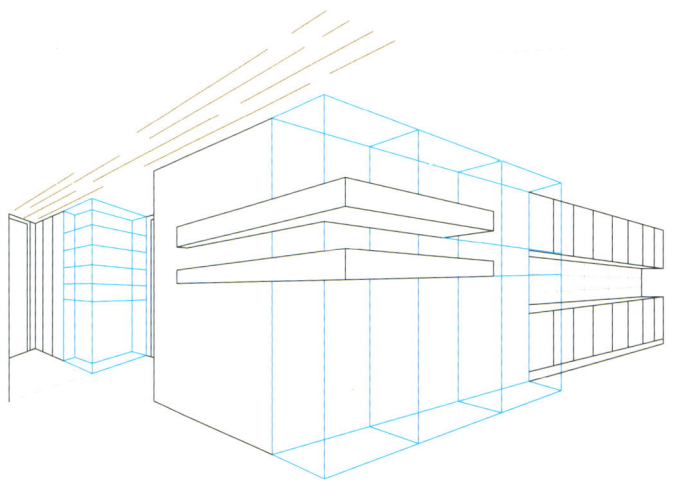

왼쪽 페이지

1 붙박이장을 활용해 재미있고 경쾌하게 연출한 아이 방. 벽은 하늘이 그려진 벽지와 스트라이프 패턴 벽지로 마감해 산뜻한 느낌을 살렸다. 여기에 독특한 디자인의 붙박이장을 설치해 캐주얼한 분위기를 더했다.
2, 3 욕실에는 화려함과 모던함이 공존한다. 샤워 부스는 전체 벽면을 컬러풀한 모자이크 타일로 마감해 화려한 이미지를 부각했다. 세면대 공간은 화이트 톤 타일로 깨끗하게 마감하고 거울이 달린 수납장, 심플한 디자인의 세면대를 설치했다.

오른쪽 페이지

현관에서 바라본 내부 전경. 복도 끝까지 천장에 긴 나무를 붙여 스타워즈 광선이 나가는 느낌을 주었다. 현관에는 전신 거울과 광택이 나는 그린 톤의 수납장을 설치해 사이버틱한 분위기를 강조했다.

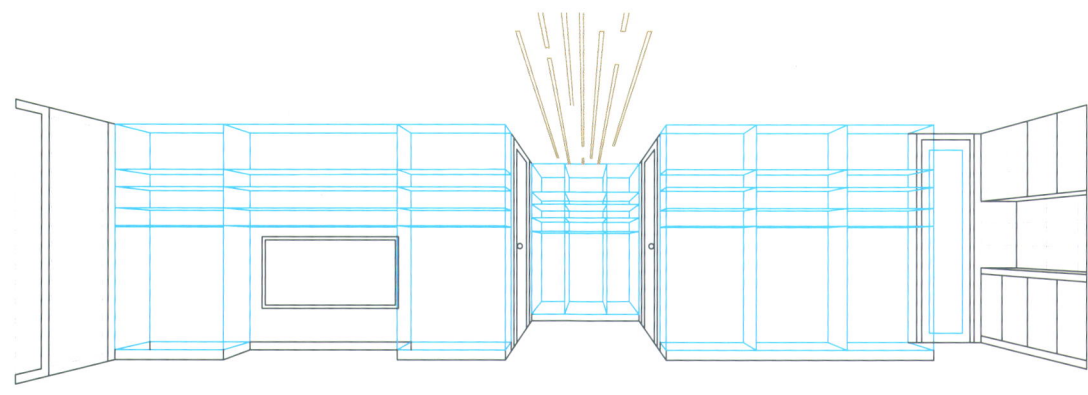

249

경기도 과천시 별양동
주공아파트
37평 122m²
디자인 임태희/
임태희디자인스튜디오
사진 박영채

다채롭고 선명한 컬러를 사용해 모던하면서도 발랄한 분위기를 완성했다. 방문과 수납장은 그린컬러로 통일했고, 욕실은 오렌지컬러, 벽은 스카이블루컬러로 포인트를 주었다. 수납장과 의자 등도 컬러로 악센트를 주어 디자인적인 재미를 부여했다. 방문에는 불투명 유리를 끼워 내부가 보이지는 않지만 소통하고 있다는 기분이 들도록 했다.

유쾌한 일상을
디자인하는 집

발상의 전환으로 기능성과 아늑함을 추구하다
아파트에 대한 정형화된 틀을 깨는 집이다. 작은 집은
탁 트여 있어야 하며 밝은 톤의 한두 가지 컬러만 입혀
야 더 넓어 보인나는 생각이 이 집에서는 여지없이 무
너진다. 디자이너는 오히려 정반대의 공식을 대입함으
로써 공간에 색다른 개성을 부여했다.
지은 지 28년 된 37평 아파트는 오래되고 작은 아파트
특유의 구조를 그대로 간직하고 있었다. 거실과 주방,
다이닝룸, 그리고 방 4개와 욕실 2개가 여백이 없을 정
도로 꽉 들어차 있어서 부부와 초등학생 아이 둘, 네 식
구가 살기에는 다소 작고 답답한 구조였다. 흔히들 좁
은 공간은 그 문제점을 극복하기 위해 다 터서 텅 빈 느
낌을 주어야 한다고 생각한다. 하지만 디자이너는 공간
을 트지 않고 적절한 동선을 만들어줌으로써 각 공간
의 활용도를 높였다. 또 가구를 그냥 놓는다는 개념에
서 벗어나 공간과 가구가 유기적으로 관계를 맺도록 했
다. 이러한 아이디어는 근대건축의 거장 르코르뷔지에
의 작업에서 모티프를 얻었다. 르코르뷔지에는 가구가
공간을 나누거나 다양한 기능성을 지니도록 디자인함
으로써 공간을 더 풍요롭고 자유롭게 구성하고자 했다.

before

after

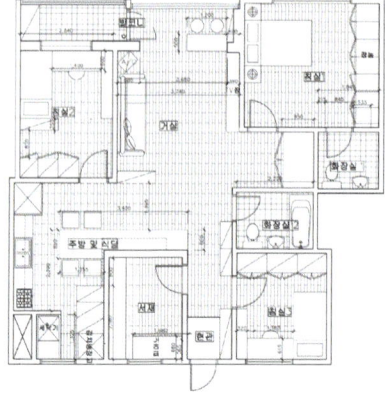

1 네모난 벽에 기다랗고 네모난 수납장을 달아 벽
자체에 기하학적인 조형미를 불어넣었다. 수납장
과 테이블은 자연스러운 나뭇결이 살아 있도록 디
자인했다. 수납장 문과 의자를 레드컬러로 통일해
공간에 리드미컬한 재미를 더했다.
2 거실에 수납장을 놓아 다른 공간과 구분했지만,
오히려 넓어 보인다. 벽과 수납장에 기하학적인 패
턴을 가미해 더욱 개성 있게 연출했다. 이곳에서
수납장은 책장이자 파티션이며 장식적인 요소이기
도 하다.
3 기다란 테이블의 끝은 4인용 식탁이고 그 주변
은 자연스럽게 다이닝룸이 된다. 커다란 펜던트 조
명을 달아 공간감을 강조했다. 그 옆으로 주방이
보인다.

따뜻하면서 아기자기한 감성이 돋보이는 주방에
푸른색 타일과 베이지 톤 타일로 자연스러운 느낌
을 살렸으며 빈티지한 디자인의 주방가구는 레드
컬러로 포인트를 주어 다른 공간의 가구들과 자연
스럽게 연결되도록 했다.

공간 구성에 재미를 주는 가구를 디자인하다
우선 현관 바로 옆에 있는 방을 활용해 주방과 거실을
더욱 확연하게 나눴다. 각 공간의 기능성을 살리면서
아늑한 분위기를 조성했다. 방의 벽체를 둘러싸고 주방
까지 길게 이어지도록 테이블을 설치하고 벽에는 수납
장을 달았다. 이곳은 자연스럽게 아이들이 공부하거나
부부가 책을 읽거나 혹은 네 식구가 모여 밥을 먹는 가
족의 일상 공간이 되었다. 맞은편 거실에는 수납장을
제작해서 설치함으로써 거실을 다른 공간과 분리했다.
수납장에는 책을 꽂아 간단한 라이브러리로 연출하고
아이들이 거실로 나와 소파에서 책을 읽거나 대화를 나
눌 수 있도록 했다. 딸 방에는 수납장과 침대를 제작해
설치함으로써 공간의 효율성을 높이면서 재미있는 요
소를 디했다. 침대 헤드는 파티션이자 화장내이기도 한
독특한 디자인. 헤드의 높이를 높이고 반대편에 화장대
를 설치해 수납장과 침대 헤드 사이에서 옷을 갈아입거
나 몸단장을 할 수 있도록 했다.

**색채와 기하학적인 조형미를 살려 개성을 더
하다** 또한, 다채로운 색채를 들이고 기하학적인 디자
인 요소를 가미했다. 이것 역시 색채로 공간을 분할하
고 기하학적인 조형미를 선보였던 르코르뷔지에의 작
업에서 힌트를 얻었다. 테이블이 설치된 벽은 하늘색으
로 마감하고 욕실은 오렌지컬러로, 방문과 붙박이장의
문은 그린컬러로 깔끔하게 칠했다. 또 욕실 문에는 작
은 창을, 방문에는 큰 창을 냈고 거실 수납장과 긴 테이
블 위 선반, 주방가구 등에는 기하학적인 조형미를 강
조했다. 여러 가지 컬러와 기하학적인 패턴을 활용했음
에도 공간이 산만해지지 않은 것은 자연스러운 나뭇결
이 살아 있는 가구와 바닥으로 무게 중심을 잡아주었기
때문이다. 이렇게 디자이너는 20세기 모더니즘 디자인
의 미학이 살아 있는 공간을 완성해냈다. 산뜻하면서도
간결하며 기능적인 공간. 그곳에서 가족의 일상은 즐겁
고 유쾌하게 펼쳐진다.

왼쪽 페이지

1 거실 맞은편에는 하늘색 벽체를 따라 긴 테이블을 설치해 독특하면서도 자유로운 공간을 구성했다. 긴 테이블은 주방과 다이닝룸, 거실을 확연하게 나누어주는 동시에 그 자체로 책상이자 식탁이 된다. 하늘색 벽에 달린 수납장과 화이트컬러의 작은 조명을 더해 더욱 감각적인 디자인을 완성했다.
2 오렌지컬러의 문을 열면 깨끗하고 깔끔한 디자인의 욕실이 보인다. 20세기 모더니즘을 모티프로 디자인된 아이보리컬러의 타일 벽면과 거울 수납장, 세면대 등에서 빈티지한 감성이 느껴진다.
3 딸 방에서는 기능적인 가구 디자인과 배치가 돋보인다. 작은 방이지만 수납장 앞에 침대 헤드를 놓아 공간을 나눈 것이 재미있다. 침대 헤드는 화장대 겸 선반으로 양면 모두 사용할 수 있는 독특한 디자인이다.

오른쪽 페이지

위 디자이너는 20세기의 위대한 건축가 르 코르뷔지에의 작품에서 영감을 얻어 곳곳에 선명한 컬러를 활용해 면 분할을 시도했다. 여기에서는 화이트컬러와 우드 컬러를 베이스로 삼고 그린컬러와 오렌지컬러로 포인트를 주었다. 다양한 비례를 지닌 입면이 마치 몬드리안의 작품 같다.
아래 오래된 아파트라 현관이 유난히 좁다. 벽면을 가득 채운 신발장을 걷어내고 키가 낮은 수납장을 설치했다. 대신 거실에도 수납장을 하나 더 마련해 수납공간을 넉넉하게 확보했다. 간접조명을 달아 보다 분위기 있게 연출했다.

서울시 송파구 잠실동
잠실주공5단지

35평 115m²

디자인 정은진

빈티지한 감성이 한껏 묻어나는 거실. 벽과 바닥은
기존의 마감재를 떼고 콘크리트에 코팅하고, 천장
은 마감재를 걷어내 노출하고 조명을 달았다. 여기
에 빈티지한 디자인의 소파와 의자, 자전거, 그리
고 예술 작품을 더하니 그대로 트렌디한 카페가 완
성되었다.

비움의 미학으로
단장한
누드 인테리어

낡은 벽지를 벗고 본연의 속살을 드러내다 화장에 빗대자면 이 집은 내추럴한 피부 톤을 살리는 누드 메이크업을 했다. 뭔가를 덧바르거나 새로 칠하는 것이 아니라 걷어내고 비워내는 작업을 통해 자연스러운 속살을 드러낸 것이다. 인테리어 디자이너 정은진 씨가 자신의 집을 리노베이션하면서 도전한 콘셉트는 누드 인테리어, 그녀는 일본에 살다 이사를 오면서 지어진 지 30년이 넘는 오래된 아파트를 선택했다. 묵은 공간이 주는 자연스러운 느낌을 좋아하는 데다 녹지가 많아 마음에 들었다. 오래된 만큼 손볼 데가 많아 리노베이션을 해야 했지만, 재개발을 앞둔 터라 뭔가를 더하고 꾸민다는 게 마땅찮았다. 그래서 생각해낸 것이 누드 인테리어이다. 구조나 마감재를 더하지 않고 오히려 덜어내 본래의 자연스러움을 찾기로 한 것이다.
집이 오래된 만큼 기본 시설이 낡았기 때문에 바닥 난방과 외벽 단열 등 뼈대에 해당하는 공사를 우선시하고 인테리어는 힘을 뺐다. 이때 '더하지 않는다'는 콘셉트에 충실하기 위해 마감재를 따로 쓰지 않았다. 바닥과 벽은 빛바랜 벽지와 마루를 벗겨내자 드러난 콘크리트를 코팅만 했고 천장은 마감재를 걷어내고 골조와 배관을 그대로 노출했다. 욕실에도 타일을 바르지 않았다. 이렇게 벽과 바닥, 천장을 마감하니 콘크리트 특유의 거칠고 자연스러운 질감과 색감이 묻어나 빈티지한 느낌이 들었다.

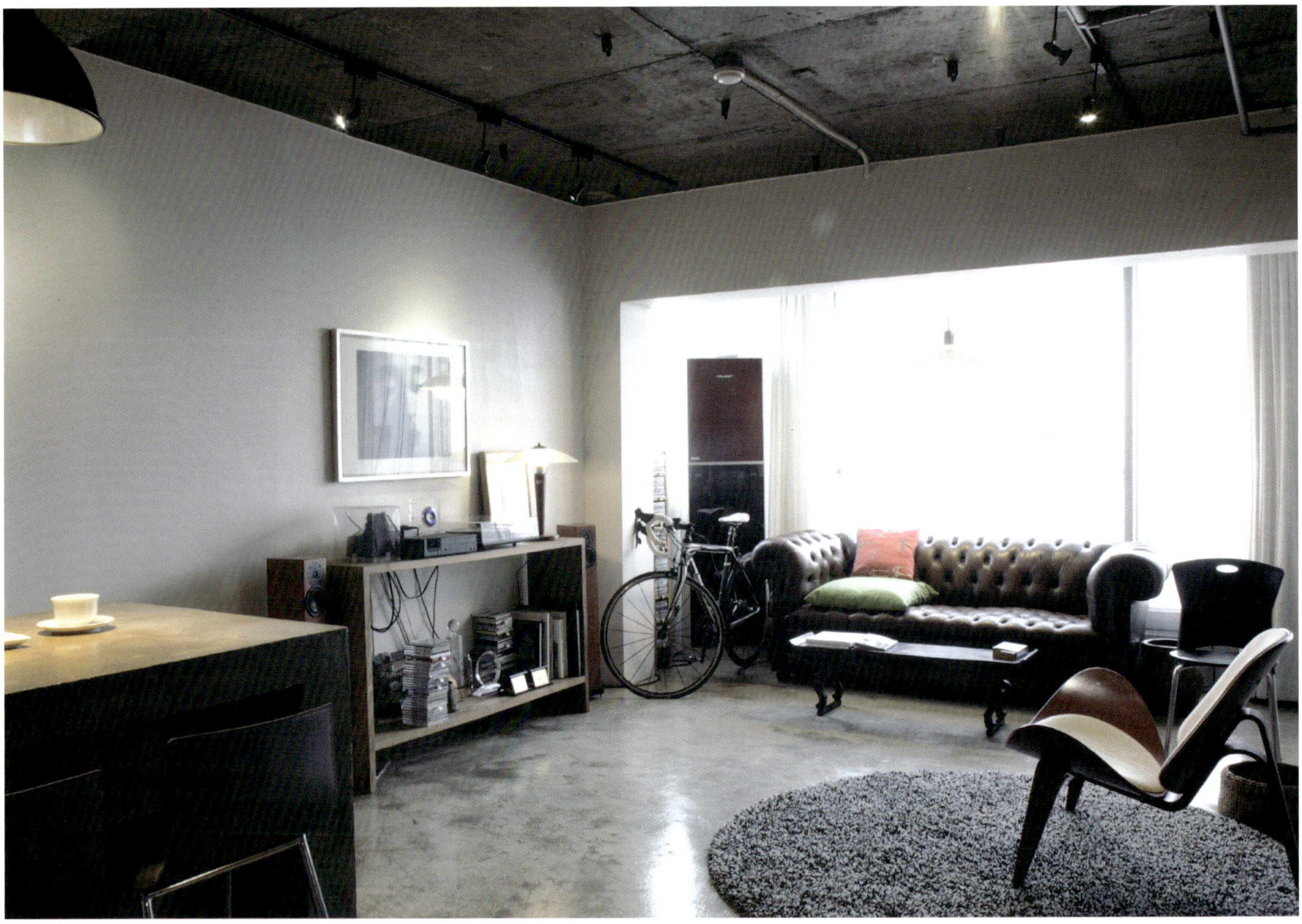

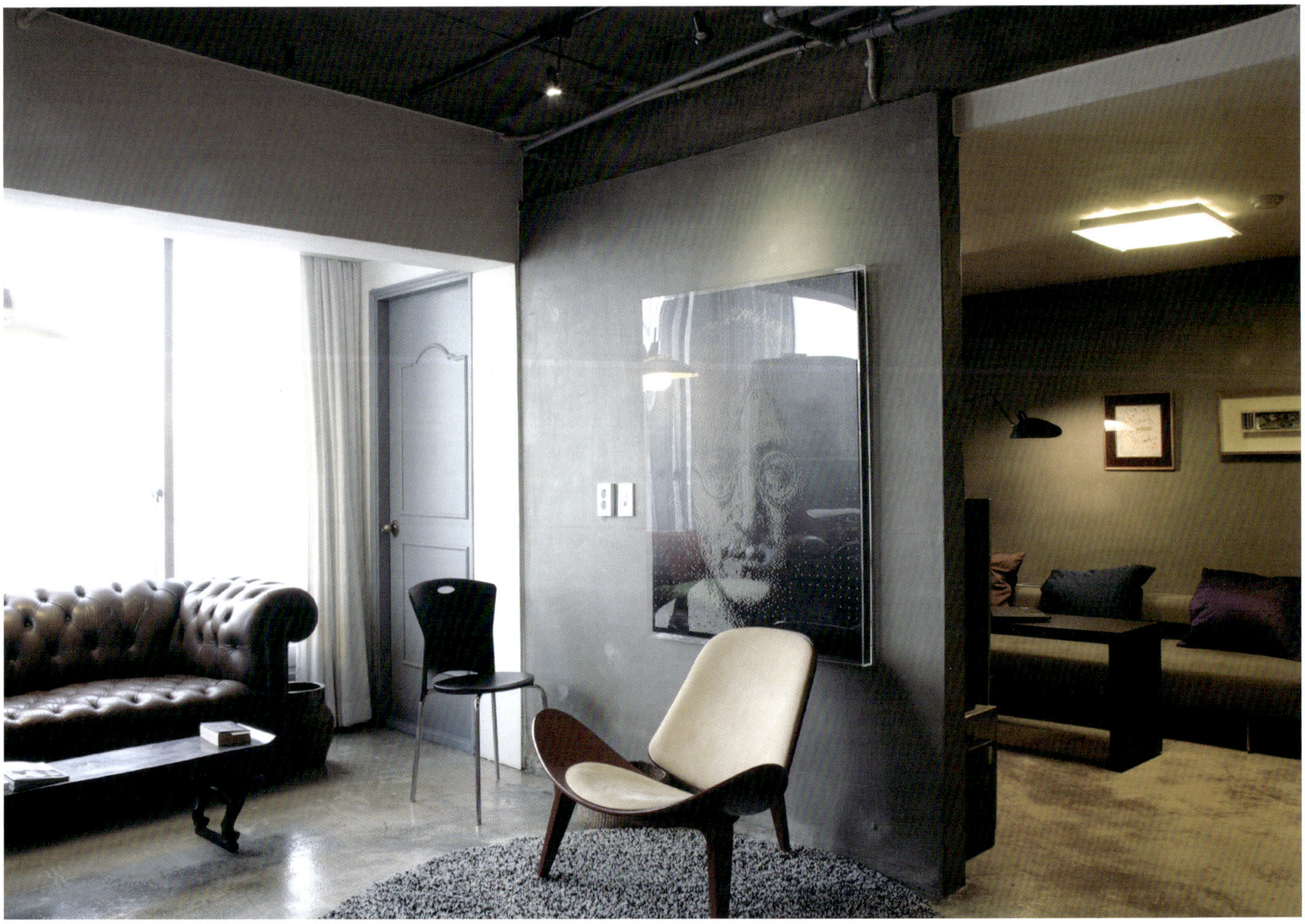

왼쪽 페이지

위 하얀 벽은 콘크리트를 도배하기 전에 하는 밑 작업인 퍼티 작업을 해 자연스러운 느낌을 살린 것이다. 전체적으로 회색 벽과 하얀 벽을 조화시켜 삭막한 느낌이 들지 않도록 했다.

아래 거실과 서재 사이의 벽을 일부 허물어 독특한 구조를 완성했다. 한옥의 중첩 구조에서 영감을 얻은 것이다. 한옥에서는 문 안에 문이 있고, 창 안에 바깥 풍경이 보이듯 이 집에서는 앉으면 거실과 주방이 보이고 거실과 주방에 앉으면 서재가 들여다보인다. 서재와 복도 사이의 문도 없애 서재와 복도 역시 시선이 넘나들 수 있도록 했다.

오른쪽 페이지

공간을 효율적으로 사용하기 위해 외국에서 대학을 다니는 큰아들이 돌아오면 사용하는 방을 서재로 꾸몄다. 이곳에서는 특히 소파 테이블을 높게 제작해 설치해 공간 활용도를 높였다. 대학교수인 남편은 TV를 보거나 컴퓨터를 하고 아내는 잡지를 뒤적이고 둘째 아들은 부모 옆에서 뒹굴며 숙제를 하거나 책을 본다.

주방에는 한쪽 벽에 냉장고를 빌트인할 수 있는 수
납장을 짜 넣고, 가운데에는 아일랜드 테이블을 만
들어 설치했다. 아일랜드 테이블은 거푸집에 시멘
트를 부어 만들었는데, 소재와 디자인이 누드 콘셉
트인 인테리어와 무척 잘 어울린다. 벽 쪽에 있던
싱크볼을 아일랜드 테이블에 설치해 한 공간에서
조리하고 식사하고 설거지까지 할 수 있도록 했으
며, 테이블 아래에는 수납장을 짜 넣어 정수기, 밥
솥, 그릇 등을 깔끔하게 수납할 수 있도록 했다.

아파트에 한옥의 중첩 구조를 들이다 마감재에서 '누드'라는 콘셉트를 잡았다면 집의 구조에서는 '한옥의 중첩'을 모티프로 삼았다. 독립된 여러 채가 모여서 이루어진 한옥에서는 풍경이 중첩된다. 문 안에 문이 있고, 창 안에 창이 있다. 자신이 있는 곳도 운치 있지만, 건너편 풍경도 아름답다. 디자이너는 아파트에 중첩의 개념을 들여놓았다. 큰아들이 외국에서 대학생활을 하고 있어 큰아들 방을 서재로 꾸몄는데, 서재의 문틀을 없애고 벽을 일부 허물어 복도와 서재, 거실, 주방으로 동선이 자연스럽게 흐르도록 했다. 덕분에 집은 한옥처럼 공간과 공간이 열려 있으면서 어느 곳에서나 중첩된 시야를 확보할 수 있게 되었다. 주방의 아일랜드 식탁 앞에 앉으면 서재를 들여다볼 수 있으며 서재에 앉으면 거실과 주방을 내다보거나 복도에 걸린 그림을 감상할 수 있다.

before

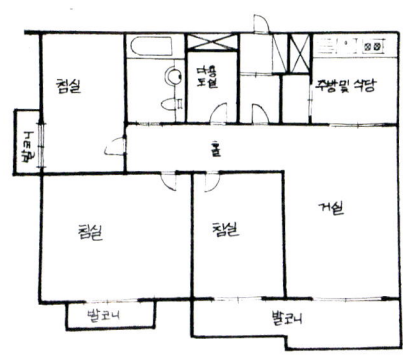

after

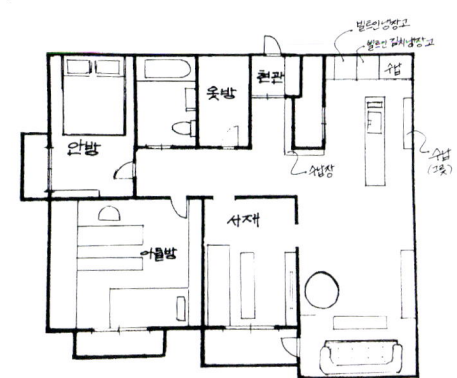

왼쪽 페이지

1 복도에서 바라본 주방 전경. 시멘트로 만든 아일랜드 테이블이 중심 역할을 해 한층 산뜻해 보인다. 구조가 그대로 드러난 천장에 달린 펜던트 조명, 하얀 벽에 걸려 있는 예술 작품 등이 어우러져 빈티지한 감성을 연출한다.
2 가장 작은 방을 부부 침실로 활용했다. 침대만 놓아 휴식에 충실한 공간으로 꾸몄다. 천장과 벽은 모두 한지로 마감해 소박한 멋을 살렸으며, 창에도 한지를 발라 빛이 은은하게 들도록 했다. 벽에 작은 선반을 단 것이나 스탠드 조명 대신 펜던트 조명을 설치한 것이 독특하다.
3 오밀조밀 쓰임새 있는 둘째 아들 방. 아들은 엄마에게 재미있는 도서관 같은 방을 만들어 달라고 주문했다. 디자이너인 엄마는 책장이 계단이 되는 독특한 구조를 구상했지만, 공간이 부족해 실현하지 못했다. 대신 침대와 책장 아래를 아늑하게 꾸미며 어디서든 편안하게 책을 볼 수 있도록 했다.

오른쪽 페이지

위 소파 맞은편 벽에는 TV를 설치했다. 거실에 TV를 두지 않고 서재에 들여 거실과 서재의 역할을 확연하게 구분했다. 거실에서는 편안하게 그림이나 바깥 풍경을 감상하고 서재에서 TV를 보거나 컴퓨터를 하는 등 가족의 일상적인 활동을 할 수 있도록 했다.
아래 상상했던 것을 실현하다 보면 때로는 머릿속 그림보다 더욱 감각적인 공간이 완성되기도 한다. 욕실을 타일로 마감하지 않고 콘크리트 벽을 그대로 살렸지만, 전혀 흉물스럽지 않고 오히려 빈티지한 감각이 묻어난다.

빛과 예술로 따스한 온기를 불어넣다 배경과 구조를 만들어 놓았으니 이제는 집 안을 단장할 차례. 전체적으로 콘크리트를 노출했기 때문에 삭막해 보이지 않도록 곳곳에 조명과 그림을 더해 따스한 온기를 불어넣었다. 조명은 각 공간의 분위기에 맞게 다채롭게 설치했다. 거실에는 스틸 라인을 따라 스폿 조명을 설치해 감각적인 갤러리 분위기를 냈으며, 주방에는 아일랜드 테이블 위로 빈티지한 디자인의 펜던트 조명을 달아 포인트가 되도록 했다. 서재에는 메인 조명 외에 재미있는 디자인의 벽 조명을 더해 활용도를 높였으며, 부부 침실에는 독특한 디자인의 펜던트 조명을 늘어뜨려 아늑함을 강조했다.

오랜 세월 모아온 예술 작품은 공간마다 어울리는 작품을 선정해 제자리를 찾아주었다. 거실에는 존 레넌을 그린 두 작가의 각기 다른 작품을 마주하게 걸어 재미를 더하고, 복도의 넓은 회벽에는 일본 신진 작가의 처녀작인 보랏빛 유화를 걸어 생기를 불어넣었다.

또한, 디자이너는 공간마다 가족의 라이프스타일에 맞는 기능적인 디자인을 완성해나갔다. 거실은 그저 앉아 좋아하는 그림을 감상하고 바깥 풍경을 내다볼 수 있도록 편안하게 꾸몄고, 서재는 가족이 모여 TV를 보고 책도 읽는 다기능 공간으로 만들었다. 주방에는 아일랜드 테이블을 두어 조리와 식사, 설거지를 한곳에서 해결할 수 있도록 했으며, 부부 침실은 단출하게 연출해 온전한 휴식을 누릴 수 있도록 했다.

인테리어 디자이너가 가족을 위해 단장한 집. 이곳은 신선한 발상과 아이디어, 그리고 기능에 충실한 디자인으로 자신의 취향은 물론, 가족의 라이프스타일까지 정갈하게 담아낼 수 있게 되었다.

서울시 서초구 반포동
래미안퍼스티지
34평 114m²
디자인 임태희,
임태희디자인스튜디오
사진 박영채

클래식과 모던이 공존하는 거실. 커다란 창이 있
는 쪽에는 클래식한 가구들과 벤치를 배치하고 반
창이 있는 독특한 구조에는 테이블을 놓고, 나머지
한쪽에는 모던한 책장과 테이블을 두어 감각적으
로 연출했다.

266

No drawing in this canvas
실재와 허상으로
완성한 기묘한 풍경

클래식과 모던, 믹스 앤 매치에 대한 새로운 해석
이 집에 들어서면 가장 먼저 눈에 들어오는 것은 클래식
한 모노톤의 그림들이다. 앤티크 가구와 시계, 화려한 몰
딩의 액자, 로맨틱한 디자인의 스탠드 소품, 우아한 스타
일의 접시와 커트러리가 그려진 그림들이 곳곳의 벽면을
채우고 있다. 그런데 알고 보면 이것은 그림이 아니다.
연필 드로잉을 캔버스 천에 프린팅한 것이니 정확하게
말하면 프린트다. 디자이너는 이 집에 실재와 실재를 닮
은 프린트를 공존하게 함으로써 색다른 이미지를 창조해
냈다. 그리고 이 작업에 '이 캔버스에는 그림이 없다(no
drawing in this canvas)'라는 테마를 부여했다.
최근에 지어진 34평 아파트에 새로 입주하게 된 집주인
은 클래식한 가구들을 많이 가지고 있었다. 그런데 이
전에 이런 가구들을 집 안에 들여놓고 살아보니 나이에
맞지 않게 집이 무겁고 중후해졌다. 이번에는 자신이
가진 가구를 무겁지 않게 소화할 수 있는 공간을 원했
다. 디자이너는 그녀의 바람을 이뤄주기 위해 클래식과
모던을 믹스 앤 매치하기로 했다. 그런데 디자이너가
생각하는 믹스 앤 매치는 클래식과 모던을 병렬식으로
나열하는 것이 아니었다. 단지 섞어놓는다고 해서 클래
식과 모던이 조화를 이루는 것은 아니므로 나름의 해석
이 필요했다. 50평대에서 30평대로 줄여서 이사하는 만
큼 수납이 문제였기 때문에 벽면 가득 수납장을 짜 넣
고 거기에 클래식한 이미지를 투영하기로 했다. 클래식
한 가구와 소품들을 연필로 드로잉해 캔버스 천에 레이
저 프린팅한 다음 그것으로 수납장 도어를 커버링했다.
수납장에 도어를 달지 않고 누르면 열리도록 해 하나의
벽처럼 보이도록 했다. 또 중간마다 벽감처럼 만들어
그 위에 액자나 시계를 놓을 수 있도록 했다. 이렇게 완
성된 집은 가구와 액자, 시계 등 리얼한 것들과 리얼하
지 않은 프린트들이 어우러져 묘한 매력을 발산한다.

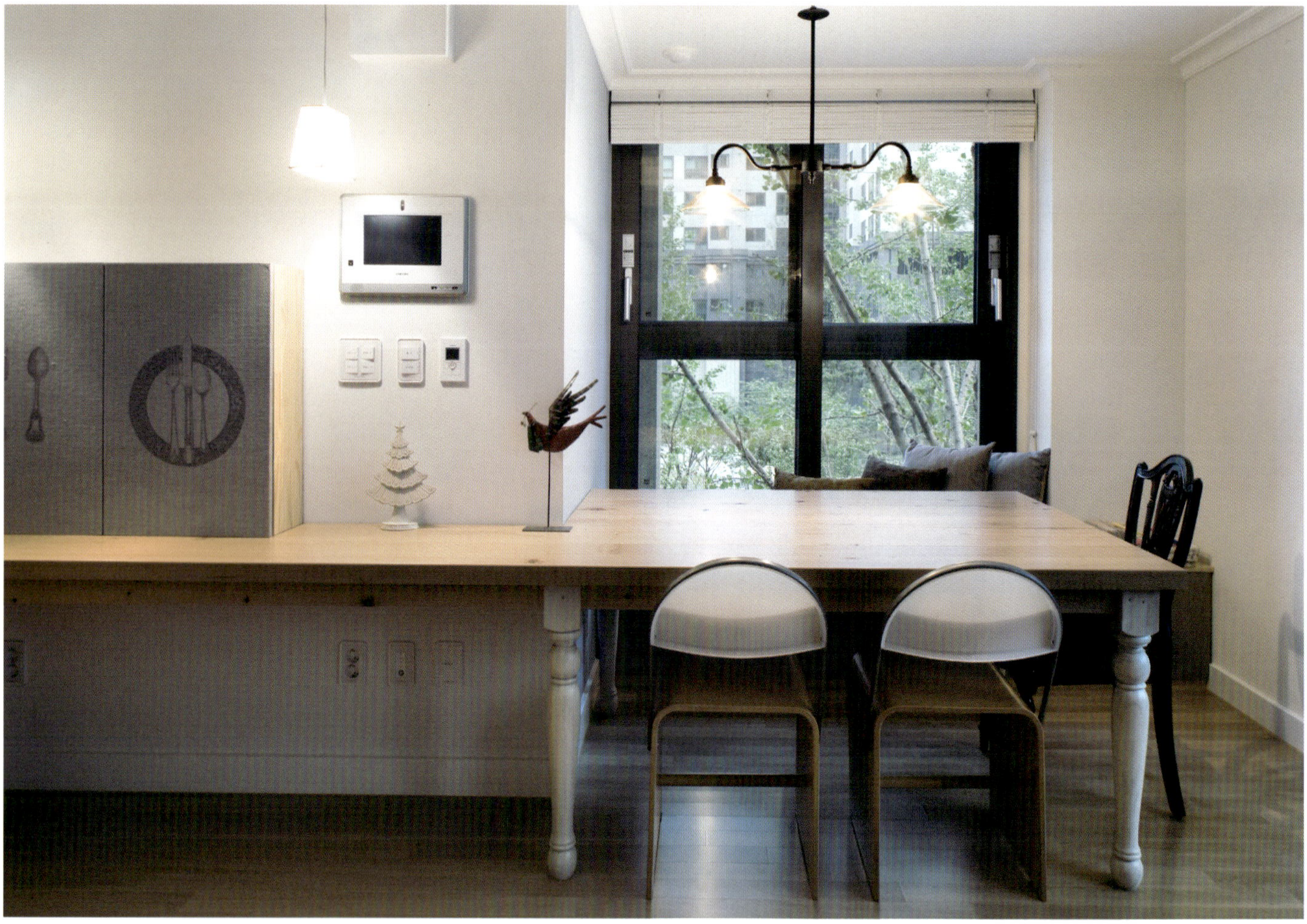

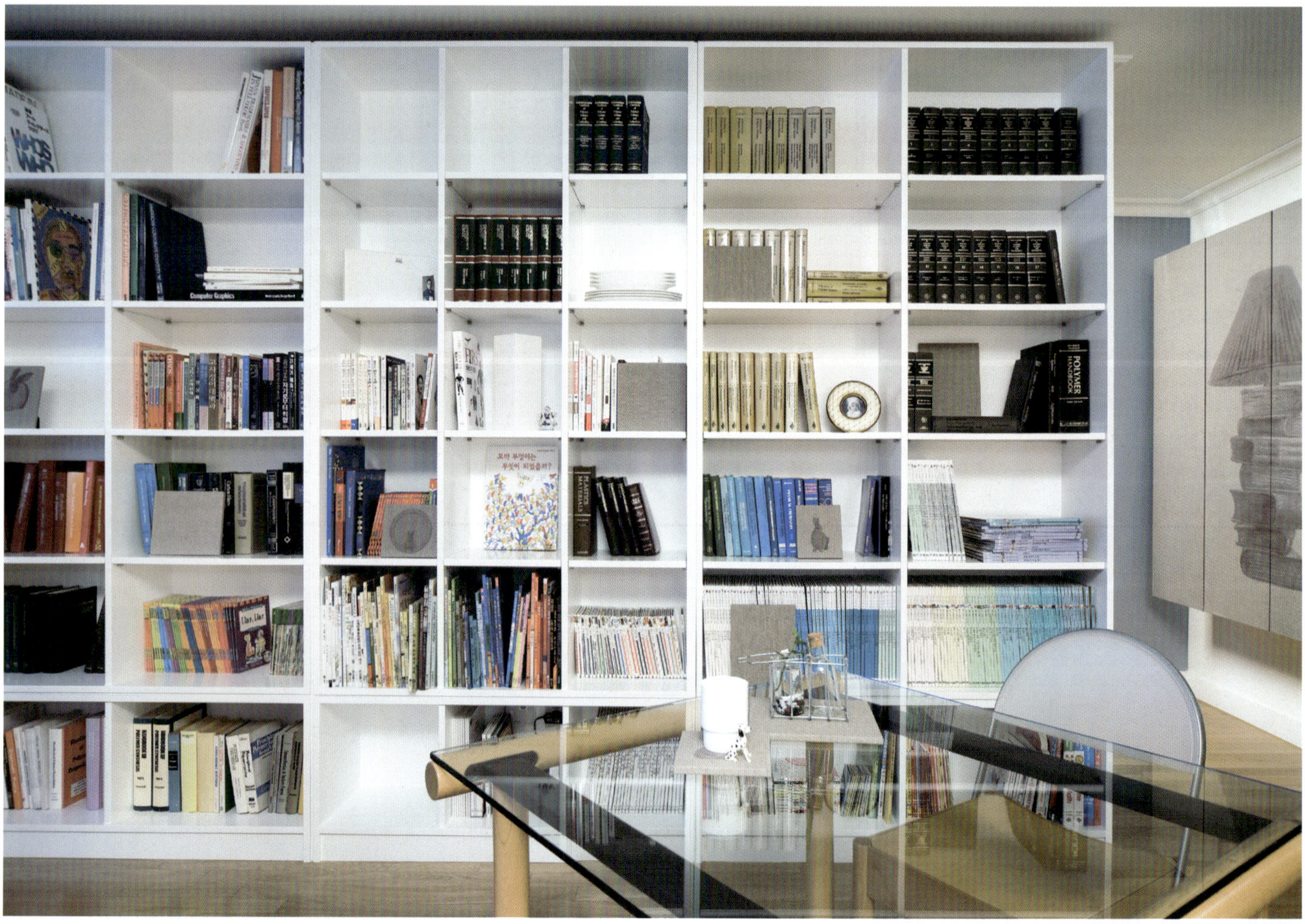
POLYMER HANDBOOK

왼쪽 페이지

위 거실의 벽을 감싸도록 긴 테이블을 설치해 독특한 디자인의 공간을 완성했다. 베란다 확장으로 생긴 자투리 공간에는 붙박이 벤치를 설치해 아늑한 분위기로 꾸몄다.

아래 거실 한쪽은 라이브러리로 꾸몄다. 벽면 가득 화이트컬러 책장을 짜 넣고 그 앞에 테이블과 의자를 놓았다.

오른쪽 페이지

1 복도를 가득 채운 수납장은 이 집의 독특한 스타일을 완성하는 가장 중요한 디자인 요소다. 벽면 가득 수납장을 짜 넣고 도어를 클래식한 드로잉이 프린트된 캔버스 천으로 감쌌다. 그 사이사이 벽감처럼 장식 공간을 마련해 책과 액자 등을 두었다. 오브제의 프린트와 실제 오브제가 공존하면서 기묘한 분위기를 자아낸다.

2 주방과 이어지는 공간이어서 테이블 위 수납장은 접시와 커트러리를 프린트해 장식했다. 각기 다른 디자인의 펜던트 조명을 더해 한결 은은한 느낌이 들도록 했다.

3 현관 중문을 열면 클래식한 그림이 프린트된 수납장이 나온다. 그림은 세세한 디테일이 그대로 살아 있어 마치 실제 가구 같은 느낌을 준다. 테이블 그림 위에 액자를 놓은 것이나 테이블 앞에 의자 하나를 둔 것이 감각적이다.

집주인의 클래식한 취향이 그대로 살아 있는 부부
침실. 기존의 가구를 놓는 것만으로도 우아하고 진
중한 클래식 스타일이 완성되었다.

270

구조적인 재미를 더해 완성한 단란한 생활공간

디자이너는 또한 특별히 구조를 변경하지 않고 몇 가지 아이디어만 더해 집을 가족들의 단란한 생활공간으로 바꾸었다. 같은 구조라도 다른 시각으로 보면 공간에 대한 새로운 가능성을 발견할 수 있다는 생각이었다. 우선 부부 침실 쪽만 제외하고 모든 베란다를 확장해 더 넓은 공간을 확보했다. 그런 다음 주방과 거실을 가르는 벽면을 감싸도록 긴 테이블을 설치하고 의자를 배치했다. 마침 베란다를 확장하면서 거실의 반창이 있는 쪽에 자투리 공간이 생긴 터라 그곳에는 붙박이 벤치를 설치했다. 이렇게 하니 창가에 테이블을 사이에 두고 가족이 함께 앉아 대화를 나눌 수 있는 아늑한 공간이 생겼다. 거실의 베란다를 확장한 공간에는 클래식 가구들을 배치했다. 다른 쪽에는 벽면 가득 심플한 디자인의 책장을 짜 넣고 그 앞에 작은 테이블을 두었다. 덕분에 거실은 클래식하면서도 모던함이 깃든 색다른 분위기를 갖게 되었으며 휴식과 대화, 독서 등 다채로운 생활이 이루어지는 가족의 중심 공간이 되었다.

before

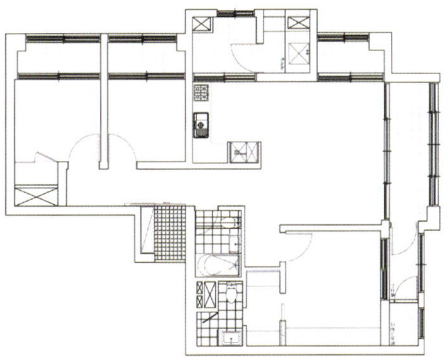

after

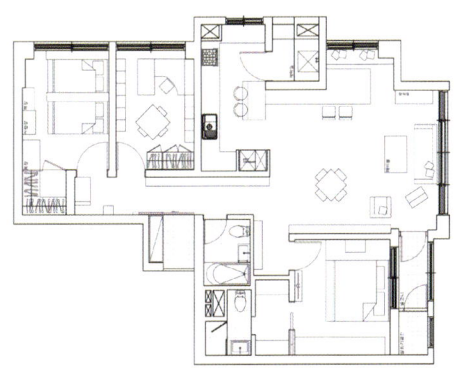

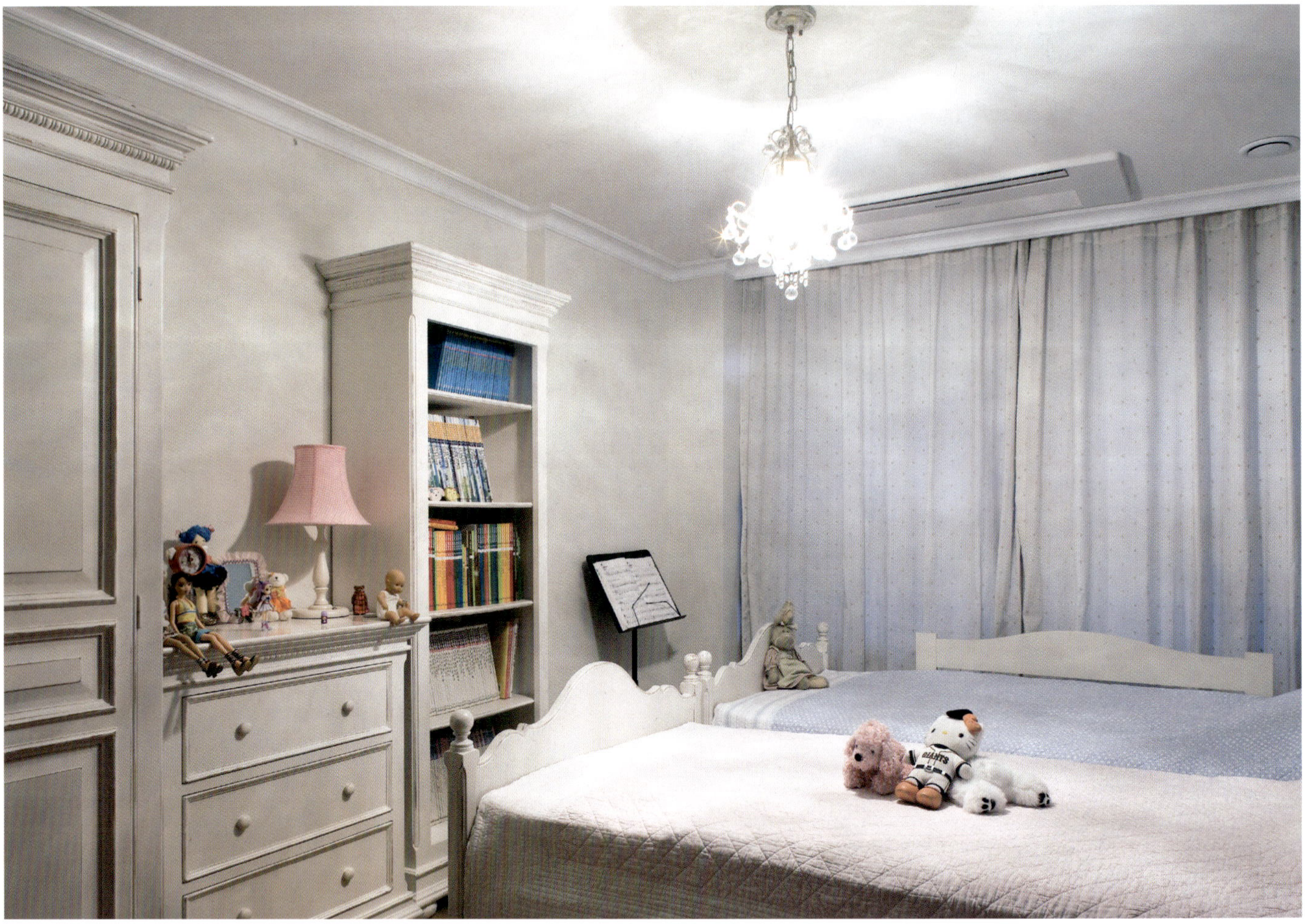

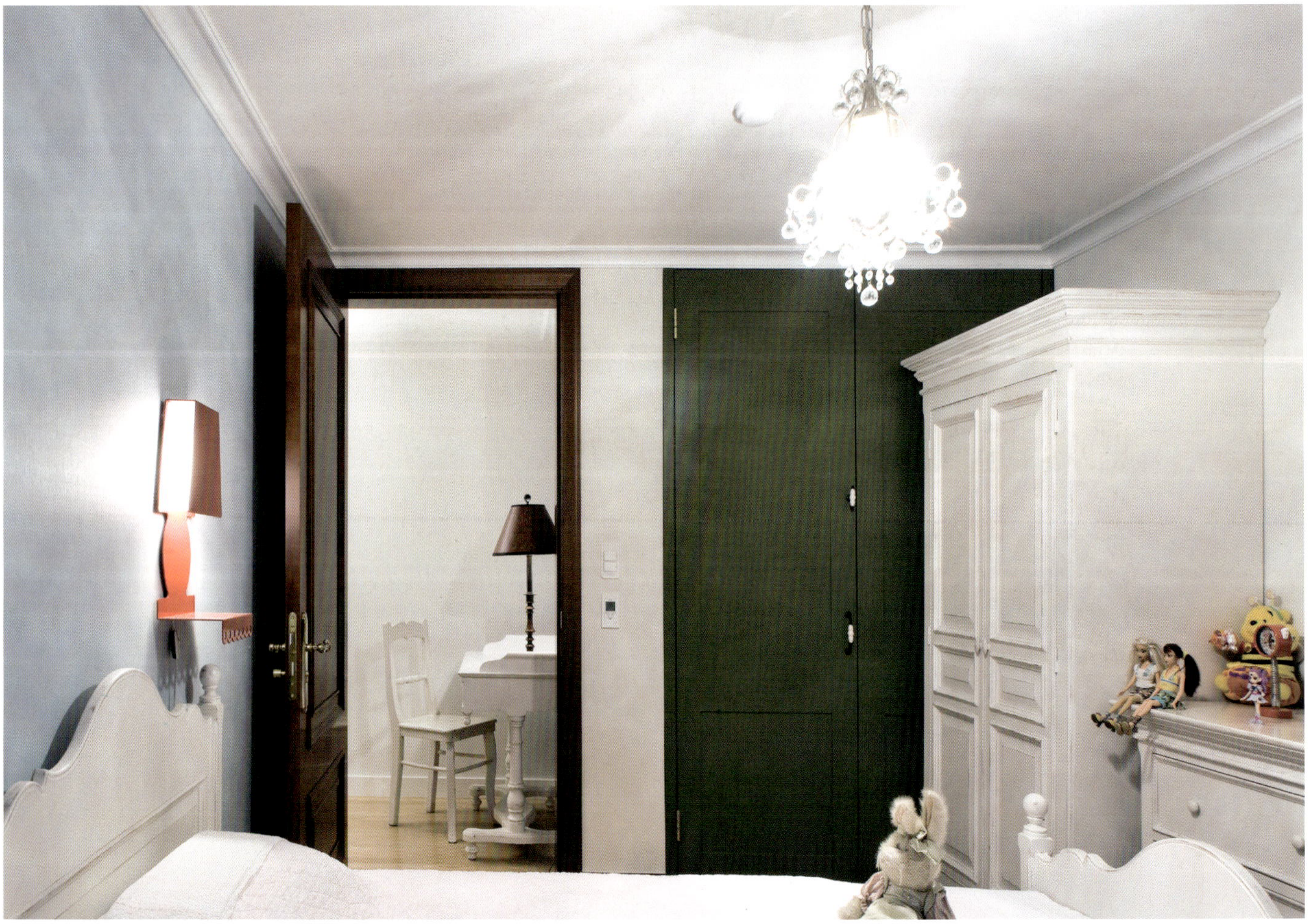

왼쪽 페이지

위 두 딸아이가 함께 쓰는 방은 기존의 쉐비시크 가구들을 배치해 사랑스럽고 로맨틱하게 꾸몄다. 가구가 가득 차 있지만 밝은 컬러로 마감하고 커튼도 튀지 않은 것을 선택해 좁지만 답답한 느낌이 들지 않는다. 은은한 빛을 뿜는 샹들리에는 화사함을 더하는 포인트이다.
아래 딸들의 방에서 방문 쪽으로 바라본 전경. 한쪽 벽은 스카이블루로, 붙박이장은 짙은 그린으로 페인팅해 더욱 개성 있게 완성했다.

오른쪽 페이지

현관이 좁으므로 신발장과 벽은 화이트컬러로 마감하고 중문은 여닫이로 설치했다. 중문은 기존의 문을 리폼한 것이다. 그린컬러의 프레임 안에 프린트 장식이 된 수납장이 비쳐 그대로 한 폭의 그림이 된다.

273

서울시 광진구 자양동
강변우방아파트
(우방리버파크)

33평 109m²

디자인 성진용/
게바환경디자인연구소

여느 집에서나 볼 수 없는 새로운 시도를 통해 별
장 같은 분위기를 연출했다. 현관과 주방, 거실을
하나로 연결하고 노출콘크리트 문양 벽지, 대리석
모자이크 타일, 지브라 패턴의 마감재 등을 다채롭
게 사용했다.

Country house

아파트에 강변 옆 별장을 짓다

신혼부부, 바쁜 일상에 쉼표가 되는 집을 꿈꾸다
집주인은 모던 앤 이지룩 분야 1위인 여성 의류 쇼핑몰을 운영하며 성공 가도를 달리고 있는 부부이다. 하루 24시간이 모자랄 정도로 바쁜 일상을 살아가고 있기에 그들에게 집은 더없이 편안한 쉼터여야 했다. 자연 속에서 느긋한 휴식을 누릴 수 있는 전원주택에 살고 싶었지만, 하루하루 쉴 틈 없이 바쁜 그들에게는 꿈같은 이야기였다. 그래서 신혼생활을 시작하면서 마련한 집은 한강이 바라보이는 아파트였다. 아파트를 별장 같은 집으로 단장하고 싶었다. 그들은 퇴근 후에는 일에서 벗어나 온전히 휴식을 누리고 싶었고 그런 바람을 디자이너에게 이야기했다. 섬세한 감각의 소유자였던 디자이너는 그런 그들의 바람을 공간에 풀어냈다. 콘셉트는 부부의 바람대로 '별장 같은 집'이다. 그런 집을 구현하기 위해 디자이너는 과감한 선택을 했다. 우선 현관에 들어서는 순간 별장에 온 듯한 느낌을 받을 수 있도록 현관과 주방, 거실을 하나의 공간처럼 오픈시켰다. 특히 주방을 열린 구조로 디자인해 파티를 좋아하는 부부가 지인들을 초대해 주방에서도 거실에서도 자연스럽게 파티를 즐길 수 있도록 했다. 현관과 주방을 가로막고 있던 기존 벽을 허물고 그 자리에 대리석 기둥과 와인랙을 설치했다. 주방 한쪽 벽면을 와인랙으로 채움으로써 이색적이면서도 파티 분위기에 어울리는 공간이 되도록 했다.

275

왼쪽 페이지

1, 3 주방에는 별장 분위기를 살리기 위해 지브라 패턴이 있는 주방가구를 설치했다. 내구성을 위해 하이그로시 소재를 사용했지만, 색감과 패턴이 자연스러워 원목 느낌이 든다.
2 기존에는 현관에 중문이 있었고 벽체도 막혀 있었다. 좁고 답답한 느낌을 없애고 별장 분위기를 강조하기 위해 중문을 걷어내고 벽체는 와인랙으로 교체했다. 더 넓어 보이도록 신발장은 작게 제작하고 앤티크 프레임으로 된 대형 거울을 설치했다. 출근할 때 이들 부부는 현관에서 마지막으로 옷매무새를 점검한다.

오른쪽 페이지

기존에 막혀 있던 벽 대신 모자이크 타일로 된 대리석 기둥을 세우고 유리와 스틸로 된 와인랙을 설치했다. 자연스러운 질감이 돋보이는 대리석과 벽면 가득 설치된 와인랙이 한층 이국적인 분위기를 자아낸다.

전망 좋은 거실 풍경이다. 창밖으로 내다보이는 한강은 그대로 한 폭의 그림 같다. 전체적으로 노출 콘크리트 문양의 벽지를 마감했기 때문에 TV가 설치된 벽면 아래쪽에는 금속 선반을 달아 느낌을 통일했다.

색다른 소재, 새로운 시도로 공간을 실험하다 그런 다음 인테리어는 모던 빈티지를 콘셉트로 잡았다. 전체적으로 벽과 천장을 그레이컬러의 노출콘크리트 벽지로 마감해 한적한 시골 별장에 온 듯한 분위기를 살렸다. 노출콘크리트 벽지로 전체를 마감하다 보니 자칫 지루한 느낌이 들 수도 있어 문과 창문의 컬러를 짙은 웨지로 선택해 중간중간 무게를 잡아주었다. 한편, 주방에는 지브라 패턴이 새겨진 하이그로시 주방가구와 거친 나뭇결이 그대로 살아 있는 테이블과 의자를 매치해 자연 그대로의 느낌을 가미했다. 한강이 훤히 바라보이는 거실에는 가죽과 원목으로 된 소파를 놓아 내추럴한 분위기를 조성했다. 베란다에는 원목 마루를 깔아 테라스처럼 연출했다.

한편, 의류 쇼핑몰을 운영하는 부부라 둘 다 패션 감각이 뛰어났고 소장하고 있는 의류와 가방, 구두도 많았다. 그래서 아예 방 하나를 드레스룸으로 꾸몄다. 대부분 집은 드레스룸에 수납장을 짜 넣어 옷을 감추는 수납을 하지만 이 집에서는 그럴 필요가 없었다. 이들 부부의 안목이라면 의류 판매장에 옷을 디스플레이하듯 옷을 수납할 터였고 옷차림이 중요한 만큼 출근할 때도 한눈에 옷을 보고 바로 코디해야 할 듯했다. 그래서 의류 판매장의 개념을 도입해 벽면 가득 오픈 수납장을 설치했다. 현관에 신발을 보관하지 않고 드레스룸에 진열할 수 있도록 신발 수납장도 따로 짜 넣었다.

디자이너는 지은 지 15년이 넘는 아파트를 별장으로 변신시키면서 구조변경은 거의 하지 않았다. 신혼부부 단둘이 사는 집이라 구조변경을 하지 않고도 각 방에 새로운 기능을 충분히 부여할 수 있었기 때문이다. 또한, 집주인의 바람은 실현해주되, 한정된 비용으로 최대의 효과를 내야 하는 만큼 보다 합리적인 가격대이 마감재를 선택했다. 대신 가구는 오래도록 사용할 수 있는 것을 골랐다. 덕분에 신혼부부는 값비싼 비용을 치르지 않고도 꿈에 그리던 별장 같은 집을 소유하게 되었다.

왼쪽 페이지

주방에도 거실 선반장과 같은 금속 소재의 선반을 설치했다. 세 개를 나란히 설치하니 하나의 디자인 포인트가 된다. 블랙 패브릭 안에 크리스털이 들어 있는 샹들리에는 디자인이 독특해 눈길을 끈다. 투박한 나뭇결이 살아 있는 테이블과 의자를 놓고 화려한 샹들리에를 매치하니 왠지 모르게 몽환적인 분위기가 난다

오른쪽 페이지

1 공간마다 힘이 들어가 있는 만큼 부부 침실은 단출하게 연출했다. 원목 침대 하나만 덩그러니 놓아 간결한 분위기를 조성하고 블랙 패브릭 조명으로 포인트를 주었다.

2 방 하나를 드레스룸으로 꾸며 수납 효과를 극대화했다. 각종 의류와 소품을 다른 공간에 내놓지 않고 모두 이곳에서 소화할 수 있도록 했다. 의류 사업을 하는 부부가 이용하는 공간인 만큼 '숨기는 수납'이 아니라 보이는 수납을 할 수 있도록 가구를 제작해 설치했다. 블랙 샹들리에는 공간에 재미를 더하는 포인트이다.

3 복도 끝 벽은 현관 기둥과 같은 소재인 대리석 타일로 장식했다. 현관 디자인과 통일되면서 하나의 이미지월 역할을 한다.

1 드레스룸에 신발 수납장을 설치했다. 현관 수납장은 작게 만들어 늘 신는 신발만 수납할 수 있게 하고 나머지는 드레스룸에 수납할 수 있도록 했다. 신발 수납장의 문은 전신 거울로 달아 공간 활용도를 높였다.

2 서재에서도 전망이 꽤 좋다. 이곳 역시 별장 느낌을 살리기 위해 노출콘크리트 벽지로 마감하고 원목 책장을 제작해 들여놓았다.

3 베란다에는 원목 마루를 깔아 데크를 만들고 한강 전망을 즐길 수 있도록 했다. 다용도실로 통하는 문은 불투명 유리로 만들어 안쪽에 있는 잡동사니나 생활용품들이 보이지 않도록 했다.

위 욕실은 다른 공간과 연결된 느낌으로 연출하기 위해 의도적으로 그레이 톤 타일로 마감했다. 전체적으로 모던하기 때문에 앤티크 프레임이 있는 거울로 포인트를 주었다.

아래 부부 욕실도 거실 욕실과 같은 느낌으로 디자인했다. 다만 거실 욕실보다 좁아서 수전과 변기 등은 작은 것을 선택했다.

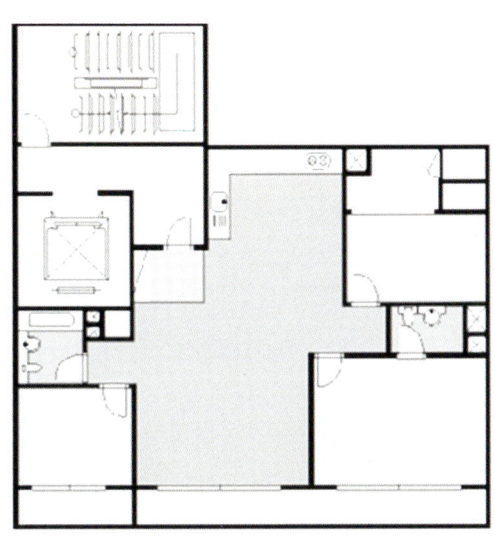

Reno Pro

인테리어 디자이너에게 리노베이션을 맡기더라도 자신이 알고 있어야 원활하게 의견을 내고 조율하는 과정을 거쳐 완성도를 높일 수 있다. 리노베이션을 시작하기 전에 평소 고민하고 준비해두면 좋은 사항, 리노베이션 프로세스, 스케줄표 작성 방법 등에 대해 구체적으로 살펴본다. 실제 작업은 전문가의 머리와 손을 빌리더라도 결정과 판단은 자신의 몫이다.

vation
cess

리노베이션에 들어가기 전에

리노베이션을 한다고 해서 바로 업체를 정하고 공사에 들어가기보다 사전 준비를 해두는 것이 만족스러운 결과를 얻는 데 도움이 된다. 리노베이션에 앞서 고려해야 할 사항은 무엇인지, 현재에 대한 진단은 어떤 관점으로 진행해야 하는지, 디자인 업체는 어떻게 선정해야 할지 등을 소개한다.

1.

왜 리노베이션을 하는가?

리노베이션을 통해 얻고자 하는 것이 무엇인지 생각해본다. 낡은 시설을 개보수하는 것이 중요한지, 가족의 라이프스타일에 맞는 집을 원하는지, 부족한 수납공간을 확보하는 것이 관건인지, 스타일을 바꾸고 싶은 것인지 등을 고민해본다. 다양한 부분을 채우고자 한다면 중요한 순서대로 나열해보고 꼭 고수해야 하는 사항과 예산이 부족한 경우 힘을 뺄 부분을 점검한다.

3.

가족의 라이프스타일 반영하기

우리 가족의 라이프스타일을 돌아보자. 구조변경을 포함하여 리노베이션을 진행한다면 라이프스타일을 반영해 가족에게 꼭 맞는 집을 완성하는 것이 중요하다. 가족 구성원의 일과와 집에서의 생활 반경, 각자의 공간에서 이루어지는 활동, 현재의 집에서 필요한 공간과 불필요한 공간, 새롭게 조성하고 싶은 공간 등을 따져본다. 예를 들어 요리하는 것을 좋아하고 가족 모두 모여 만찬을 즐기는 편이라면 부엌을 확장하거나 다이닝룸을 거실에 만들 수도 있고, 수험생이 있는 집이라면 방 하나를 아예 학습 공간으로 조성할 수도 있다.

4.

문제점 파악해두기

사는 집을 리노베이션 할 때에는 살면서 불편한 점을 체크해두고, 이사하는 때도 꼼꼼히 살펴보아 어떤 점을 개선해야 할지 파악한다. 구조상의 문제점, 각 공간의 기능, 노후 시설, 수납공간 확보, 채광 등 여러 관점에서 집을 꼼꼼히 살펴 개선해야 할 사항을 계획한다.

7.

가구와 가전제품을 고려한다

리노베이션을 해놓고도 생각대로 완성도 있게 나오지 않는다면 기존의 가구와 가전제품이 어울리지 않기 때문인 경우가 많다. 대체로 인테리어 디자이너들은 리노베이션 디자인에 들어가기 전에 가구와 가전제품을 점검하고, 교체 여부를 물어본다. 이때 새로 바꾸길 원하는지, 기존의 것을 두기 원하는지, 일부는 바꾸고 일부는 그대로 사용할지를 구체적으로 알려준다. 그래야만 디자이너가 그것에 맞게 인테리어 디자인을 진행하며, 가구와 가전제품 배치에 대한 적절한 아이디어를 낸다. 직접 가구를 디자인해 제작하거나 기존의 가구를 리폼할 수도 있으며, 가전제품을 깔끔하게 수납하는 수납장을 새로 짜거나 오래된 디자인의 가전제품은 가리개를 만들어 눈에 띄지 않게 할 수도 있다.

8.

디자인 업체 선정하기

동네에서 잘한다고 소문난 업체를 찾아갈 수도 있고 잡지나 인터넷에서 찾아낸 업체에 맡길 수도 있다. 각각의 장단점이 있으니 리노베이션의 목적에 맞게 정하면 된다. 동네 업체는 유명한 인테리어 디자이너가 이끄는 업체보다 비용이 저렴한 대신 스타일이 무난할 수 있고, 잡지에 나온 업체는 트렌드에 민감하고 감각적이지만 비용이 다소 높을 수 있다.

286

2.

이 집에서 얼마나 살 계획인가?

기껏 비용을 들여 리노베이션을 하고 얼마 살지 않는다면 무척 비효율적이다. 그래서 나와 가족이 사는 기간을 생각해 리노베이션의 범위를 정하는 것이 좋다. 사는 기간이 짧다면 너무 많은 투자를 하기보다 꼭 필요한 부분만 개선한다든지, 오랫동안 살 예정이면 아예 대대적인 리노베이션을 감행한다든지 하는 결정을 해야 한다. 이때 가족 구성원의 변화도 고려해야 한다. 아이들이 커나가는 상황, 유학을 가게 되거나 결혼을 하게 되는 경우, 부부만 살게 되는 경우 등 이후 변화하는 상황에도 대처할 수 있도록 미리 계획을 세워야 한다. 또 몇 년 내에 집을 팔고 이사할 계획이라면 리노베이션이 매매가에 미치는 영향도 염두에 두어야 한다. 리노베이션으로 집의 가치를 높일 수도 있지만, 지나치게 독특한 스타일로 진행하면 매매에 어려움을 겪을 수도 있으므로 미리 고민해야 한다.

5.

나와 가족의 취향은 어떤 것인지?

유행을 따라가기보다 자신만의 스타일을 찾아나가자. 어떤 인테리어 스타일을 좋아하는지 자신의 취향을 알아야 두고두고 만족스러운 결과를 얻을 수 있다. 자신만의 취향을 찾아내기 위해서는 평소에 인테리어 잡지를 보거나 인터넷 검색을 하면서 마음에 드는 스타일을 스크랩해둔다. 여러 가지 스타일이 눈에 들어온다면 스크랩을 해두고 시간이 지나면 선별하는 작업을 거친다. 그렇게 하면 자신이 좋아하는 스타일이 남게 되어 자신의 취향을 파악하는 데 도움이 된다. 자료를 찾다가 마음에 쏙 드는 스타일이 있다면 그 업체에 리노베이션을 맡길 수도 있다.

6.

가족의 의견을 들어 본다.

가족들과 리노베이션에 대해 충분히 의논한다. 전반적으로는 주부가 주도적으로 참여하고 이끌어나가기 마련이지만, 가족들의 의견을 반영해야 온 가족이 만족하는 결과를 얻게 된다. 부엌과 거실, 가족 욕실 등 공동 공간에 대해 논의하고 각 구성원의 개인 공간에 대한 구체적인 요구사항도 들어본다. 특히 개인 공간은 기능과 마감재, 컬러, 가구 배치 등에 대한 개인의 의견을 존중해 리노베이션에 반영한다. 요구사항을 적은 리스트를 디자이너에게 전달하는 것도 좋은 방법이다.

9.

계약 및 비용 지급하기

물론 이런 공식이 절대적인 것은 아니므로 상담을 통해 알아보는 것이 정확하다. 또 기본적인 설비공사는 대체로 오랜 노하우를 바탕으로 시공팀을 꾸려 잘 진행하기 때문에 구조나 스타일 면에서 원하는 디자인 작업을 해본 업체를 선정하는 것이 좋다.

업체에서 제시한 계약서를 면밀하게 살펴보고 계약한다. 그래야만 나중에 문제가 생기더라도 원만하게 해결할 수 있다. 공사 개요, 공정표, 공사비 지급 계획, 자재 정보, 하자 보수, 분쟁이 발생하였을 때 법률 적용 등 모든 사항을 꼼꼼하게 살펴보고 의문이 생기는 사항은 담당자와 협의해 다시 정하도록 한다. 또 공사 중 돌발 상황이나 추가 공사가 생길 경우를 대비해 계약서를 작성하는 것이 좋다. 계약금은 업체마다 다르지만 대개 총비용의 15% 정도를 지급한다. 공사가 끝난 후에는 하자가 있는 경우를 대비해 10% 정도는 지급을 보류하고 한두 달 후 문제가 없다고 판단되면 모두 지급하도록 한다.

리노베이션
순서

Renovation
Steps 1-12

업체마다 자신만의 방식이 있으므로 프로세스가 일정하지는 않지만 대체로 비슷하다. 다음의 프로세스를 익혀두면 리노베이션이 어떤 과정으로 진행되는지 알 수 있다. 한성아이디에서 제공한 리노베이션 프로세스를 소개한다.

1/ 예산 짜기

가장 먼저 리노베이션에 어느 정도까지 비용을 들일지 예산을 짠다. 예산에 따라 개조 범위와 마감재 등이 결정되기 때문이다. 예산을 세운 후 그것에 맞게 어느 정도 공사를 진행할지 정한다. 디자이너에게 사용 가능한 비용의 범위를 알려준 후 산정해보도록 요청하는 것도 하나의 방법이다. 한편, 실제로 집을 뜯어보면 예상보다 더 큰 비용이 발생하는 경우가 많다. 이 때문에 따로 예비비를 마련해두어야 하는데, 예비비는 총비용의 10% 정도가 적당하다.

2/ 현장 실측

시공업체에서 현장을 실측한다. 이때 가전제품과 가구 등 현재 가지고 있는 살림살이와 새로 구매할 물건에 대해 상담을 해야 한다. 각 공간에 들여놓을 가전제품이나 가구에 따라 공간 디자인이 세부적으로 달라질 수 있기 때문이다. 냉장고나 텔레비전, 소파와 수납장 등을 배치하는 것에 대한 의견이 있다면 충분히 전달한다.

3/ 내력벽과 비내력벽 확인

벽은 건물의 무게를 받쳐주는 내력벽과 공간을 나누는 비내력벽이 있다. 내력벽은 철근콘크리트로 되어 있어 구조상 절대 철거할 수 없고, 비내력벽은 벽돌, 목재, 석고보드로 되어 있어 철거할 수 있다. 구조변경을 하기로 했다면 내력벽과 비내력벽을 확인해 어느 선까지 변경할 수 있는지 판단한다. 단, 내력벽을 철거할 때는 건축사로부터 구조상 안전에 문제가 없는지 진단을 받아야 하며, 아파트 해당 동 입주자 3분의 2 이상의 동의를 얻고 관청에 허가를 받아야 한다.

4/ 신고

공사에 들어가기 전 반드시 아파트는 관리사무소에, 주택은 동사무소에 신고해야 한다. 신고하지 않으면 공사 도중 민원이 들어왔을 때 공사를 중단해야 하는 경우가 발생할 수 있다. 아파트는 이웃에 양해를 구하고 엘리베이터에 고지문을 붙인다.

5/ 철거

철거는 처음에 철저하게 계획하고 깔끔하게 처리해야 한다. 철거하고 자재를 치우는 것까지 모두 한꺼번에 해야 하기 때문이다. 미처 놓친 부분이 있어 나중에 처리하게 되면 그만큼 비용이 발생하고, 그때 가서는 철거팀이 아닌 시공팀이 철거하게 되므로 쓰레기 처리는 따로 사람을 불러 비용을 지급하고 요청해야 한다.

철거는 쓰레기 처리까지 한꺼번에 일괄적으로 진행해야 비용을 절감할 수 있다.

6/ 가구 실측

각 공간에 맞게 설치해야 하는 주방가구, 붙박이장 등 가구의 크기를 잰다. 이때 디자이너가 마감재는 어떤 것을 사용할지 실측기사에게 알리는데, 이는 정확한 치수를 재기 위해서이다. 마감재 두께를 빼고 치수를 재야 마감재 시공 후 가구를 안정감 있게 설치할 수 있다.

7/ 설비 공사

전기, 가스, 냉난방, 수도 등 설비 공사를 진행한다. 시설의 노후 정도, 구조변경 여부 등에 따라 개보수만 할 수도 있고 아예 설비를 옮기거나 새로 시설할 수도 있다. 이때 전체적인 조명 디자인에 따른 전기 배선 공사를 해두도록 한다.

바닥에 난방 배관을 진행한 모습.

8/ 타일 공사

주방과 욕실 등에 타일 공사를 진행한다. 타일은 벽과 바닥용이 따로 있으며, 둘 다 밑바탕 작업을 완벽하게 한 후에 시공해야 시공 후 문제가 발생하지 않는다. 벽면이나 바닥면의 수평을 잡고 물을 사용하는 공간에는 방수 작업을 해야 한다.

타일로 시공한 사례. 타일의 디자인이 다채로워 어떤 타일을 시공하느냐에 따라 느낌이 달라진다.

9/ 목공 및 도장 공사

벽면 처리, 가벽 설치, 문과 창문 시공, 몰딩 처리, 천장 마감 및 등박스 제작, 붙박이장 제작 등 목재를 이용하는 작업을 목공사라고 한다. 디자이너와 현장 소장이 협의하여 목공사를 진행하게 된다. 목공사가 끝난 후에는 벽과 천장 등을 칠하는 도장 공사를 하게 된다.

문과 창호, 붙박이장, 수납장, 패널 등을 제작해 설치하는 것이 모두 목공사에 해당한다.

도장은 벽을 깔끔하게 마감하는 데 효과적이다. 컬러에 따라 분위기가 확연히 달라진다.

10/ 바닥 및 도배 공사

목공사를 한 후에는 집 안에 부산물이 많이 쌓이므로 청소를 깨끗이 한 다음 비닥 공사와 도배를 하게 된다. 바닥 공사는 마감재에 따라 밑바닥 처리 방법과 시공 방법이 달라진다. 특히 마루를 깔 때에는 마루 시공팀이, 타일로 마감하는 경우에는 타일 시공팀이 각각 담당한다. 시공팀이 다르므로 시공 후에는 마루와 타일이 만나는 지점이 깔끔하게 마무리되었는지, 수평이 맞는지 등을 확인한다. 도배는 벽면 마감뿐만 아니라 가구 리폼이나 아트월 제작에도 적용할 수 있다. 만약 도배할 때 가구 리폼이나 아트월 제작에 대한 아이디어가 있다면 의뢰해 볼 수 있다. 아트월은 목공사를 할 때 제작해두면 편리하므로 미리 계획해두는 것이 좋다.

1, 2 바닥재는 역시 전체 분위기와 어울리는 것을 선택해 시공한다.
3, 4 벽지는 디자인이 다채로워 개성 있는 공간을 연출하기 좋다. 포인트 벽면을 만들기에 적합하다.

11 /

주방가구,
붙박이장
설치

주방가구와 아일랜드 테이블, 붙박이장, 수납장 등을 각 공간에 맞게 설치한다. 주방가구를 설치한 후에는 곧바로 배수와 전기, 가스 등에 문제가 없는지 살펴본다. 붙박이장과 수납장은 공간에 맞게 설치되었는지, 문이 여닫기 편리한지 등을 확인한다.

주방가구, 붙박이장, 수납장 등이 설치된 실내 전경. 붙박이 가구는 공간에 꼭 맞게 설치하는 것이 중요하다.

12 /

데코레이션
하기

공간이 완성되었으니 마지막으로 조명과 가구, 패브릭을 더해 분위기를 살린다. 조명과 가구, 패브릭은 직접 골라도 되고 디자이너에게 의견을 구하거나 맡기는 것도 좋다. 디자이너가 인테리어까지 담당하게 된다면 어떤 스타일이나 디자인을 배치할지 미리 의논한다.

디자인 콘셉트에 맞게 조명과 가구, 패브릭 등을 매치해야 더욱 감각적인 공간을 완성할 수 있다. 기존 가구에 맞게 디자인 콘셉트를 잡을 수도 있다.

리노베이션 스케줄

Renovation Schedule

공사기간은 리노베이션의 규모에 따라 달라진다. 일반적으로 30평대는 한 달 정도, 그 이상일 경우 한 달에서 석 달 정도까지 소요된다. 공사규모에 맞게 일정을 미리 짜고 가능하면 그에 맞게 진행하는 것이 경제적이다. 각 공사마다 전문 시공팀이 일당을 받고 작업하기 때문에 정해진 기간 안에 마무리해야 한다. 다음 일정표는 30평대 아파트를 기준으로 리노베이션 프로세스에 맞게 짠 것이다. 공사 규모에 따라 달라질 수 있으니 참조하여 자기 집에 맞는 스케줄표를 작성한다. 이때 주말과 공휴일은 제외하도록 한다.

D-30

예산 짜기 리노베이션 계획을 세우고 그에 맞는 예산을 짠다

29

현장 실측 내력벽과 비내력벽 확인

28

현장 실측을 통해 사용할 자재의 규모를 정하고 맞춤 가구 등을 계획할 수 있다. 또 내벽과 비내력벽을 확인해야 안전하게 공사를 진행할 수 있다.

27

신고

26 25, 24

철거 리노베이션 계획에 따라 철거는 한꺼번에 진행한다.

23

가구 실측 주방가구, 붙박이장, 수납장 등 각 공간에 맞는 가구의 크기를 재서 제작에 들어간다.

22 21, 20

설비 공사 난방, 전기, 수도 등의 등 설비 공사를 진행한다.

19 18

타일 공사 부엌 벽면과 욕실, 베란다 등 모든 타일 공사를 진행한다.

17 16, 15, 14

목공사

벽면 처리 및 가벽 설치, 창호와 문 설치, 몰딩 처리 등 목재를 이용하는 모든 공사를 진행한다.

13 12, 11

도장 공사 벽과 천장 등을 칠하고 충분히 말린다.

10

바닥 공사 마루나 타일 등을 시공하는 바닥 공사를 진행한다.

9

기본 조명 설치

8 7, 6

도배 도장을 하지 않은 벽은 벽지로 마감한다.

5 4

주방가구 및 붙박이장 설치 설치 후에는 작동에 이상이 없는지 점검한다.

3 2

데코레이션 조명과 가구, 패브릭 등을 공간에 어우러지게 매치한다.

1

입주 청소

한번의 선택이
공간을 혁신합니다.

전 세계 건축가들의 마음을 사로 잡은

독일, 이태리 원목마루를

대한민국에 정식으로 선보입니다.

지금껏 국내서 경험할 수 없던 최고의

프리미엄 명품 원목마루를 **소유**하십시오.

건축 내·외장재
헤종건업 (주)

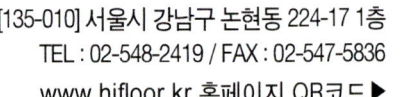

[135-010] 서울시 강남구 논현동 224-17 1층
TEL : 02-548-2419 / FAX : 02-547-5836
www.hjfloor.kr 홈페이지 QR코드 ▶

천연돌입자 도포

금속기와

금속기와 장점

- 30년 이상의 수명을 자랑하는 뛰어난 내구성
- 가벼운 무게로 건물 하중 최소화
- 우박이나 태풍 같은 강한 비바람에도 안전
- 불연성 재질로 화재 발생시 확산 방지
- 표면의 돌입자가 빗소리 흡수 및 확산 작용으로 저소음
- 뛰어난 내진성으로 지진 발생시 지붕 붕괴 위험 없음

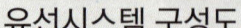

한옥형 원목 아트월은 가족들의
정서와 건강을 위한 최선의 선택입니다.

콘크리트로 지어진 아파트나 주택의 내부에 벽을 중심으로 천연 목재를
붙여 줍니다. 이른바 목재 치장 아파트로 인테리어를 하게되면 이것만
으로도 목조 주택과 동일한 안전성과 쾌적성을 느끼게 됩니다.

APT를 한옥으로...

태원목재 한옥 아트월

전속모델: 장서희

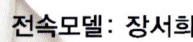

TAEWON LUMBER CO.,LTD.
태원목재|주   인천광역시 서구 가좌동 602-10 Tel:032-578-8500~3 Fax:032-578-8504   www.wood.co.kr

한옥 아트월

※주문생산제품

■ 머름형 아트월

■ 툇마루형 아트월

■ 책장형 아트월

■ 툇마루

■ 연등천정

■ 서까래

전통살문

🔘 격자살문
수종 : 미송

🔘 빗살궁판문
수종 : 홍송

🔘 아자살 궁판문
수종 : 홍송

🔘 세살문
수종 : 홍송

🔘 팔각살문
수종 : 미송

🔘 거북살문
수종 : 미송

꽃실창문
수종 : 홍송

국화살 창문
수종 : 미송

인테리어 루바

수종 : 오크
규격 : 85×10, 115×10

수종 : 홍송
규격 : 85×8, 115×8

수종 : 적삼목(무절)
규격 : 85×8, 115×8

수종 : 햄록
규격 : 85×8

수종 : 스프러스
규격 : 105×12/10

수종 : 옐로우시다
규격 : 95×10

수종 : 적삼목(유질)
규격 : 105×11

수종 : 히노끼
규격 : 90×11

Canada Wood
캐나다우드

www.canadawood.or.kr

목조건축시장의 발전, **캐나다우드**가 함께합니다.

캐나다는 세계 최대의 침엽수 목재, 목재 2차 가공 제품 및 건축 자재의 수출국이며,
친환경적이고 지속가능한 산림 경영을 하고 있습니다. 캐나다 정부의 엄격한 품질 관리
방침에 따라 소비자들은 캐나다 목재 제품에 대해 신뢰를 할 수 있고 산림업계는
친환경적인 산림 경영 기준에 따른 생산을 하고 있습니다.

캐나다우드는 해외에서 캐나다 산림업계를 대표하는 비영리 단체로서 정부를 비롯한
목조건축 관련 협회, 학계 등 다양한 기관들과 협력하여 목조건축에 대한 적절한
건축법규 및 기준들을 개발하여 한국 저층 주택 건설산업 발전과 목조건축의 발전을
지원하고 있습니다.

캐나다우드 한국사무소 _ 대표 정 태 욱

캐나다우드의 주요활동

시장 접근
· 건축법규의 제개정
· 목조공동주택 보급을 위한 내화와 차음 구조
  및 내진 설계 기준 확립
· 목조건축자재의 기준 및 인증
· 목조 기술 이전 및 교육

시장 개발
· 산업 전람회 참가, 교역 및 시찰단 활동
· 기술 세미나 개최 및 시장 홍보
· 한국과 캐나다 회사의 연결 및 사업 추진
· 목조 건축 기술자료 번역 및 보급

Canada Wood 캐나다우드 **캐나다우드 한국사무소** 서울시 서초구 양재동 203-7 203빌딩 3층 (137-130) 전화 : 02-3445-3834~5 팩스 : 02-3445-3832

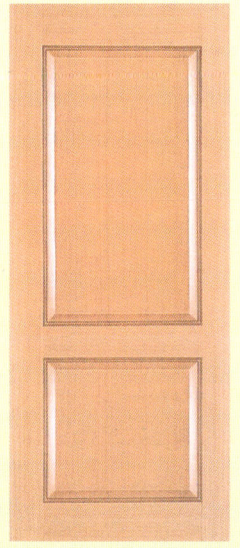

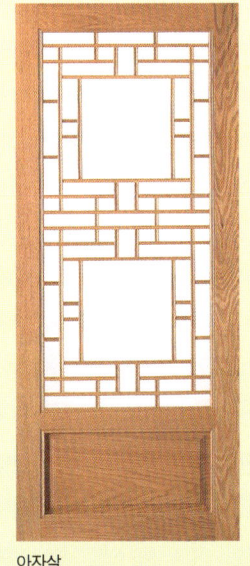

책 속 인테리어 디자인
업체 리스트

업체(디자이너) 소재지, 전화번호, 홈페이지

게바환경디자인연구소 서울시 중구 을지로3가, 0505 210 0402, www.geba.kr

김혜원 서울시 강남구 압구정동, 010 6639 9575

디자인 세인 서울시 강남구 대치동, 02 557 5750, www.designseain.com

소소커뮤니케이션디자인 서울시 강남구 개포4동, 02 577 8852

에이아이디 윌 서울시 강남구 역삼동, 02 3442 2287, www.aidwill.com

위드디자인 서울시 양천구 목동, 02 2645 3331, www.ewid.co.kr

윤공간디자인 서울시 서초구 양재동, 02 575 8166, www.yspace.co.kr

은성블루아이디 경기도 성남시 분당구 수내동, 031 716 0477, www.eunsungid.com

임태희디자인스튜디오 경기도 성남시 분당구 수내동, 031 712 0929, www.limtaeheestudio.com

정은진 서울시 송파구 잠실동, 010 9196 2030

태원목재(주) 인천시 서구 가좌동, 032 578 8500, www.wood.co.kr

한성아이디 서울시 송파구 문정동, 1577 7727, www.hansungid.com

허스튜디오 경기도 고양시 일산동구 장항동, 031 906 7410